Die chemische

Untersuchung des Eisens.

Eine

Zusammenstellung der bekanntesten Untersuchungsmethoden

für

Eisen, Stahl, Roheisen, Eisenerz, Kalkstein, Schlacke, Thon, Kohle, Koks, Verbrennungs- und Generatorgase.

Von

Andrew Alexander Blair.

Vervollständigte deutsche Ausgabe

von

L. Rürup,

Hütten-Ingenieur.

Mit 102 in den Text gedruckten Abbildungen.

Berlin.

Verlag von Julius Springer.

1892.

ISBN-13: 978-3-642-93735-4 e-ISBN-13: 978-3-642-94135-1
DOI: 10.1007/978-3-642-94135-1

Softcover reprint of the hardcover 1st edition 1892

Buchdruckerei von Gustav Schade (Otto Francke) in Berlin N.

Vorwort.

Der Verfasser hat die Absicht, in dem vorliegenden Buche dem Eisenhüttenchemiker in möglichst kurz gefasster Form die verschiedenen Methoden der Eisen- und Stahl- u. s. w. Untersuchung, sowie die dazu nöthigen Apparate und Geräthschaften vorzuführen.

Trotzdem ich mich nach Möglichkeit bemüht habe, das Original genau zu übersetzen, so sah ich mich doch, besonders im ersten Abschnitt, genöthigt, einige Aenderungen vorzunehmen, da die vom Verfasser beschriebenen Apparate zum Theil veraltet, zum Theil auch für hiesige Verhältnisse nicht angebracht sind.

Auch bei den Untersuchungsmethoden selbst habe ich mich bestrebt, den Verhältnissen auf deutschen Hüttenwerken Rechnung zu tragen, und ausser den vom Verfasser angeführten noch einige andere Methoden hinzugefügt, wie sie auf hiesigen Werken eingeführt sind.

Mülheim am Rhein, im März 1892.

Der Uebersetzer.

Inhaltsverzeichniss.

Seite

Apparate 1

Apparate zur Bereitung der Proben 1

Allgemeine Laboratoriumsapparate 6

Reagentien 23

Säuren und Salzbildner; Gase; Alkalien; Salze der Alkalien; Salze der alkalischen Erden; Metalle und Metallsalze; Reagentien zur Phosphorbestimmung.

Methoden zur Untersuchung von Roheisen, Schmiedeisen u. Stahl . 47

Bestimmung von Schwefel 47

Durch Entwicklung als H_2S. Absorption durch eine alkalische Lösung von salpetersaurem Blei. Durch eine ammoniakalische Lösung von schwefelsaurem Kadmium. Durch ammoniakalische Lösung von salpetersaurem Silber. Absorption und Oxydation vermittelst Brom und Salzsäure. Absorption und Oxydation durch übermangansaures Kalium. Absorption und Oxydation durch Wasserstoffsuperoxyd. Durch Oxydation und Lösung. Besondere Vorsichtsmaassregeln bei der Bestimmung von Schwefel in Roheisensorten. Schnell ausführbare Methoden: Volumetrische Bestimmung vermittelst Jod. Viborgh's kolorimetrische Methode.

Bestimmung von Silicium 57

Durch Lösen in HNO_3 und HCl. Durch Lösen in HNO_3 und H_2SO_4. Durch Verflüchtigung im Chlorstrom. Schnell ausführbare Methode.

Bestimmung von Schlacken und Oxyden 63

Durch Lösen in Jod. Durch Verflüchtigung im Chlorstrom.

Bestimmung von Phosphor 65

Nach der Acetatmethode. Bei Gegenwart von Titan. Nach der Molybdatmethode. Nach der kombinirten Methode. Volumetrische Methoden. Direktes Wägen.

Bestimmung von Mangan 82

Nach der Acetatmethode. Allgemeine Bemerkungen über die Acetatmethode. Methode vermittelst Salpetersäure und

Seite

chlorsaurem Kalium. Stahl mit viel Silicium. Roheisen, Spiegeleisen und Ferromangan. Schnell ausführbare Methoden. Volumetrische Methode. Volhard's Methode. William's Methode. Deshay's Methode. Pattinson's Methode (für Spiegeleisen und Ferromangan). Kolorimetrische Methode (für Stahl).

Bestimmung des Kohlenstoffs 97

Gesammtkohlenstoff. Direkte Verbrennung im Sauerstoffstrom. Verbrennung mit chromsaurem Blei und chlorsaurem Kalium. Verbrennung mit Kupferoxyd im Sauerstoffstrom. Lösen und Oxydation der Bohrspähne mit Chromsäure und Schwefelsäure. Behandlung der Spähne mit Kupfervitriol und Verbrennung derselben mit Chromsäure und Schwefelsäure. Verflüchtigung des Eisens im Chlorstrom und nachfolgende Verbrennung des Rückstandes. Verflüchtigung des Eisens in Chlorwasserstoffgas und darauffolgende Verbrennung des Kohlenstoffs. Lösen in Kupferammoniumchlorid, Filtriren und Wägung oder Verbrennung des Rückstandes. Lösen in Kupferchloridchlorkalium, Filtriren und Verbrennung des Rückstandes im Sauerstoffstrom. Lösen in Kupferchlorid und Verbrennung des Rückstandes. Lösen in Jod oder Brom und Verbrennung mit chromsaurem Blei oder Wägung des Rückstandes. Lösen in geschmolzenem Chlorsilber und Verbrennung des Rückstandes. Lösen in Kupfersulfat, Filtriren und Verbrennung des Rückstandes im Sauerstoffstrom. Lösen in Kupfersulfat und Oxydation des Rückstandes in Chromsäure und Schwefelsäure. Lösen in Kupfersulfat, Filtriren und Verbrennung des Rückstandes mit Kupferoxyd im Vakuum unter der Sprengel-Pumpe und Messung des Kohlensäurevolums. Lösen in verdünnter Salzsäure vermittelst des elektrischen Stroms und Verbrennung des Rückstandes. Oxydation durch feuchte atmosphärische Luft, Lösen des Eisenoxyds in Salzsäure, Filtriren und Verbrennung des Rückstandes.

Bestimmung des Graphit 127

Bestimmung des gebundenen Kohlenstoffs 128

Indirekte Methode. Direkte Methode (kolorimetrische Methode).

Bestimmung von Titan 138

Durch Fällung. Durch Verflüchtigung.

Bestimmung von Kupfer 140

Bestimmung von Nickel und Kobalt 143

Bestimmung von Chrom und Aluminium 145

Stead's Methode. Carnot's Methode. Volumetrische Methode zur Bestimmung von Chrom.

Bestimmung von Arsen 151

Durch Fällung mit Schwefelwasserstoff. Durch Destillation.

Bestimmung von Antimon 153

Bestimmung von Zinn 154

Seite

Bestimmung von Wolfram 155
Bestimmung von Vanadin 156
Bestimmung von Stickstoff. 157
Bestimmung von Eisen 160

Methoden zur Untersuchung der Eisenerze. 161

Bemerkungen über die Entnahme der Proben. Bestimmung des hygroskopischen Wassers. Bestimmung des Gesammteisens. Methoden zur Einstellung der Normallösungen. Bestimmung von FeO; von S; von P_2O_5; von TiO_2; von Mn; von SiO_2; von Al_2O_3; CaO; MgO; MnO; BaO; von SiO_2. Trennung von Al_2O_3 und Fe_2O_3. Bestimmung von NiO; CoO; ZnO und MnO; von CuS; PbS; As_2O_5 und Sb_2O_4. Bestimmung der Alkalien; der Kohlensäure; des gebundenen Wassers und Kohlenstoffs in kohlehaltigen Proben. Bestimmung von Cr_2O_3; von WoO_3; von V_2O_5. Bestimmung des specifischen Gewichtes.

Methoden zur Untersuchung des Kalksteins 212

Methoden zur Untersuchung von Thon 216

Methoden zur Untersuchung von Schlacken 220

Methoden zur Untersuchung von feuerfestem Sand 224

Methoden zur Untersuchung von Kohlen und Koks 225

Annähernde Untersuchung; Untersuchung der Asche; Bestimmung des Schwefels; Bestimmung der Phosphorsäure.

Methoden zur Untersuchung der Gase 230

Probenehmen; Bereitung der Reagentien; Untersuchung der Proben; Bestimmung der CO_2, des O, des CO, des H, des CH_4. Beispiel zur Berechnung.

Tafeln.

Tabelle I. Atomgewichte der Elemente 243
Tabelle II. Tafel zur Berechnung der Analysen 244
Tabelle III. Procente von P und P_2O_5 für jedes Milligramm $Mg_2P_2O_7$ 245
Tabelle IV. Ausdehnung des Wasserdampfs 246
Tabelle V. Tafel zur Reduktion der Gasvolumina auf 760 mm Barometerstand und 0° C. 247

Sachregister. 253

Apparate.

Die Schnelligkeit, Leichtigkeit und oft auch die Genauigkeit, mit der man die Resultate einer Analyse erhalten kann, hängen sowohl von verschiedenen Hülfsmitteln, als auch von der Geschicklichkeit des Analytikers ab. Diese Hülfsmittel werden in diesem Buche unter verschiedenen Gesichtspunkten betrachtet werden.

Apparate zur Bereitung der Proben.

Mörser und Pistille, wie sie gewöhnlich zum Zerkleinern der Eisenerze gebraucht werden, haben schon manches Analysenresultat beeinträchtigt. Beim Zerstampfen harter Erze nutzt besonders das Pistill sehr ab, sodass man bei der Bestimmung des metallischen Eisens viel zu hohe Ergebnisse erhält. Um diesen Übelstand zu vermeiden, gebraucht man am besten einen gehärteten Stahl-Mörser nebst ebensolchem Pistill. Man zerkleinert die Probe ungefähr bis zu Erbsengrösse, mischt sie gut und theilt sie in 4 Theile. Einen dieser Theile zerstampft man weiter, mischt und viertheilt wiederum u. s. w., bis man die endgültige Korngrösse erhalten hat, welche man in einem Probeglase aufbewahrt. Ungewöhnlich harte Erze zerkleinert man zuletzt am besten in einem Achat-Mörser.

In grossen Laboratorien und überall dort, wo viel Erze untersucht werden, können sich einige in nachstehenden Figuren skizzirte Anordnungen von Nutzen erweisen. Fig. 1 zeigt uns einen Stahl-Mörser, dessen Pistill mechanisch getrieben wird, sowie Gussplatte und Stahlstampfe. A ist der Mörser, B ein hölzerner Stamm, in dem das Pistill sitzt. Die Daumen H, welche durch die Transmission bewegt werden, heben das Pistill vermittelst der Mitnehmer a. Hat man die Erze zerkleinert, so zieht man den Mörser mit dem

Zugseil, welches oben an einer Laufstange befestigt ist, über die Platte F und giesst das Erz aus. Die letzte Zerkleinerung geschieht dann vermittelst der Stahlstampfe C.

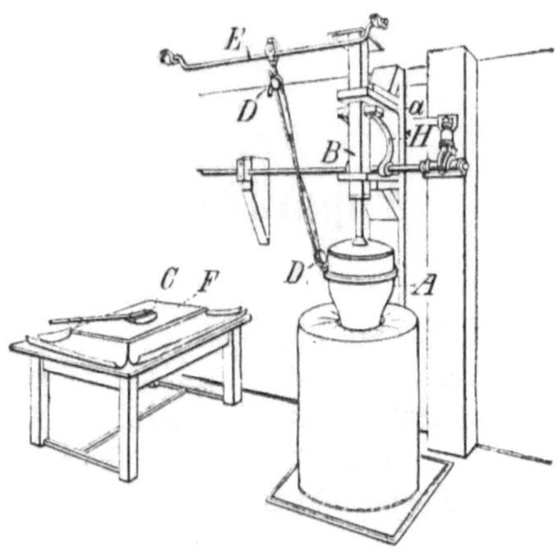

Fig. 1.

In Fig. 2 rotirt das Pistill mechanisch in einem Achat-Mörser.

Der Apparat in Fig. 3 ist längere Jahre auf der Bethlehem-Eisen-Industrie-Gesellschaft in Gebrauch gewesen und hat dort zur

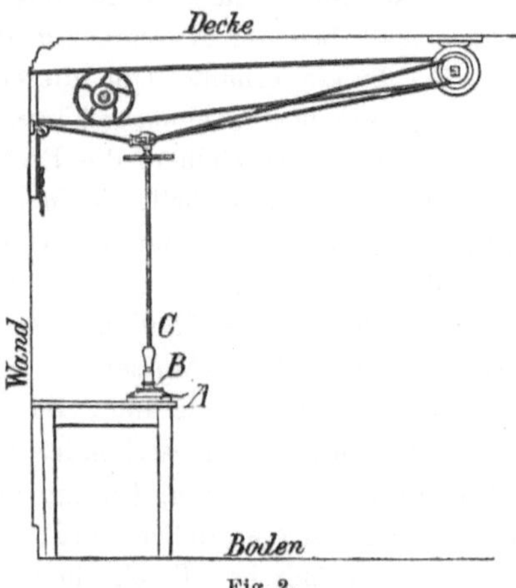

Fig. 2.

vollen Zufriedenheit gearbeitet. Derselbe wird durch eine Transmission getrieben. Der untere Theil des senkrechten Schaftes treibt zwei horizontale Scheiben A und B. Diese Scheiben sind mit der das Pistill führenden Spindel und mit der kreisrunden Trommel D verbunden, in der der Mörser durch 4 mit Klauen versehene Schrauben befestigt ist. D ist mit einer Spindel fest verbunden, welch' letztere in einem Lager des Trägerstückes H ruht. Letzteres, welches man auch Hebel nennen könnte, ist mit F durch einen Bolzen verbunden, um den der Hebel ohne Abnehmen des Riemens soweit gedreht werden kann, dass man den Mörser bequem entleeren kann. In einer Nute am anderen Ende von H liegt eine Stange, die mit Gewichten beschwert werden kann; dieselbe drückt den Mörser gegen das Pistill.

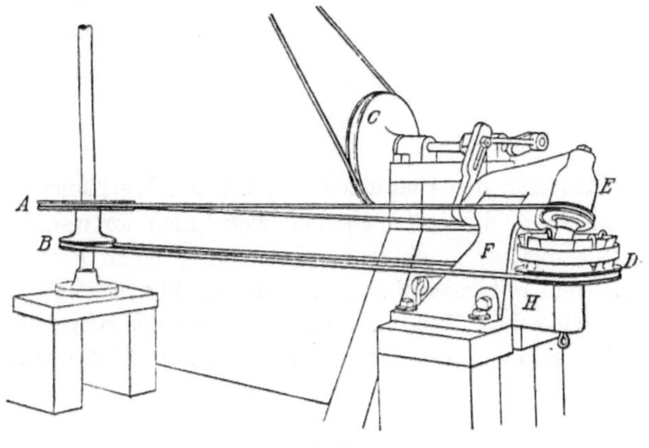

Fig. 3.

Das Achat-Pistill sitzt in einer messingnen Hülse, die einen mit einer Nute versehenen Hals hat, um den Treibriemen zu führen. Die Spindel rotirt in einer ausgebohrten Hülse in E und ist durch eine kleine Nute befestigt. E ist mit der Führung F durch einen Bolzen verbunden, dessen Ende mit einem Bolzen versehen ist, welcher das Stück E hin- und herbewegen soll. Die Scheibe C wird von der Transmission getrieben und bewegt eine kleine Stange, deren eines Ende einen Krummzapfen führt, welcher durch ein kurzes Stück mit dem Bolzenarm von E verbunden ist und die schüttelnde Bewegung verursacht.

Es wird jetzt also erhellen, dass das Pistill, welches weit schneller rotirt als der Mörser, durch die hin- und hergehende Bewegung von E, sich kreuzweise über der innern Oberfläche des

Mörsers bewegt, wodurch das Material zwischen den mahlenden Flächen sehr gewechselt wird.

Zum Probenehmen von Eisen und Stahl wendet man am besten einen vollkommen trocknen und reinen Bohrer an, wobei man zugleich die grösste Sorge dafür tragen muss, dass kein Fett, Öl oder Schmutz jeglicher Art an die Probe gelangen kann. Bei Stabeisen

Fig. 4.

und Stahl muss man den Hammerschlag auf der Oberfläche möglichst sorgfältig entfernen, die ersten Spähne womöglich fortwerfen und die übrigen, gut gemischt, in einem trocknen und reinen Probeglas aufbewahren. Eine Bohrmaschine, wie sie in Fig. 4 angegeben ist, dürfte praktisch sein. Zum Bohren selbst wende man einen halbzölligen Morse'schen Spiralbohrer an. Bei der Probenahme von

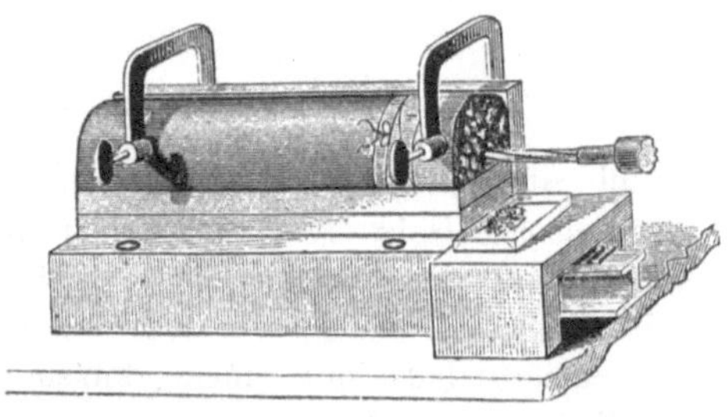

Fig. 5

Roheisen entferne man vorher den losen Sand von der Oberfläche der Massel und drehe dann ein starkes Stück Papier um dieselbe, damit kein Sand oder Schlacke an die Spähne gelangen kann. Man mische die Spähne darauf durch Reiben in einem Porzellan-Mörser. Um sich die Mühe zu ersparen, von den Masseln Stücke abhauen zu müssen, wende man die in Fig. 5 gezeichnete Anordnung an, da man bei derselben halbe Masseln in die Presse legen kann. Die Massel wird vermittelst eiserner Klauen an dem Gestell befestigt. Nimmt man die unter der Massel liegenden Holzstücke fort, so kann man dieselbe tiefer legen, sodass man von einer und derselben an verschiedenen Stellen mehrere Proben nehmen kann, wodurch eine gute Durchschnittsprobe erhalten wird. Nimmt man dann noch von jedem Abstich je eine Massel aus dem ersten, mittelsten und hintersten Bett, so erhält man eine Probe, welche als Durchschnittsprobe des Abstichs sehr gut gelten kann. Ist der Möller verschie-

Fig. 6.

den, so sind diese Vorsichtsmassregeln am Platze, wenn man eine gute Durchschnittsprobe vom ganzen Abstich erhalten will.

Von grossen Knüppeln nimmt man die Spähne mit einer gewöhnlichen Knarre.

Fig. 6 zeigt einen Apparat, um die Spähne zu gleicher Zeit bohren und wägen zu können. Zu diesem Zwecke ist oberhalb der chemischen Waage das Bohrstück, welches durch 2 Spiralfedern gegen den Bohrer gedrückt wird, angebracht. Die Spähne fallen in eine an einem Ende des Waagebalkens angebrachte Aluminiumschale, — etwaige herunterfallende Stückchen, die das Resultat der Wägung beeinträchtigen können, werden mit einem Magneten entfernt — und werden abgewogen.

Bei der Probenahme von Spiegel- oder weissem Eisen nimmt man am besten kleine gereinigte Stückchen von einer Anzahl Masseln und pulvert sie in einem harten Stahl-Mörser. Der Mörser, wie er in nebenstehender Figur (Fig. 7) dargestellt ist, ist aus hoch kohlenstoffhaltigem Stahl geschmiedet, gehärtet und an der Oberfläche nachgelassen, wodurch er hart und zäh wird. Die Oberfläche des Pistills ist sehr hart, der Griff dagegen im Verhältniss sehr weich, sodass er durch Hammerschläge nicht springt.

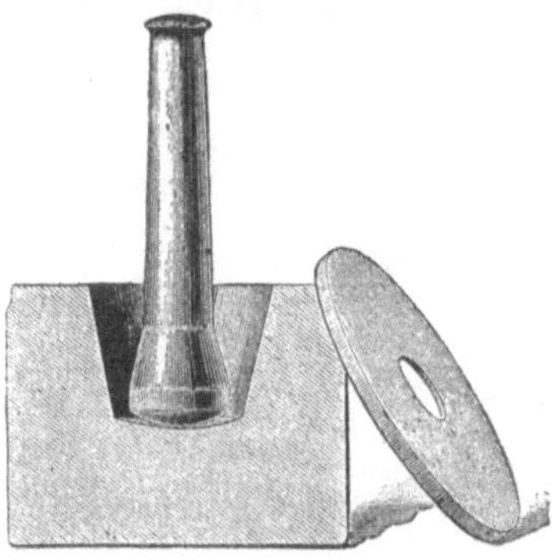

Fig. 7.

Gebraucht man für die Untersuchung die Proben in ganz fein zertheiltem Zustande, so sollte man doch niemals die gröberen Theilchen von den ganz feinen durch ein Sieb oder dergl. trennen, sondern man sollte vielmehr die ganze Probe tüchtig mischen und dann einen Theil davon pulvern.

Allgemeine Laboratoriumsapparate.

Sandbad und Luftbad.

Das Sandbad (Fig. 8) besteht gewöhnlich aus einer starken Eisenblechplatte a, welche an den Rändern umgebogen und mit Sand gefüllt ist. Sie ist mit 4 eisernen Füssen versehen, sodass man die Platte durch untergestellte Flammen erhitzen kann.

Das Luftbad (Fig. 9 und 10) ist ähnlich eingerichtet, nur sind statt der eisernen Platte a drei fein-maschige Messingdrahtnetze übereinander in einem eisernen Rahmen eingespannt, von denen das oberste gewöhnlich aus mehreren Theilen besteht, welche man einzeln herausnehmen kann.

Apparat zum Beschleunigen der Abdampfungen.

Der Apparat (Fig. 11) dient zum Beschleunigen des Abdampfens. Er besteht aus einem Platinrohr von ca. 4 mm Durchmesser, welches oberhalb eines Bunsenbrenners angebracht ist, um eine grössere

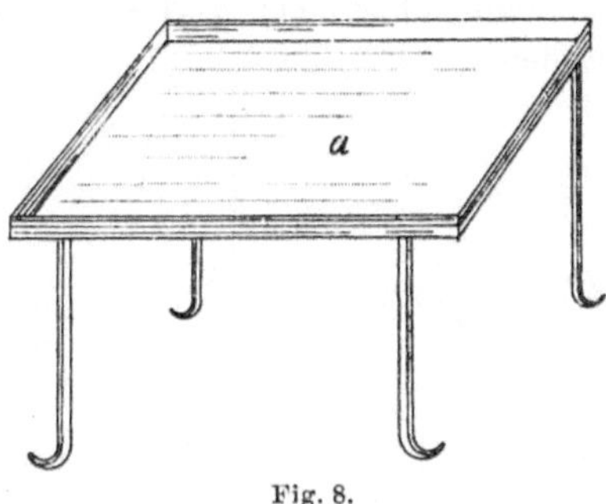

Fig. 8.

Heizoberfläche hervorzubringen; durch das Rohr kann ein Luftstrom geblasen werden. Das Rohr lässt sich an dem Ständer verschieben, sodass die Mündung stets oberhalb der Gefässe angebracht werden kann, in denen die Abdampfungen vorgenommen werden. Sehr vor-

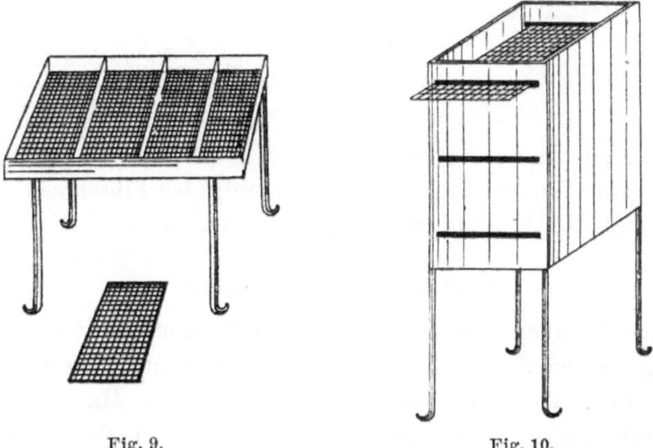

Fig. 9. Fig. 10.

theilhaft ist dieser Apparat beim Behandeln des unlöslichen Rückstandes der Erze mit Flusssäure oder Schwefelsäure, da er nicht nur die Abdampfung sehr beschleunigt, sondern auch einen Verlust durch etwaiges Spritzen verhindert.

Der heisse Luftstrom bricht nämlich die auf der Oberfläche der Flüssigkeit sich bildenden Bläschen, und gibt man ihm eine eigene Richtung, so setzt er die Flüssigkeit in eine rotirende Bewegung, wodurch sämmtliche aufgeworfene Bläschen an die Gefässwandung gedrückt werden. Die Hitze, der man z. B. einen Tiegel unter diesen Umständen aussetzen kann, ohne einen Verlust befürchten zu müssen, ist wirklich überraschend.

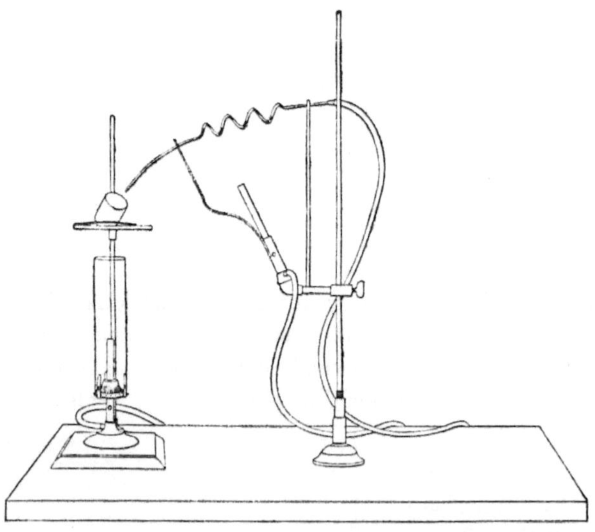

Fig. 11.

Sogar ein kalter Luftstrom, den man aus der Mündung eines Glasrohrs auf die Oberfläche der abzudampfenden Flüssigkeit richtet, beschleunigt die Abdampfung schon beträchtlich.

Glühen von Niederschlägen.

Bunsenbrenner mit Regulirung des Luftzutritts und gewöhnlichem gläsernen Schornstein sind zu Verbrennungen sehr geeignet. Durch völliges Absperren der Luft kann man die Hitze bedeutend vermindern, während andererseits durch den durch den Schornstein verursachten Zug sowohl, wie auch durch die Beständigkeit der Flamme in demselben die Hitze vergrössert werden kann. Hebt man den Deckel des Tiegels ein klein wenig (Fig. 12), so tritt ein leiser Luftstrom in denselben, der die Verbrennung bedeutend beschleunigt und der doch nicht stark genug ist, selbst das kleinste

Theilchen des Tiegelinhalts fortzuführen, wodurch ein Verlust entstehen würde. Neigt man den Tiegel (Fig. 13) etwas, so kann die Hitze in die Mündung gelangen. Aus Fig. 14 erhellt, wie man vermittelst

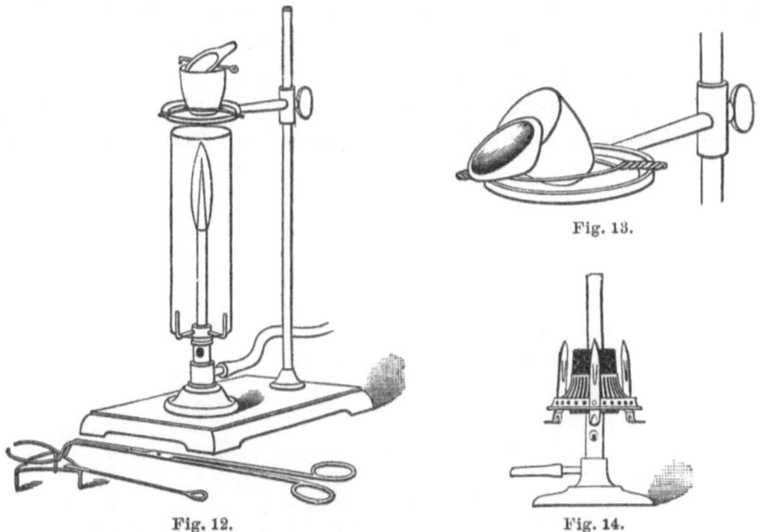

Fig. 12. Fig. 13. Fig. 14.

eines Korks oder gewöhnlichen Argand-Schornsteinhalters einen Schornstein an einen Brenner anbringen kann. Hat man höhere Temperaturen nötig, so wende man ein Gebläse an.

Dreifüsse.

Zum Erhitzen von Bechergläsern, Flaschen u. s. w. dient auch der Dreifuss (Fig. 15), welcher mit einem oder zwei Messingdraht-

Fig. 15.

netzen zum Aufstellen der Gefässe versehen wird, und unter den man einen Bunsenbrenner oder eine Spirituslampe stellen kann.

Filtrirpumpen.

Bei der Bunsen'schen Methode zum schnellen Filtriren sind jetzt allgemein Filtrirpumpen in Gebrauch. Dieselben erleichtern manche Operationen. Die Form der Pumpe hängt von dem Wasserzufluss ab. Hat man einen guten Wasserdruck, so wendet man am besten den Injektor an. In Figur 16 ist ein Richard'scher Injektor mit einem Gebläsecylinder verbunden, wodurch man einen Luftdruck erhält, der bei Gebläselampen sehr gut zu gebrauchen ist. Zum Filtriren von

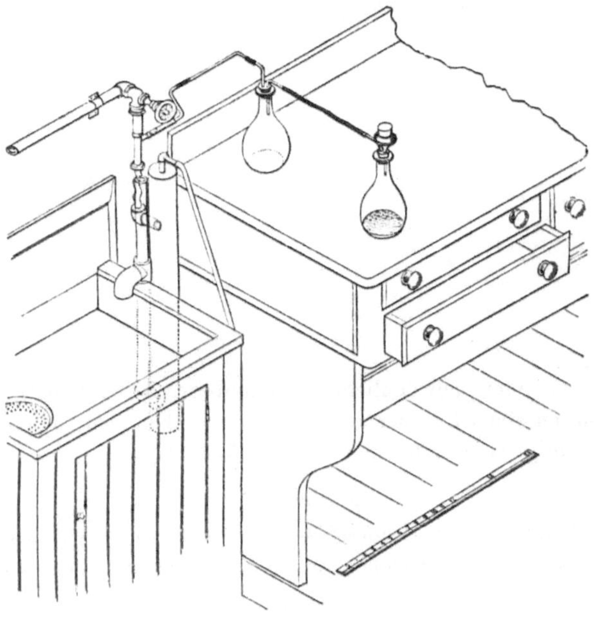

Fig. 16.

salpetersäurehaltigen Flüssigkeiten muss man einen gläsernen Injektor anwenden. Ist der Wasserdruck für einen Injektor nicht gross genug, so wende man eine Bunsen'sche Pumpe an. Das erhaltene Vakuum hängt natürlich von der Stärke des Falles ab. Durch Anbringung einer Zisterne mit Kugelventilanordnung wird der Gebrauch dieser Pumpe sehr bequem.

Eine gewöhnliche Luftpumpe kann auch für manche sonstige Zwecke gebraucht werden, nur nicht zum Filtriren ätzender Flüssigkeiten, z. B. Salpetersäure, wenn man nicht eine eine Lösung von kaustischem Alkali enthaltende Waschflasche zwischen Flasche und Luftpumpe stellt. Hat man keinen genügenden Wasserzufluss, so ge-

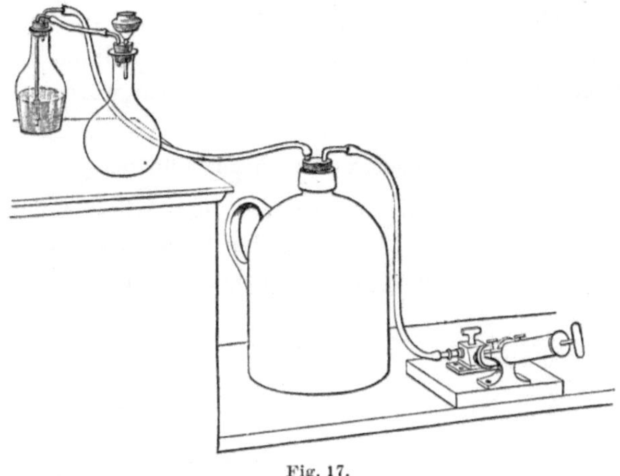

Fig. 17.

brauche man die in Fig. 17 gezeichnete Anordnung. Der Krug, welcher ca. 6 bis 8 Ltr. Inhalt hat, dient als Reservoir; er steht direkt mit der Luftpumpe in Verbindung.

Bunsen's Methode zum schnellen Filtriren.

Diese Methode ist zu bekannt, als dass eine detaillirte Beschreibung nöthig wäre. Aber einige Winke in Bezug auf die Einzelheiten dürften angebracht sein. Zuvörderst ist es sehr schwierig, gute gegen 60° geneigte Trichter zu erhalten, so dass sich die kleinen durchlochten Platinconus, welche die Filterspitze unterstützen sollen, selten den Trichtern anpassen, infolge dessen das Filter sehr leicht zerreisst. Der kleine von Bunsen empfohlene Trichter aus Platinblech kann wohl an den Trichter angepasst werden, aber die Kanten zerschneiden leicht das Filter. Dagegen ist ein kleiner durchlochter Pergamenttrichter, von derselben Grösse und Form wie der Platinblechtrichter, ausgezeichnet. Zu Anfang darf man nie einen zu grossen Druck anwenden, und das Filter muss stets gefüllt gehalten werden. Die Filtrirflasche darf nie direkt mit der Luftpumpe, sondern muss mit einem mit Bunsen'schem Ventil versehenen Gefässe verbunden werden. Das Ventil gestattet der Luft den Eintritt in die Pumpe, verhütet aber, dass, bei einer etwaigen Verstopfung derselben, der Gegendruck in die Filtrirflasche gelangt und den Inhalt des Trichters hinausschleudert.

Figur 18 zeigt eine Anordnung, um in ein Becherglas statt einer Flasche hineinfiltriren zu können. Man muss dabei das Glas stets bedeckt halten, da die Flüssigkeit gern spritzt, und dadurch Theilchen hinausgeschleudert und in die Luftpumpe gelangen würden.

Gooch's Methode zum schnellen Filtriren.

Ein durchlochter Tiegel sowie Conus, mit Asbest gefüllt, sind dem Eisenchemiker für exacte und schnelle Ausführung mancher Operationen fast unerlässlich. In der Folge wird noch oft auf die-

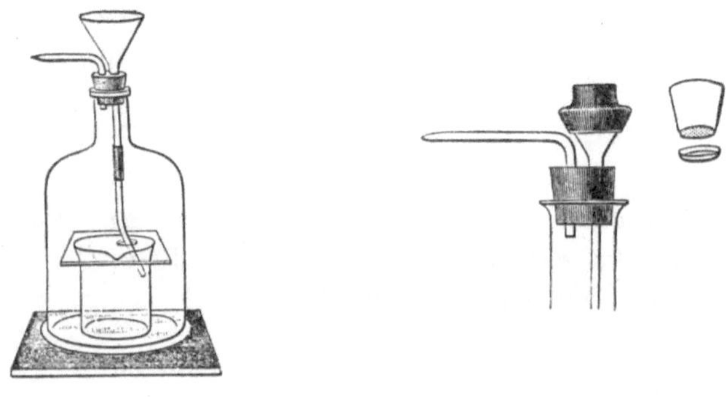

Fig. 18. Fig. 19.

selben Bezug genommen werden. Figur 19 zeigt den Tiegel nebst Kappe; Figur 20 den Conus. Der Asbest, der eine weiche biegsame Faser haben muss, ist der Länge nach zu einem feinen weichen Flaum geschabt (nicht geschnitten). Er wird durch Kochen in starker Salzsäure gereinigt und dann auf dem Conus tüchtig ausgewaschen, darauf getrocknet und aufbewahrt. Der durchlochte Tiegel wird in das eine Ende eines kurzen Stücks Gummischlauch gesteckt, dessen anderes Ende über den Rand des Trichters gezogen wird (Fig. 19 u. 21). Der Trichterhals führt durch den Stopfen einer Vakuumflasche. Zur Bereitung der Filzlage giesse man ein klein wenig von dem zubereiteten und mit Wasser übergossenen Asbest in den Trichter und pumpe aus. Er wird dann sogleich die Form einer festen dicken Schicht annehmen, welche man mit Leichtigkeit unter dem Druck der Pumpe auswaschen kann. Man sauge vermittelst der Pumpe trocken, nehme den Tiegel darauf aus dem Gummischlauch, reinige ihn von aussen von etwa anhaftenden Fäserchen, setze die Kappe unter, trockne, glühe und wäge ihn. Darauf stelle man den Tiegel wieder ohne die Kappe in den Gummihalter, filtrire die zu filtrirende Flüssigkeit vermittelst der Luftpumpe, wasche aus und trockne, glühe und wäge wie zuvor.

Conus und Trichter sind mit einem Gummiband, welches über den Rand des letzteren gestreift ist, verbunden. Der Pumpendruck treibt den Conus herunter, so dass der überhängende Theil des Bandes eine dichte Verbindung zwischen dem Conus und dem oberen Theil des Trichters bildet (Fig. 22). Der Filz wird in derselben Weise

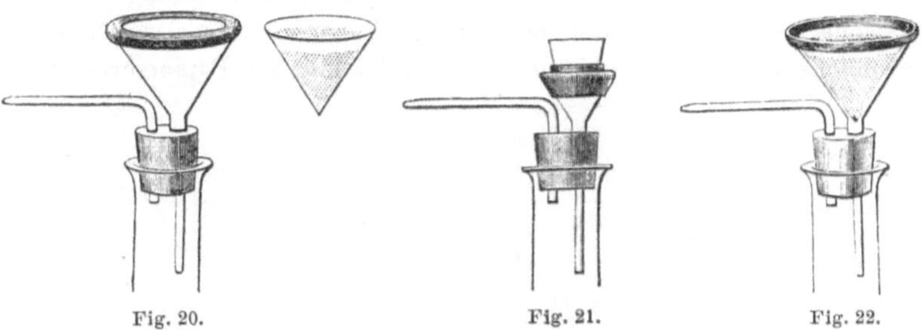

Fig. 20. Fig. 21. Fig. 22.

hergestellt wie beim Tiegel. Er bildet dann eine feste zusammenhängende Schicht, die über der Innenfläche des Conus vertheilt ist. Hat man den Filz ausgewaschen und getrocknet, so kann man filtriren. Der Conus kann nicht angewandt werden, wenn der Niederschlag gewogen werden muss, aber da er eine sehr grosse Filtriroberfläche darbietet, so kann man ihn bei z. B. nach der Ford'schen Methode gefälltem Mangansuperoxyd sehr gut gebrauchen. In diesem Falle kann man den Filz mit dem gut ausgewaschenen Niederschlage aus dem Conus herausnehmen und die Masse zum Auflösen in ein Becherglas werfen. Für gewöhnlich genügt ein Conus von 45 mm Durchmesser. Man kann hierbei auch Papierfilter anwenden. Tiegel und Conus dürfen nur sehr kleine Löcher haben, die so nahe wie möglich aneinander hineingebohrt werden müssen.

Gewogene Filter.

Statt des Gooch'chen Tiegels kann man auch zum Wägen von Niederschlägen, die nicht geglüht werden dürfen, gewogene Filter anwenden. Man bringe mehrere gut ausgewaschene Filter in ein vorher gewogenes Wiegeröhrchen (Fig. 23), trockne sie darin bei 100⁰, lasse erkalten und wäge wieder. Dann nehme man eins der Filter heraus, wäge das Röhrchen mit den übrigen, und die Gewichtsdifferenz giebt das Gewicht des Filters an. Durch das herausgenommene Filter filtrire man dann die zu filtrirende Flüssigkeit, wasche gut aus, trockne bei 100⁰ und wäge wiederum in dem vorher gewogenen Röhrchen. Die Differenz zwischen Filter + Röhrchen einerseits und Filter + Niederschlag + Röhrchen andererseits giebt dann das Gewicht des Niederschlages an.

Filtrirpapier.

Alle Sorten Filtrirpapier enthalten mehr oder weniger anorganische Bestandtheile, welche nach der Verbrennung als weisse oder bräunliche Asche zurückbleiben. Die schwedischen Papiersorten mit

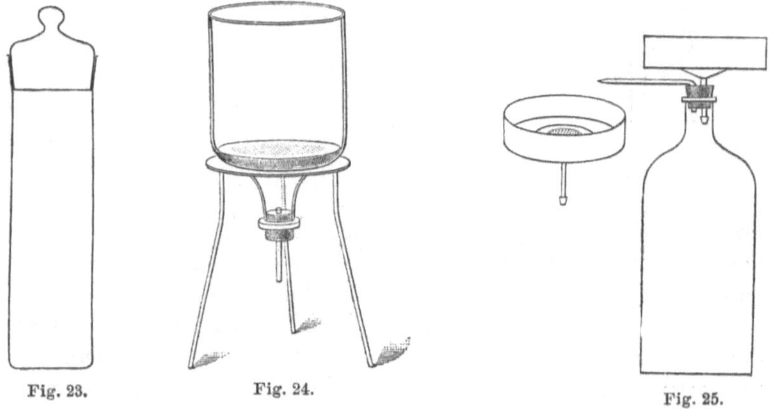

Fig. 23. Fig. 24. Fig. 25.

dem Wasserzeichen S. H. Munktell hinterlassen den geringsten Aschenbestand; die Asche besteht aus 35 bis 65 % Si, ausserdem Eisenoxyd, Thonerde, Kalkstein und Magnesia in verschiedenen Mengenverhältnissen.

Die Filter der Firma Schleicher und Schüll, welche mit Salzsäure und Flusssäure ausgewaschen sind, sind ebenfalls sehr rein, und bei genauen Arbeiten auch sehr gut zu gebrauchen. Die gewöhnlichen Sorten der deutschen Papiere enthalten mehr anorganische Bestandtheile als die schwedischen Sorten. Die Asche enthält der Hauptsache nach Kalciumkarbonat, zuweilen aber auch eine beträchtliche Menge von Phosphaten.

Derartige Filter sollte man stets vor dem Gebrauche ganz gehörig mit salzsäurehaltigen heissem Wasser (1 HCl : 3 H_2O) auswaschen. Der Apparat Fig. 24 eignet sich dazu sehr gut. In der umgekehrten Flasche, die keinen Boden hat, befindet sich eine durchlöcherte hölzerne Scheibe, welche so dicht wie möglich angepasst ist. Man fülle die Flasche mit den geschnittenen Filtern, wasche mit salzsäurehaltigem Wasser aus, lasse längere Zeit stehen und spüle dann mit heissem destillirten Wasser nach. Man trockne darauf die Filter bei einer Temperatur von ca. 100° C.

Zur Bereitung von aschenfreien Filtern dient der Apparat Fig. 25. Derselbe ist aus Kupferblech hergestellt, das mit Platin ausgelegt ist. In dem Boden des Gefässes, gerade über der senkrechten Röhre, ist eine durchlochte Platinscheibe angebracht. Die Röhre wird mit der Pumpe verbunden, und die in dem Gefässe befindlichen Filter werden unter Druck ausgewaschen und zwar zuerst mit salzsäurehaltigem Wasser zur Entfernung des Kalks, dann mit flusssäurehaltigem Wasser zum Lösen der Kieselsäure und endlich mit destillirtem Wasser. Auf diese Weise ausgewaschene schwedische Filter sind sozusagen aschenfrei, da die Asche von 5 Filtern, von denen jedes 75 mm Durchmesser hatte, weniger als $^1/_{10}$ mg wog. Man bereitet sich schnell mehrere geschnittene Filter, indem man sie über einer Zinnscheibe, welche als Modell dient, ausschneidet. Die schwedischen sowohl wie auch die deutschen Filter sind so zu allen analytischen Arbeiten zu gebrauchen.

Spritz-Flaschen.

Die folgenden Figuren stellen verschiedene Formen von Spritzflaschen dar. Arbeitet man mit heissem Wasser, so umgibt man zweckmässig ihren Hals mit Kork oder einer Asbestlage. Die Stelle der Blaseröhre, welche man mit dem Munde berührt, überzieht man praktischer Weise mit einem Stückchen Gummischlauch; einmal, um sich beim Gebrauch von heissem Wasser nicht die Lippen zu verbrennen, dann auch, um den Wasserstrom möglichst lange ohne Anstrengung ausfliessen lassen zu können, dadurch nämlich, dass man den Schlauch nach Einblasen der Luft mit den Zähnen zusammenpresst. Beim Gebrauch von Ammoniak-Wasser etc. bringt man zweckmässig an das untere Ende des Einblaserohres ein Bunsen'sches Ventil an, durch welches ein Zurücksteigen des Dampfes in den Mund unmöglich gemacht wird. Auch die Berzelius'sche Form einer

Waschflasche ist sehr zu empfehlen. Die Luft in derselben verdichtet man durch Hineinblasen in das Ausflussrohr; dann kehrt man die Flasche schnell um, und die Flüssigkeit wird solange hin-

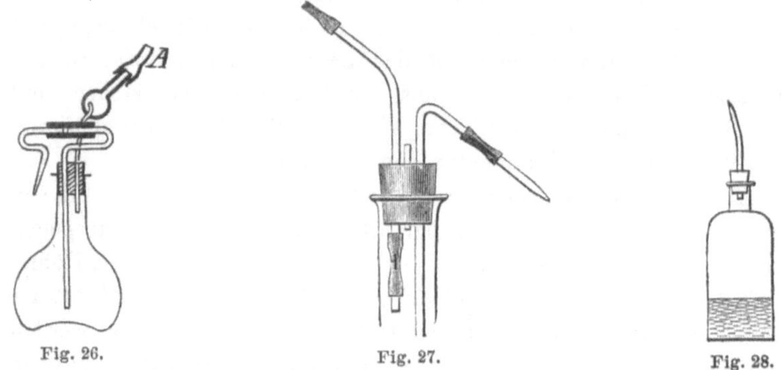

Fig. 26. Fig. 27. Fig. 28.

ausfliessen, bis Gleichgewicht hergestellt ist. Bei einiger Praxis in der Handhabung der Flasche wird man finden, dass auch diese sehr bequem ist.

Gaswasch- und Trocken-Flaschen.

Die Flaschen zum Waschen und Trocknen der Gase bestehen, wie aus den untenstehenden Figuren 29, 30 und 31 ersichtlich, gewöhnlich aus einem Glascylinder a und einem aufgeschliffenen oder

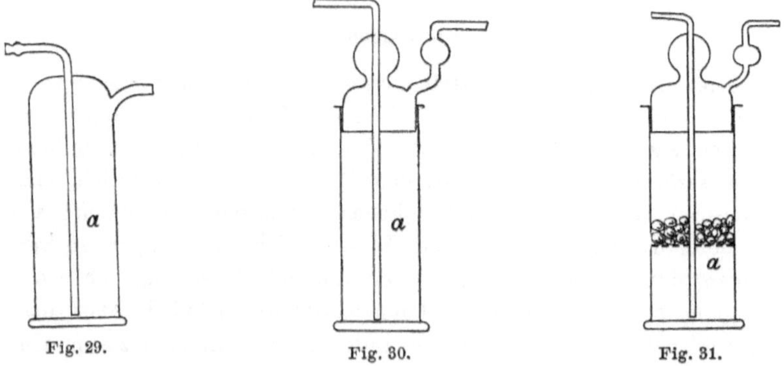

Fig. 29. Fig. 30. Fig. 31.

auch vermittelst Stopfen aufgesetzten Trichterrohr. In Fig. 29 ist das Trichterrohr, welches bis auf den Boden des Cylinders reicht, aufgesetzt und das Ausgangsrohr in den Cylinder eingeschmolzen, während bei Fig. 30 und 31 Einlass- und Auslassrohr vermittelst einer auf den Cylinder eingeschliffenen Kappe verbunden sind. Dieselben leisten, mit Schwefelsäure beschickt, bei der Bestimmung des Kohlenstoffs vermittelst Chrom- und Schwefelsäure gute Dienste, indem man sie einerseits zum Durchsaugen trockner Luft und dann auch zum Vortrocknen der Kohlensäure anwenden kann.

Messcylinder.

Beim Zusetzen von Reagentien zu irgend einer Probe oder Flüssigkeit sollte man stets abgemessene Mengen benutzen, zu welchem Zwecke man Messcylinder anwenden muss. Man kann sich dieselben leicht dadurch herstellen, dass man die Aussenfläche irgend eines Becherglases mit Paraffin überzieht, dann mit einer Bürette bestimmte

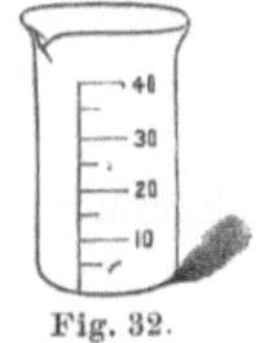

Fig. 32.

Mengen Wasser in das Glas füllt und diese Mengen jedesmal von aussen durch einen Strich markirt. Dann ätzt man die Marken mit Flusssäure und wäscht das Paraffin mit heissem Wasser ab. So hergestellte Messcylinder werden für die angegebenen Zwecke genügend genau sein.

Kappen für Reagensgläser.

Will man die Reagensflaschen im Laboratorium vor Staub u. s. w. bewahren, so bedeckt man sie am besten mit Kappen, wozu man in Ermangelung besserer auch gesprungene Bechergläser anwenden kann. Die mit Normallösungen gefüllten Flaschen sollte man stets bedeckt aufbewahren.

Gummistopfen.

Anstatt Kork wendet man jetzt im allgemeinen Gummistopfen an. Man kann sich die Löcher in dieselben selbst mit einem gewöhnlichen Korkbohrer, den man mit Wasser oder Alkohol angefeuchtet hat, bohren. Bei einiger Uebung ist das sehr schnell geschehen.

Exsikkatoren.

Bevor man einen Tiegel wägt, sollte man ihn stets ausglühen und im Exsikkator erkalten lassen. Die in Fig. 33 angegebene Form ist sehr zweckmässig; er enthält gewöhnlich Chlorcalcium oder

Fig. 33.

auch Schwefelsäure. Der Tiegel ruht auf einem Dreieck aus Kupferdraht, der mit einem dünnen Platinblech umwickelt ist, damit der Tiegel nicht mit dem Kupfer, welches mehr oder weniger angegriffen werden könnte, in Berührung kommen kann.

Platin-Apparate.

Tiegel.

Die Form des Tiegels ist von äusserster Wichtigkeit in Bezug auf sein Abnutzungsvermögen. In Fig. 34 ist die für den allgemeinen Gebrauch passendste Form gezeichnet. Ein Tiegel von 38 mm Höhe, $33\,^1/_2$ mm Weite (an der Oeffnung), von ca. 20 ccm Inhalt und einem Gewicht von ungefähr 25 g mit Deckel wird zum Wägen der bei der Eisen-Analyse gewöhnlich vorkommenden Niederschläge völlig genügen.

Für Aufschliessungen, welche ein Schmelzen bedingen, muss man grössere Tiegel nehmen; für solche Zwecke wird ein Tiegel von 46 mm Höhe, 46 mm Weite und 55 ccm Inhalt bei einem Gewicht von ca. 60 g passen. Reines Platin ist das beste Metall für Tiegel; die Iridium-Legirungen, welche früher so beliebt waren, haben sich als unpraktisch erwiesen; sie sind zwar härter als das reine Metall, aber leichter zerbrechlich. Die Dauerhaftigkeit eines Tiegels hängt sehr von seiner Behandlung ab. Leicht reducirbare Metallsalze, die bei niedriger Temperatur schmelzen, sollte man niemals in einem Platintiegel glühen; hierher gehören hauptsächlich: Zinn, Blei, Wismuth, Antimon. Ausser diesen wird auch die Phosphorsäure in einigen Phosphaten manchmal zum Theil reducirt, wodurch das Platin sehr zerbrechlich wird. Kann man es vermeiden, so sollte man einen Platintiegel niemals verbiegen; hat er sich aber einmal verbogen, so kann man ihm vermittelst eines Holzpflocks (Fig. 35), welcher die genaue Form des Tiegels hat, seine ursprüngliche Gestalt wiedergeben. Vor dem Gebrauch sollte man den Tiegel stets sorgfältig reinigen; der zuletzt darin geglühte Niederschlag sollte womöglich mit Säure gelöst, der Tiegel selbst dann mit Wasser ausgewaschen, getrocknet, geglüht und vor dem Wägen in einem Exsikkator abgekühlt werden. Ein Eisenoxydniederschlag macht den

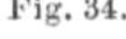
Fig. 34.

Fig. 35.

Tiegel zuweilen fleckig; zur Entfernung dieser Flecken lässt man den Tiegel ca. 12 Stunden in kalter Salzsäure stehen und erwärmt ihn dann eine kurze Zeit. Bei Flecken, welche sich durch Salzsäure allein nicht entfernen lassen, behandelt man den Tiegel mit saurem schwefelsaurem Kali oder kohlensaurem Natron, welche man schmilzt und später mit Wasser auszieht; darnach giesst man Salzsäure hinein, wodurch dann die Flecken sehr bald verschwinden werden. Von Schmutz reinigt man einen Tiegel am besten durch Reiben mit feinem angefeuchtetem Seesand. Diese Art von Reinigung vermindert das Tiegelgewicht ganz unbedeutend, da der Sand polirt, nicht aber ritzt. Hat man mehrere Tiegel, so nummerirt man am besten jeden derselben und gibt dem zugehörigen Deckel die gleiche Nummer.

Schalen.

Die in Fig. 36 gezeichnete Schalenform passt sehr gut zur Bestimmung von Silicium und Kieselsäure in Roheisen und Eisenerzen; sie hat 83 mm Durchmesser und ist 57 mm hoch. Die Schale

Fig. 37 dient zur Bestimmung von Eisenoxydniederschlägen. Sie hat 127 mm Durchmesser und ist 84 mm hoch. Um die Form etwas widerstandsfähiger zu machen, ist um den Rand der Schale ein

Fig. 36. Fig. 37.

Draht eingeschmolzen. Auf diese Weise kann man eine Platinschale leichter und billiger herstellen, als wenn man den Draht nicht um den Rand gelegt hätte. Der Draht wird ausgehämmert.

Spaten.

Eine brauchbare und bequeme Form von Spaten ist aus Fig. 38 ersichtlich. Das Blatt, welches aus einer Platin-Iridium-Legirung

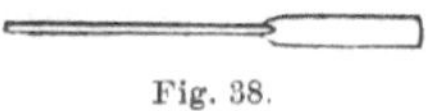

Fig. 38.

hergestellt ist, ist in ein Rohr derselben Legirung eingeschmolzen, welches den Handgriff bildet. Der in Fig. 38 gezeichnete Spaten wiegt 14 g und ist 165 mm lang.

Tiegelzangen.

Fig. 39 zeigt eine sehr gute Form von Tiegelzangen. Der Theil von a—b besteht aus Platin, während der gerade Theil von a—c

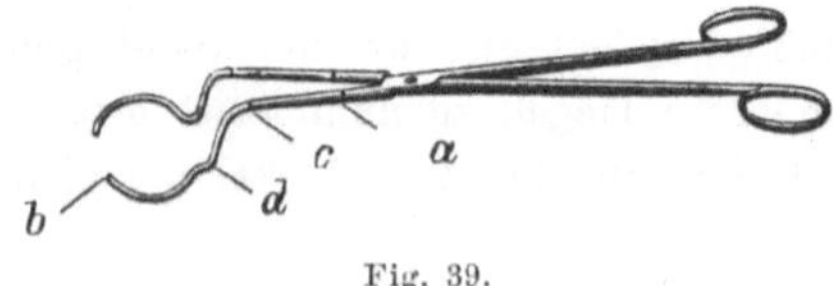

Fig. 39.

über das eiserne Ende der Zange gesteckt werden kann. Ist die Zange geschlossen, so stossen die Flächen bei d zusammen, und mit diesem Theile kann man den Deckel fassen, während der Tiegel selbst mit dem gebogenen Ende, ohne irgend welche Gefahr des Verbiegens, gehalten werden kann. Diese Zangen sind sehr zu gebrauchen bei der Handhabung eines Tiegels, welcher eine Schmelze enthält. Die in Fig. 40 gezeichnete Form wird gewöhnlich aus

Fig. 40. Fig. 41.

Messing hergestellt, während die Spitzen und der gebogene Theil mit Platin überzogen werden. Mit einer kleinen Pincette (Fig. 41) nimmt man den Tiegel aus dem Exsikkator und stellt ihn auf die Waage, dadurch dass man den Deckel ein wenig bei Seite schiebt.

Waagen.

Zur Vervollständigung dieses Theils, welcher von den Laboratoriumsapparaten handelt, wollen wir noch die chemische Waage anführen (Fig. 42).

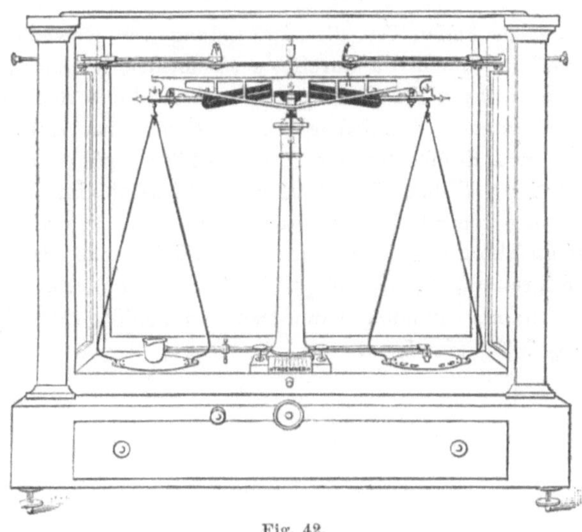

Fig. 42.

Für den Eisenchemiker kommt es hauptsächlich darauf an, dass man mit einer Waage schnell wägen kann, ohne dass dieselbe desshalb weniger empfindlich wäre, als die besten chemischen Waagen. Aus Fig. 43 ist die Reiterführung einer solchen Waage ersichtlich, und Fig. 44 zeigt uns die bequeme Form

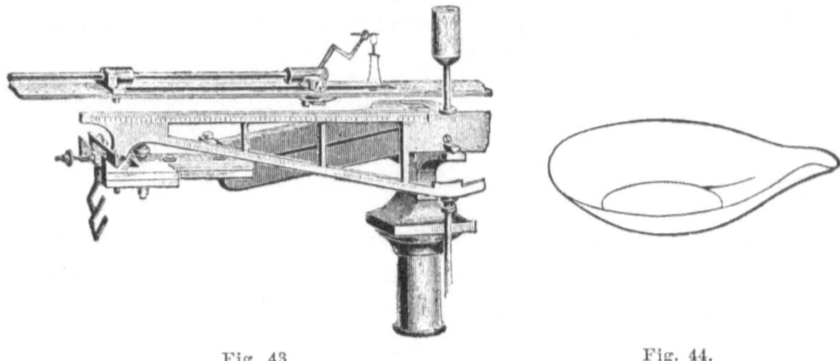

Fig. 43. Fig. 44.

eines kleinen, mit Ausguss versehenen Schälchens, vermittelst dessen man die Proben sehr gut in die Bechergläser etc. bringen kann.

Gewichtsfaktoren.

In manchen Fällen ist die Anwendung von Gewichtsfaktoren ausserordentlich bequem, da durch sie sämmtliche Rechnungen überflüssig werden, sehr viel Zeit gespart und eine durch Rechnung entstehende Fehlerquelle vermieden wird. Wenn man z. B. bei der Verbrennung von Kohlenstoff im Stahl 2,7273 g Spähne abwägt, so entspricht 0,1 mg Kohlensäure 0,01 % Kohlenstoff im Stahl. Bei der Bestimmung von Silicium im Stahl wende man den vierten Theil vom Gewichtsfaktor = 1,1755 g an; multiplicirt man das Gewicht der Kieselsäure mit 4, so entspricht 1 mg 0,01 % Si. Bei einer schnellen Siliciumbestimmung kann man den 10. Theil des Gewichtsfaktors = 0,4702 g einwägen.

Reagentien.

Destillirtes Wasser.

Zur Darstellung von kleinen Mengen destillirten Wassers kann man bequem eine verzinnte Kupferblase nebst Kondensationsapparat, wie man sie ja überall käuflich erhalten kann, anwenden. Hat man aber Dampf zur Verfügung, so gebrauche man eine Anordnung, wie sie in Fig. 45 gezeichnet ist. A ist ein verzinnter Kupfercylinder,

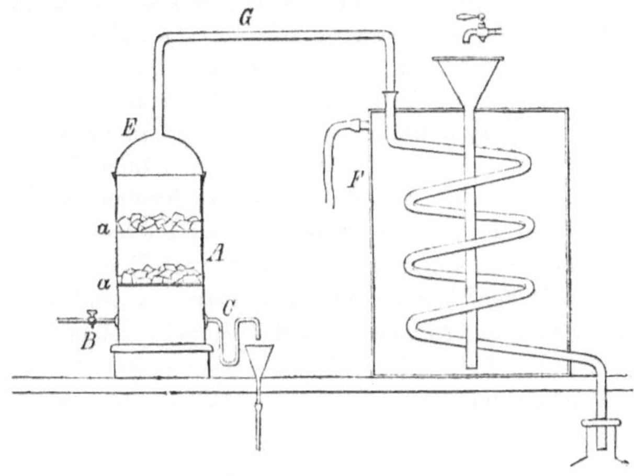

Fig. 45.

welcher mit einem Dom E versehen ist, der genau auf den Cylinder passt. Zum Dichten benutze man Papier oder Leinenlappen. Auf den zwei durchlöcherten Brettern a, a befinden sich Quarzsand oder Stücke Block-Zinn, welche den Dampf reinigen und auch mechanisch mit übergerissenen Schmutz zurückhalten. Der Dampf tritt bei B ein, das in A kondensirte Wasser fliesst durch das Rohr C ab, während der gereinigte Dampf durch die zinnerne Röhre G weiter geht und in der Kühlschlange F kondensirt wird. Man sollte keine gläserne Schlange anwenden, da das in derselben kondensirte Wasser bemerkenswerthe Mengen Glas auflöst.

Säuren und Salzbildner.

Salzsäure. HCl; spec. Gew. = 1,2.

Chemisch reine Salzsäure kann man sich leicht selbst darstellen. Sie muss frei von Chlor, Schwefel- und schwefliger Säure, Arsen und nicht abrauchbaren Salzen sein. Zum Nachweis von schwefliger und Schwefelsäure dampfe man 100 ccm unter Zusatz von einer geringen Menge reinem Kaliumnitrat zur Trockne, löse in Wasser, wenn nöthig unter Zusatz von ein paar Tropfen Salzsäure auf, filtrire und setze Chlorbarium zu. Zum Arsennachweis nehme man ein paar Centigramm reines Zinnchlorür, setze vorsichtig 6 bis 8 ccm Salzsäure und nach und nach 2 bis 3 ccm reiner Schwefelsäure unter sanftem Schütteln des Probirrohres zu. Ist die Salzsäure frei von Arsen, so bleibt die Lösung klar und farblos, bei Gegenwart desselben aber wird die Lösung zuerst gelblich, dann bräunlich, und schliesslich fällt das metallische Arsen aus; tritt zuerst keine Reaktion ein, so erwärme man das Röhrchen etwas. Zum Nachweis von Chlor giesse man etwas von der zu untersuchenden Säure in eine mit etwas Stärkelösung versetzte Auflösung von Jodkalium in Wasser. Eine blaue Färbung zeigt die Gegenwart von Chlor oder Eisenchlorid an. Will man Metallsalze nachweisen, so neutralisire man 100 ccm der Säure mit Ammoniak und füge Schwefelammonium zu. Zum Nachweis der Salze der Alkalien dampfe man 100 ccm der Säure zur Trockne und untersuche den etwaigen Rückstand.

Salpetersäure. HNO_3; spec. Gew. = 1,41.

Salpetersäure muss frei von salpetriger Säure sein, deren Gegenwart man schon an der gelben Farbe der ersteren erkennt. Man kann die Säure von diesem Gase dadurch befreien, dass man so lange Luft durch sie streichen lässt, bis sie farblos geworden ist. Um Salzsäure oder Chlor nachzuweisen, verdünne man stark und setze etwas Silbernitratlösung zu, während man zum Nachweis von nicht abrauchbaren Salzen 100 ccm zur Trockne verdampfen muss. Verdünnt man die gewöhnliche Säure mit dem gleichen Volum Wasser, so erhält man eine Säure von 1,2 spec. Gew., welche bei der kolorimetrischen Kohlenstoffbestimmung gebraucht wird; diese muss man sorgsam auf Chlor und Salzsäure prüfen.

Schwefelsäure. H_2SO_4; spec. Gew. = 1,84.

Reine Schwefelsäure muss farblos sein. Zur Prüfung auf Stickoxyd giesst man, nach dem Vorschlage Warrington's, ungefähr $^1/_2$ l der Säure in eine Flasche, welche ca. halb davon gefüllt werden muss, und schüttelt dann heftig. Die Luft wäscht das Gas heraus, und man entdeckt die Gegenwart des Stickoxyds dadurch, dass man in den Hals der Flasche ein kleines, mit Jodkalium und Stärkelösung gesättigtes Stückchen Filtrirpapier hineinhängt, welches bei Anwesenheit des Gases blau gefärbt wird. Zum Nachweis von Blei übersättige man einen Theil der Säure mit Ammoniak und füge Schwefelammon zu.

Fluorwasserstoffsäure. H Fl.

Zum Aufbewahren reiner Fluorwasserstoffsäure eignen sich die von Prof. Edward Hart hergestellten Ceresinflaschen vortrefflich; die rohe Säure aber muss im Laboratorium in Platingefässen destil-

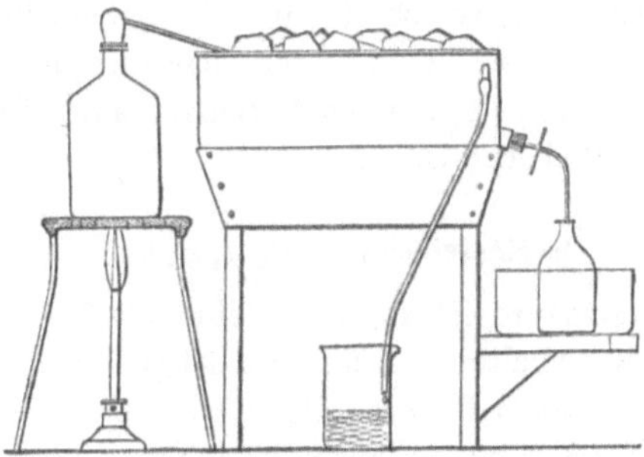

Fig. 46.

lirt werden. Die käufliche rohe Säure wird (Fig. 46) in einer Platin-, Silber- oder Bleiblase destillirt. Die Haube der Blase sowie das Kühlrohr sind aus Platin hergestellt. Die Kühlschlange liegt in einem kupfernen Kasten, welcher mit Eisstücken gefüllt ist; die kondensirte Säure wird dann in einer Platinflasche aufgefangen.

Damit nicht etwa an der Aussenseite des Kühlrohrs kondensirtes Wasser in die Flasche gelangen kann, ist dasselbe mit dem Kasten an der Stelle seines Austritts durch einen Gummistopfen verdichtet, ausserdem aber auch noch, wie aus der Figur ersichtlich, mit einem Pappdeckelscheibchen umgeben. Bevor man die Säure destillirt, füge man einige Krystalle Kaliumpermanganat und einige Kubikcentimeter Schwefelsäure zu. Die überdestillirte Säure darf beim Verdampfen keinen Rückstand hinterlassen.

Essigsäure. $H . C_2 H_3 O_2$; spec. Gew. = 1,04.

Essigsäure von 1,04 spec. Gew. ist für den Gebrauch bei der Eisenanalyse am besten. Sie darf beim Verdampfen keinen Rückstand und beim Neutralisiren mit Ammoniak und Zusetzen von Schwefelammon keinen Niederschlag geben. Sie muss frei von Phosphorsäure sein. Um diese letztere nachzuweisen, verdampfe man 100 ccm fast zur Trockne, füge ein wenig Magnesiamixtur und einen grossen Ueberschuss von Ammoniak zu, kühle in Eiswasser und rühre tüchtig um. Bei Gegenwart von Phosphorsäure wird sich ein Niederschlag von Ammonium-Magnesium-Phosphat bilden.

Zitronensäure. $H_3 C_6 H_5 O_7 . H_2 O$.

Zitronensäure kann man in reinem Zustand sehr leicht in Form von Krystallen erhalten, welche die in der Ueberschrift angegebene Zusammensetzung haben. Am besten bewahrt man sie in dieser festen Form und löst sie nur nach Bedarf auf. Sie löst sich in $^3/_4$ Theilen Wasser bei 15° C.

Weinsteinsäure. $H_2 C_4 H_4 O_6$.

Auch Weinsteinsäure ist für den Gebrauch bei der Eisenanalyse genügend rein zu erhalten. Auch die Krystalle dieser Säure löst man am besten nur nach Bedarf auf; die einzige Verunreinigung ist eine Spur Kalk. Sie löst sich in $^1/_2$ Theil Wasser bei 15° C.

Oxalsäure. $H_2 C_2 O_4$.

Die Oxalsäure krystallisirt aus ihrer wässerigen Lösung als $H_2 C_2 O_4 . 2 H_2 O$, welche sich bei 15° C. in 8,7 Theilen Wasser löst, aus. Sie verliert ihr Krystallwasser schon bei gewöhnlicher Temperatur in trockner Luft, noch schneller aber bei 100° C.

Brom. Br.

Brom erhält man leicht in genügend reinem Zustand für den Gebrauch als Reagens. Es ist eine dunkelbraune, äusserst ätzende Flüssigkeit vom spec. Gew. 2,97, welche sich in ungefähr 30 Theilen Wasser löst. Am besten wird es in einer mit Glasstopfen versehenen Kappenflasche aufbewahrt. Da man gewöhnlich die wässerige Lösung gebraucht, so giesse man nur eine kleine Menge, z. B. 20 oder 30 ccm in die Flasche, fülle dieselbe dann fast ganz mit kaltem destillirtem Wasser und schüttele heftig; die gesättigte Lösung gebrauche man dann nach Bedarf. Gewöhnlich befindet sich auf dem Boden der Flasche etwas Unreinlichkeit, welche sich nicht in Wasser löst.

Jod. J.

Das Jod bildet metallisch glänzende, krystallinische Blättchen vom spec. Gew. 4,95. Sublimirtes Jod ist nicht genügend rein für den Gebrauch; es muss mit grosser Sorgfalt destillirt werden, wenn man es nicht als in Eisenjodid gelöstes Jod gebrauchen will. Um das Jod zu destilliren, bringe man ungefähr $^1/_2$ kg in eine ca. 2 l fassende Glasretorte, welche mit einer Vorlage von ca. 456 mm Länge und einem Durchmesser von 75 mm am weitesten Theile verbunden ist. Erhitzt man die Retorte ganz gelinde, so steigen die Joddämpfe rasch in die Vorlage über, wo sie durch Kühlung kondensirt werden. Nach Beendigung der Destillation erwärmt man die Vorlage etwas, wodurch das Jod losgelöst und aus der Vorlage herausgeschüttet werden kann. Man bewahrt es in einer weithalsigen mit Glasstopfen versehenen Flasche auf.

Chlor. Cl.

Chlor ist ein gelbliches Gas, welches ungefähr $2^1/_2$ mal schwerer als Luft ist; es ist in Wasser nur spärlich löslich; es muss nach Bedarf hergestellt werden; die Art und Weise dieser Darstellung ist unter dem Abschnitt „Bestimmung von Silicium in Eisen und Stahl“ angegeben.

Schweflige Säure. H_2SO_3.

Zur Darstellung der schwefligen Säure (SO_2) mische man gepulverte Holzkohle mit koncentrirter Schwefelsäure bis zur Form eines dünnen Teiges, welchen man darauf zuerst sehr gelinde, dann etwas stärker in einer Flasche erhitzt. Das sich entwickelnde Gas lässt man durch eine, etwas Wasser enthaltende, Waschflasche streichen. Die Reaktion wird dargestellt durch folgende Gleichung: $C + 2\,H_2\,SO_4 = CO_2 + 2\,SO_2 + 2\,H_2\,O$. Die Gasleitungsröhre versieht man am besten mit einer Kugel, damit bei einer plötzlichen Abkühlung das Wasser nicht in die Flasche zurücksteigen kann. Statt Holzkohle kann man noch besser Kupferstückchen oder Drehspähne anwenden. Die wässerige Lösung des Gases erhält man dadurch, dass man das gewaschene Gas in destillirtes Wasser leitet. Das Gas hat ein spec. Gew. von 2,21; und 1 ccm Wasser von 15° C. löst 0,1353 g SO_2.

Chromsäure. $Cr\,O_3$.

Das Chromsäure-Anhydrit ist als rothes Pulver oder in der Form von scharlachrothen Krystallen in genügend reinem Zustande leicht erhältlich. Es ist zerfliesslich, löst sich in sehr wenig Wasser auf und bildet dann eine tiefdunkle Flüssigkeit. Man stellt dasselbe dar, dadurch dass man einen Theil gesättigter Kaliumbichromatlösung in $1^1/_2$ Teile konc. Schwefelsäure giesst und fortwährend umrührt. Beim Erkalten der Flüssigkeit scheiden sich nadelförmige Krystalle von Chromsäure-Anhydrit aus, welche von der Mutterlauge getrennt und durch Umkrystallisation gereinigt werden müssen.

Gase.

Kohlensäure. CO_2.

Figur 47 zeigt eine sehr gute Anordnung eines Entwicklungsapparates. Er besteht aus einer grossen tubulirten Flasche, deren Boden ungefähr bis zu 25 mm Höhe mit Schrot bedeckt ist, über welchem Marmorstückchen liegen. Durch die Röhre, deren Mündung sich im Tubus am Boden der Flasche befindet, kann verdünnte Salzsäure (1 : 5) zugelassen werden. Die Mündung der Röhre ist etwas umgebogen, so dass sie ganz auf den Boden reicht. Die Waschflasche A enthält Wasser. Bläst man durch den an der Säureflasche befindlichen Gummischlauch, so steigt die Säure in die tubulirte Flasche über.

Bei geschlossenem Hahn K treibt der Druck in der letzteren die Säure in die Säureflasche zurück. Ist die Säure schon schwach geworden, so dass ein Theil in der tubulirten Flasche zurückbleibt, so giesse man nur ein wenig konc. Salzsäure in die Säureflasche und blase in den Gummischlauch; es wird sofort eine Gasentwicklung

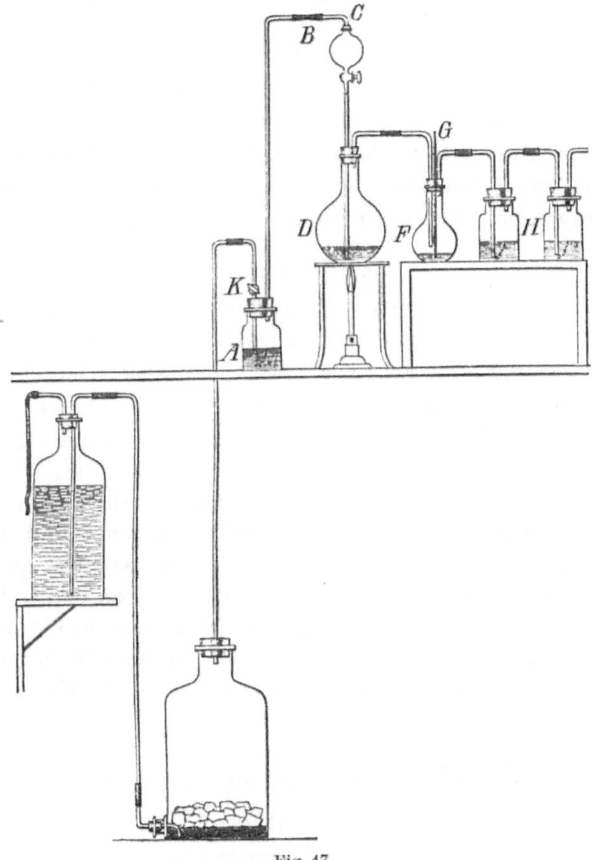

Fig. 47.

stattfinden, welche die gesammte Säure bei geschlossenem Hahn K in die Säureflasche zurücktreibt. Fig. 50 zeigt eine etwas abweichende Form.

Schwefelwasserstoffgas. H_2S.

Denselben Apparat kann man auch zur Darstellung von Schwefelwasserstoffgas anwenden*). Statt Marmor nimmt man dann Schwe-

*) Hierfür dürften doch wohl allgemein Kipp'sche Apparate verwandt werden. Anmerk. des Uebers.

feleisen, und als Entwicklungsflüssigkeit nimmt man auch besser Salzsäure statt Schwefelsäure, da beim Gebrauch der letzteren sich leicht schwefelsaures Eisenoxydul ausscheidet, welches den Apparat verstopft.

Wasserstoffgas. H.

Will man den Apparat*) auch zur Darstellung von Wasserstoff benutzen, so bringt man in die tubulirte Flasche kleine Stückchen Zink statt Schwefeleisen; die aus einer dünnen Zinkblechplatte geschnittenen Stückchen sind besser als granulirtes Zink, und auch hier Salzsäure besser, als Schwefelsäure.

Sauerstoffgas. O.

Das in Cylinder gepresste Sauerstoffgas, welches man käuflich erhalten kann, sollte, wenn man es bei der Bestimmung von Kohlenstoff in Eisen und Stahl gebrauchen will, vorher stets geprüft werden, da die Cylinder zuweilen mit Kohlengas gefüllt sind, und ein Cylinder, welcher einmal Kohlengas enthalten hat, selten ganz frei von Kohlenwasserstoff ist.

Im Kleinen kann man das Gas im Laboratorium dadurch darstellen, dass man ein Gemenge von 100 g Kaliumchlorat und 5 g gepulvertem Mangansuperoxyd in einer Retorte, welche ungefähr bis zur Hälfte durch die Mischung angefüllt ist, vermittelst eines Bunsenbrenners erhitzt. Das entwickelte Gas kann man in einem Gasometer oder Gummibeutel auffangen; jedoch ist letzterer bei der Bestimmung von Kohlenstoff nicht zu empfehlen, da Gummi leicht Kohlenwasserstoffe erzeugt.

Alkalien und Salze der Alkalien.

Ammoniak. H_4NOH.

Die Lösung von Ammoniakgas (NH_3), wie sie gewöhnlich gebraucht wird, hat ein spec. Gew. von 0,88 und enthält ungefähr 30 bis 35 % Ammoniak. Am besten bewahrt man die Lösung in Flaschen mit Glasstopfen an einem kühlen Orte auf, da das Gas, wenn es mit der Luft in Verbindung steht, sogar bei gewöhnlicher Temperatur sehr leicht verfliegt. Es muss farblos sein, darf beim Verdampfen keinen Rückstand hinterlassen, muss frei von Chloriden und Sulfaten sein und darf mit Schwefelwasserstoff keinen Niederschlag geben.

---

*) Hierfür dürften doch wohl allgemein Kipp'sche Apparate verwandt werden. Anmerk. des Uebers.

Saures schwefligsaures Ammon. H_4NHSO_3.

Das saure schwefligsaure Ammon wird dargestellt durch Einleiten von schwefliger Säure in konc. Ammoniak, bis die Lösung gelblich wird und stark nach schwefliger Säure riecht. Bei der früher angegebenen Darstellungsweise von schwefliger Säure wird auch eine grosse Menge Kohlensäure gebildet, welche von Ammoniak absorbirt wird. Dieselbe wird allmählich durch die schweflige Säure ersetzt, und es scheiden sich, wenn man die Lösung kühl hält, weisse Krystalle von neutralem Sulfid, $(NH_4)_2SO_3H_2O$, aus. Dieselben werden aber nach und nach durch den Ueberschuss von schwefliger Säure aufgelöst, bis die Lösung zuletzt ganz klar wird und einen Stich in's Gelbe bekommt. Gebraucht man aber bei der Darstellung der schwefligen Säure Kupfer statt Holzkohle, so wird keine Kohlensäure entwickelt und kein Ammoniumkarbonat gebildet. Setzt man das saure schwefligsaure Ammon der Luft aus, so oxydirt es sich allmählich zu Sulfat. Altes Ammoniumbisulfid enthält gewöhnlich kleine Mengen Hyposulfid, welche bei der Desoxydation von Eisenoxydsalzen einen Niederschlag von Schwefel verursachen. Nach dem Gesagten ist es jetzt nicht schwierig, reines Ammoniumbisulfid zu erhalten; das Natriumbisulfid enthält aber gewöhnlich Phosphorsäure. Ist das Bisulfid aus starkem Ammoniakwasser hergestellt, so desoxydiren 18 ccm eine Lösung von 10 g Stahl oder Eisen.

Schwefelammonium $(H_4N)_2S$.

Das Schwefelammon wird durch Sättigen von starkem Ammoniak mit Schwefelwasserstoff und Hinzufügen eines gleichen Volums Ammoniak dargestellt. Die Reaktionen werden durch folgende Gleichungen dargestellt:

$$H_4NOH + H_2S = H_4NSH + H_2O \quad \text{und}$$
$$H_4NSH + H_4NOH = (H_4N)_2S + H_2O.$$

Durch langes Stehen wird die Lösung gelb, ebenso auch, wenn man sie der Luft aussetzt. Die in der analytischen Chemie oft gebrauchte Flüssigkeit hat die Formel H_4NSH und wird erhalten, wenn man Ammoniakliquor mit Schwefelwasserstoff sättigt.

Chlorammon H_4NCl.

Das Ammoniumchlorid ist ein wasserfreies, weisses, krystallinisches Salz, welches sich bei 100° C. ungefähr in der seinem eigenen Gewicht entsprechenden Menge Wasser, bei 18° C. aber in 2,7 Theilen Wasser löst. Beim Erhitzen verflüchtigt es sich, ohne vorher zu schmelzen. Das Salz enthält gewöhnlich etwas Eisen, ist aber frei von anderen Verunreinigungen und wird gewöhnlich durch Sublimation gereinigt. Um das Chlorammon zu bereiten, wie man es bei Smith's Methode zur Zersetzung der Silikate gebraucht, löse man es in kochendem Wasser und dampfe auf einem Wasser- oder Luftbad ein. Wenn das Salz auszukrystallisiren beginnt, so rühre man kräftig, wodurch die Krystalle sehr klein werden; man lasse dann die Flüssigkeit ab und trockne, wonach man das Salz gut pulvern kann.

Salpetersaures Ammon. H_4NNO_3.

Das salpetersaure Ammon ist ein weisses, krystallinisches Salz, welches sich bei 18° C. ungefähr in der Hälfte seines Gewichtes und bei 100° C. in weit weniger Wasser löst; beim Auflösen in Wasser erzeugt es grosse Kälte. Beim Verdampfen verliert es Ammoniak und wird sauer; beim Erhitzen schmilzt es bei 108° C. und zwischen 230° und 250° wird es in Wasser und Stickoxydul: $H_4NNO_3 = N_2O + 2H_2O$ zerlegt. Verflüchtigt man es, so darf es keinen Rückstand hinterlassen.

Ammoniumfluorid. H_4NFl.

Das Ammoniumfluorid kann man durch Sättigen von Fluorwasserstoffsäure mit Ammoniak erhalten. Das Salz krystallisirt, wenn man es über Aetzkalk abdampfen lässt. Es ist etwas zerfliesslich und desshalb, da die Lösung Glas angreift, schwierig aufzubewahren.

Essigsaures Ammon. $H_4NC_2H_3O_2$.

Das essigsaure Ammon wird am besten dadurch hergestellt, dass man Ammoniak mit Essigsäure versetzt. Ein Volumen starkes Ammoniakwasser erfordert zum Neutralisiren ungefähr 2 Volumina Essigsäure von 1,04 spec. Gew.; da es sich beim Aufbewahren zersetzt, so stellt man es am besten nach Bedarf dar.

Oxalsaures Ammon $(H_4N)_2C_2O_4 + H_2O$.

Das oxalsaure Ammon ist ein weisses Salz, welches in langen in Haufen vereinigten Prismen krystallisirt. Bei 18° C. löst es sich in 3 Theilen Wasser.

Aetznatron. $NaO\cdot H$.

Das geschmolzene Natronhydrat, welches mit Alkohol gereinigt ist, ist für gewöhnliche Zwecke rein genug. Es bildet weisse, feste Massen, die zu Wasser eine grosse Verwandtschaft haben; es löst sich unter Wärme-Entwicklung in Wasser. Das reine Natronhydrat stellt man dar, indem man metallisches Natrium in einer Platinschale mit Wasser übergiesst, wodurch dann letzteres zersetzt wird. Man muss es in einer Silber- oder Platinschale aufbewahren, da die Lösung sehr schnell Glas angreift.

Natrium-Ammonium-Phosphat. $NaH_4NHPO_4 . 4H_2O$.

Das Ammonium-Natrium-Phosphat ist ein weisses, krystallinisches Salz, welches sich in der Kälte in 6, in der Wärme in 1 Theil Wasser löst. Für längere Zeit darf man es nicht in gelöstem Zustand aufbewahren, da es sehr gern Glas angreift; sein Krystallisationswasser verliert es sehr leicht, und beim Erhitzen gibt es Ammoniak ab, indem reines metaphosphorsaures Natrium zurückbleibt. Letzteres löst in geschmolzenem Zustande Metalloxyde auf und zwar manchmal unter charakteristischen Farben, wodurch sich dasselbe als ein für die Löthrohranalyse sehr geeignetes Reagens empfiehlt. Es lässt sich leicht rein darstellen.

Kohlensaures Natron. Na_2CO_3.

Das Natriumkarbonat ist niemals ganz rein. Es enthält stets kleine Mengen von Kieselsäure, Thonerde, Kalk, Magnesia und ausserdem Schwefelsäure. Im Allgemeinen ist es ganz frei von Phosphorsäure. Jede Sendung sollte sorgfältig auf alle diese Verunreinigungen hin untersucht und deren Menge auf ein Gramm umgerechnet werden, so dass man bei jeder Analyse die Mengen abziehen kann. In Lösung wird es nur zum Neutralisiren von Flüssigkeiten, wie z. B. bei der Manganbestimmung nach der essigsauren Methode, gebraucht. Da die Lösung sehr schnell Glas angreift, so sollte man es nur nach Bedarf auflösen.

Salpetersaures Natron. $NaNO_3$.

Das salpetersaure Natron wird gewöhnlich statt des salpetersauren Kalis beim Aufschliessen von Erzen, welche Titansäure enthalten, gebraucht. Man kann dasselbe bereiten dadurch, dass man eine konc. Natriumkarbonatlösung mit Salpetersäure ansäuert, so lange erhitzt, bis das Wasser und der Ueberschuss der Salpetersäure vertrieben sind, und dann das trockne Salz pulvert.

Unterschwefligsaures Natron. $Na_2 S_2 O_3 + 5 H_2 O$.

Das unterschwefligsaure Natron löst sich sehr leicht in Wasser, zersetzt sich aber in dicht verschlossenen Flaschen unter Bildung von Schwefel und Natriumsulfat. Desshalb löst man am besten nur soviel auf, wie man gerade gebraucht. Das Salz, wie es gewöhnlich im Handel vorkommt, ist für den Gebrauch rein genug.

Essigsaures Natron. $Na C_2 H_3 O_2 + 3 H_2 O$.

Das krystallisirte essigsaure Natron löst sich bei 6° C. in 3,9 Theilen Wasser. Es ist selten ganz rein, sondern enthält gewöhnlich Calcium- und Eisensalze, aber nach dem Lösen und Filtriren kann man es für Theil-Analysen, wie z. B. bei der Manganbestimmung nach der essigsauren Methode, anwenden. Bei vollständigen Analysen wendet man besser essigsaures Ammon an. Muss man das essigsaure Natron aber unbedingt gebrauchen, so kann man es darstellen dadurch, dass man chemisch reines Natriumkarbonat in Essigsäure löst, die gebildete Kohlensäure wegkocht und so lange Essigsäure zusetzt, bis die Reaktion eben sauer ist.

Aetzkali. KOH.

Das Aetzkali, welches durch Lösen in Alkohol gereinigt, filtrirt, darauf zur Trockne gedampft und geschmolzen ist, ist für alle gewöhnlichen Zwecke der Eisen-Untersuchung rein genug. Eine wässerige Lösung von 1,27 spec. Gew. wird zur Absorption der Kohlensäure bei der Kohlenstoff-Bestimmung in Eisen und Stahl, sowie der Kohlensäure-Bestimmung in den Erzen gebraucht. Um eine Lösung von der angegebenen Stärke zu erhalten, löse man 300 g geschmolzenes Aetzkali in 1 Ltr. Wasser.

Salpetrigsaures Kali. KNO_2.

Das salpetrigsaure Kali wird zur Trennung von Nickel und Kobalt gebraucht. Im Handel ist dasselbe sehr selten rein, man kann es sich aber selbst auf folgende Weise rein darstellen: Man erhitze in einer eisernen Schale einen Theil Kaliumnitrat bis zum Schmelzen, dann füge man, unter beständigem Umrühren, 2 Theile metallisches Blei hinzu. Man steigere die Hitze nach und nach bis zur vollständigen Oxydation des Bleis und lasse darauf erkalten. Man behandle die Masse mit Wasser, filtrire das Bleioxyd ab, leite

Kohlensäure durch das Filtrat, um den grösseren Theil des gelösten Bleis zu fällen, und filtrire. Zum Filtrat füge man ein wenig Schwefelammon, um die letzten Spuren von Blei niederzuschlagen, filtrire, dampfe zur Trockne und schmelze in einem Platingefäss, um das Hyposulfid, welches sich etwa gebildet haben kann, zu zersetzen. Das so geschmolzene Salz muss man, da es zerfliesslich ist, gut aufbewahren.

Kaliumnitrat. KNO_3.

Das Kaliumnitrat ist ein weisses, krystallinisches, wasserfreies Salz, welches sich bei 0° C. in 7½ Theilen und bei 100° C. in 0,4 Theilen Wasser löst. Unter Rothgluthitze schmilzt es zu einer farblosen Flüssigkeit und bei Rothgluthitze gibt es mehr oder weniger mit Stickstoff verunreinigtes Sauerstoffgas ab, während salpetrigsaures Kali und Kaliumoxyd zurückbleiben. Für die Eisen-Analyse kann man das Salz in genügend reinem Zustande erhalten, aber man sollte doch, da es immer kleine Mengen Schwefelsäure enthält, diese stets bestimmen, wenn man es zur Bestimmung von Schwefel in den Erzen gebraucht und dieselben in Rechnung ziehen.

Schwefelkalium. K_2S.

Das Schwefelkalium wird dargestellt dadurch, dass man Schwefelwasserstoff in eine Lösung von Aetzkali leitet und die etwaigen Niederschläge von Thonerde oder Schwefeleisen abfiltrirt. Es wird statt des korrespondirenden Ammoniaksalzes gebraucht, wenn die Lösung Kupfer enthält, da Schwefelkupfer in Schwefelammonium etwas löslich ist.

Doppeltchromsaures Kali. $K_2Cr_2O_7$.

Das Kaliumbichromat ist ein orangerothes, wasserfreies, krystallinisches Salz, welches sich bei 0° C. in 20 Theilen und bei 100° C. in einem Theil Wasser löst. Es schmilzt unter Rothgluthitze zu einer durchsichtigen, rothen Flüssigkeit, welche beim Abkühlen zu Pulver zerfällt. Erhitzt man es mit konc. Schwefelsäure, so gibt es den sechsten Theil seines Gewichts an Sauerstoff ab:

$$K_2Cr_2O_7 + 4\,H_2SO_4 = K_2Cr_2(SO_4)_4 + 4\,H_2O + 3\,O.$$

Man kann es genügend rein erhalten; bevor man es aber zur Bestimmung von Kohlenstoff in Eisen und Erzen gebraucht, sollte man es doch stets schmelzen, um etwaige organische Substanzen zu zerstören.

Kaliumchlorat. $KClO_3$.

Das chlorsaure Kali ist ein weisses, krystallinisches, wasserfreies Salz; es löst sich bei 0° C. in ungefähr 30 und bei 100° C. in 2 Theilen Wasser. Durch Hitze wird es rasch zersetzt und zwar zuerst in ein Gemenge von Chlorkalium und Kaliumperchlorat, dadurch dass ein Theil Sauerstoff frei wird; bei noch höherer Temperatur wird auch das Perchlorat zersetzt, da der Sauerstoffrest frei wird und so Kaliumchlorid allein zurückbleibt. Zum Gebrauch bei der Analyse von Eisen ist es genügend rein zu erhalten. Erhitzt man es mit Salpetersäure, so bildet sich salpetersaures Kali, ferner Kaliumperchlorat, Wasser, Chlor und Sauerstoff, welche Reaktion durch folgende Gleichung veranschaulicht wird:

$$8KClO_3 + 6HNO_3 = 6KNO_3 + 2KClO_4 + 6Cl + 13O + 3H_2O.$$

Beim Erhitzen mit Salzsäure bildet sich Chlorkalium, Wasser und ein Gemenge von Chlortetroxyd und Chlor:

$$4KClO_3 + 12HCl = 4KCl + 6H_2O + 3ClO_2 + 9Cl.$$

Saures schwefelsaures Kali. $HKSO_4$.

Das saure schwefelsaure Kali ist ein weisses, krystallinisches Salz, welches sich ungefähr in der Hälfte seines Gewichtes kochendem Wasser löst. Ein grosser Ueberschuss von Wasser zersetzt es in schwefelsaures Kali und freie Schwefelsäure; sogar bei Gegenwart eines grossen Ueberschusses von freier Schwefelsäure krystallisirt das neutrale Salz aus, während freie Schwefelsäure in der Lösung zurückbleibt. Das saure schwefelsaure Kali schmilzt bei 197° C.; bei höherer Temperatur gibt es Wasser ab, während wasserfreies Salz zurückbleibt, und bei Rothglut gibt es Schwefelsäure ab, und es hinterbleibt das neutrale Sulfat. Man kauft es selten ganz rein, aber man kann es auf folgende Weise darstellen: Man löse doppeltkohlensaures Kali in Wasser, filtrire und füge aus einem graduirten Gefäss soviel Schwefelsäure hinzu, bis nach dem Wegkochen der freien Kohlensäure die Lösung neutral, oder nur schwach alkalisch ist. Wenn nöthig, filtrire man und füge zu dem Filtrat dieselbe Menge Schwefelsäure, wie man sie zum Neutralisiren zugesetzt hatte. Man koche die Lösung ein und schmelze die Masse endlich in einer Platinschale; dann kühle man sie und giesse sie, wenn sie anfängt, bald fest zu werden, in eine andere Schale, aus der man sie herausbricht und in einer Glasflasche aufbewahrt.

Jodkalium. KJ.

Das Jodkalium ist ein weisses, krystallinisches, wasserfreies Salz, welches in Wasser sehr leicht löslich ist und beim Auflösen eine Temperaturerniedrigung verursacht. Bei 0° C. löst es sich in 0,8 Theilen und bei 100° C. in 0,5 Theilen Wasser. Bei gewöhnlicher Temperatur löst es sich in 6 Theilen Alkohol; fügt man zu dieser Lösung Salzsäure, so wird sie nicht braun gefärbt, falls das Jodkali frei von jodsauren Salzen war. Eine Lösung von 1 Theil Jodkalium in 2 Theilen Wasser löst 2 Theile Jod. Verdünnt man diese Lösung aber, so wird etwas Jod niedergeschlagen.

Kaliumpermanganat. $K\,Mn\,O_4$.

Das Kaliumpermanganat ist ein dunkelrothes, wasserfreies Salz, welches in langen Nadeln krystallisirt. Es löst sich bei 15° C. in 16 Theilen Wasser. Man erhält es leicht sehr rein, aber die Lösung sollte man stets durch geglühten Asbest filtriren, da Papier stark reducirend auf sie einwirkt.

Kaliumeisencyanür. $K_4\,Fe_2\,Cy_6 + 3\,H_2\,O$.

Das Kaliumeisencyanür ist ein gelbes, krystallinisches Salz, welches sich bei 0° C. in 4 und bei 100° C. in 2 Theilen Wasser löst. Es dient als Reagens, um die Gegenwart von Eisenoxydsalzen zu zeigen, welche durch die Bildung von Eisenferrocyanid (Preussisch Blau) blau gefärbt werden.

Kaliumeisencyanid. $K_3\,Fe_2\,Cy_6$.

Das Kaliumeisencyanid ist ein blutrothes, wasserfreies, krystallinisches Salz, welches sich bei 0° C. in ungefähr 3,1 und bei 100° C. in 1,3 Theilen Wasser löst. Die wässerige Lösung hat, wie die des Ferrocyanids, eine gelbliche Farbe. Durch Zusatz von Eisenoxydulsalzen wird die Lösung blau gefärbt wegen der Bildung von Eisenferricyanür, während Eisenoxydsalze keine Farbenveränderung hervorrufen. Das Kaliumeisencyanid löst man am besten nur nach Bedarf auf.

Salze der alkalischen Erden.

Kohlensaures Barium. $Ba CO_3$.

Das durch Fällung dargestellte kohlensaure Barium ist ein weiches, weisses Pulver. Man erhält es sehr selten rein, aber man kann es leicht rein darstellen dadurch, dass man eine Lösung von Ammoniumkarbonat zu einer klaren, kochenden Lösung von Chlorbarium giesst, das gefällte Bariumkarbonat mit heissem Wasser zuerst durch Dekantiren und nachher auf dem Filter auswäscht. Das Ammoniumkarbonat muss natürlich frei von Sulfat sein. Der ordentlich ausgewaschene Bariumkarbonat-Niederschlag muss in einer Flasche mit Wasser aufgeschüttelt werden, alsdann kann er gebraucht werden. Das Bariumkarbonat, welches, nebenbei bemerkt, giftig ist, löst sich sehr schlecht in Wasser, da es nach Angabe verschiedener Autoritäten von 4000 bis zu 25 000 Theile Wasser zum Lösen nöthig hat.

Essigsaures Barium. $Ba (C_2 H_3 O_2)_2$.

Das essigsaure Barium kann durch Auflösen von reinem Bariumkarbonat in Essigsäure dargestellt werden. Es krystallisirt mit 1 bis 3 Molekülen Wasser; trocknet man es aber bei 0° C., oder setzt man es der Luft aus, so verwittert es, und das wasserfreie Salz bleibt als weisses Pulver zurück. Es ist in Wasser sehr leicht löslich, da es sich bei 0° C. in 2 und bei 100° C. in 1 Theil Wasser löst. Beim Erhitzen zersetzt es sich in Aceton und Bariumkarbonat nach folgender Gleichung:

$$Ba (C_2 H_3 O_2)_2 = C_3 H_6 O + Ba CO_3.$$

Chlorbarium. $Ba Cl_2 . 2 H_2 O$.

Das Chlorbarium ist ein weisses, krystallinisches Salz, welches sich bei 15° C. in ungefähr 3 Theilen und bei 100° C. in $1^1/_2$ Theilen Wasser löst. Erhitzt man es auf 100° C., so verliert es sein Krystallwasser und hinterlässt das Anhydrit als eine weisse Masse, welche bei voller Rothglut schmilzt. Das Chlorbarium ist in konc. Salzsäure fast unlöslich; es wird fast ausschliesslich zur Bestimmung der Schwefelsäure gebraucht und kann zu diesem Zwecke in Lösung aufbewahrt werden; man stelle sich dieselbe her durch Auflösen von 100 g des krystallisirten Salzes in 1 Ltr. Wasser, von welcher Lösung 10 ccm 1,16 g $Ba SO_4 = 0{,}4$ g $SO_3 = 0{,}16$ g S fällen.

Aetzbaryt. Bariumhydrat. $Ba O_2 H_2 . 8 H_2 O$.

Das Bariumhydrat ist ein weisses, krystallinisches Salz, welches sich bei 15° C. in 20 und bei 100° C. in 3 Theilen Wasser löst. Das Anhydrit wird dargestellt durch Erhitzen von Bariumnitrat in einem Platintiegel bis zur Rothglut, indem man die Hitze zuerst ganz allmählich steigert, um einen Verlust durch Spritzen zu vermeiden. Bei sehr hoher Temperatur greift es aber Platin an. Die Lösung hat eine starke Verwandtschaft zur Kohlensäure, welche sie aus der Luft gierig absorbirt; das so gebildete Bariumkarbonat verursacht eine Schaumbildung auf der Oberfläche der Lösung. Glas wird von der Lösung sehr stark angegriffen.

Chlorcalcium. $Ca Cl_2$.

Das krystallisirte Chlorcalcium verliert sein ganzes Krystallwasser bei 200° C., während das weisse, poröse, wasserfreie, sehr zerfliessliche Chlorid zurückbleibt. Das wasserfreie Salz schmilzt bei niedriger Rothglut, es wird aber theilweise in Oxyd verwandelt. Desshalb sollte man das geschmolzene Salz niemals zum Trocknen bei der Bestimmung des Kohlensäuregases anwenden, da stets etwas von dem Calciumoxyd absorbirt wird. Eine Chlorcalciumlösung, welche 59 Theile wasserfreies Salz auf 100 Theile Wasser enthält, siedet bei 115° C., eine gesättigte Lösung dagegen bei 179,5° C.

Kohlensaures Calcium. $Ca CO_3$.

Reines Calciumkarbonat, wie man es zur Bestimmung der Alkalien in Silikaten nach Prof. Smith's Methode gebraucht, kann auf folgende Weise hergestellt werden. Man löse Marmor oder Kalkstein, welcher keine Magnesia enthält, in verdünnter Salzsäure, füge noch gepulverten Marmor hinzu, erwärme die Lösung und setze dann zur Fällung von Calciumphosphat etc. etwas Kalkmilch zu. Man filtrire, erwärme die Lösung fast bis zum Kochen und fälle mit Ammoniumkarbonat. Das so gebildete Calciumkarbonat ist ein sehr dichtes Pulver, welches sich rasch absetzt und dann leicht ausgewaschen werden kann. Nach dem Auswaschen trockne man es, worauf es gebraucht werden kann.

Metalle und Metallsalze.

Metallisches Kupfer.

Metallisches Kupfer absorbirt bei gewöhnlicher Temperatur Chlorgas und wird bei der Eisenanalyse gebraucht, um das Chlor, welches während der Verbrennung von den kohlenstoffhaltigen Substanzen im Eisen und Stahl entwickelt werden könnte, zu absorbiren. Es wird in Form von Bohrspänen gebraucht, welche am besten mit einem vollständig trocknen Bohrer genommen werden und welche frei von Oel und Schmutz sein müssen. Die Späne werden in einer verschlossenen Flasche aufbewahrt und können so lange gebraucht werden, wie sie noch vollständig rein und glänzend sind.

Schwefelsaures Kupfer. $CuSO_4 . 5 H_2O$.

Das schwefelsaure Kupfer ist ein blaues, krystallinisches Salz, welches sich bei 18° C. in 2,7 Theilen und bei 100° C. in 0,55 Theilen Wasser löst. Die wässerige Lösung des neutralen Salzes ist auf Lackmus-Papier stark sauer. Die Kupfervitriolkrystalle verwittern an der Oberfläche, wenn man sie der Luft aussetzt; erhitzt man sie auf 100° C, so verlieren sie 4 Moleküle Wasser und bei 200° C. das Rest-Molekül. Das wasserfreie Salz ist eine weisse, salzige Masse, welche bei hoher Rothglut unter Bildung von schwefliger Säure und Sauerstoff und unter Zurücklassung von Kupferoxyd zersetzt wird. Das wasserfreie Salz hat zum Wasser sowie zum Chlorwasserstoffgas eine starke Verwandtschaft. Eine Lösung von Kupfersulfat löst metallisches Eisen, wobei zugleich das Kupfer aus der Lösung als eine poröse Masse niedergeschlagen wird.

Wasserfreies Kupfersulfat.

Die Eigenschaft des wasserfreien Kupfersulfats, Chlorwasserstoffgas zu absorbiren, macht dasselbe bei der Kohlenstoffbestimmung durch Verbrennung sehr brauchbar. Zu diesem Zwecke wird es am besten folgendermassen hergestellt: Man erhitze Kupfersulfatkrystalle von der Grösse einer Kaffeebohne in einer Porzellanschale, bis die blaue Farbe verschwindet und sie weiss werden; dann fülle man sie noch im heissen Zustand in eine trockne, mit Glasstopfen versehene Flasche.

Wasserfreies Kupferchlorür. Cu Cl.

Zur Darstellung des gekörnten Salzes, wie es als Absorptionsmittel von Chlorwasserstoffsäure und Chlor bei Kohlenstoffbestimmungen gebraucht wird, feuchte man das gewöhnliche gepulverte Salz, wie es im Handel vorkommt, in einer Porzellanschale an und reibe es dann mit einem Glasstabe zu kleinen Stückchen von ungefährer Grösse einer Kaffeebohne. Man erhitze dann nach und nach stärker, bis alles Wasser ausgetrieben ist, und die Stückchen, welche dunkelbraun aussehen, hart sind. Man bewahre es in einer Flasche mit Glasstopfen auf.

Kupferchlorid. $Cu\,Cl_2 + Aq.$

Zur Herstellung von Kupferchlorid, wie es zum Auflösen von Eisen und Stahl bei der Kohlenstoffbestimmung gebraucht wird, zerreibe man gleiche Mengen Kupfersulfat und gewöhnliches Kochsalz in einem Porzellanmörser, und giesse über diese Mischung eine kleine auf 50^0 bis 60^0 C. erhitzte Menge Wasser. Die Flüssigkeit wird smaragdgrün gefärbt und scheidet beim Eindampfen schwefelsaures Natrium ab. Man dekantire die Flüssigkeit hiervon ab und dampfe wieder ein, bis die Lösung auf ein kleines Volum eingeengt ist. Man lasse dann erkalten und dekantire nochmals vom Rest des Natriumsulfats und des überschüssigen Chlornatriums ab. Dampft man nun noch weiter ein und lässt alsdann erkalten, so erhält man das Kupferchlorid in Form von grünen Krystallen, welche zerfliesslich sind. Die Lösung muss verdünnt und durch Asbest filtrirt werden.

Kupferammoniumchlorid. $2\,(H_4\,NCl)\,.\,Cu\,Cl_2\,.\,2\,H_2\,O.$

Kupferkaliumchlorid. $2\,(KCl)\,Cu\,Cl_2\,.\,2\,H_2\,O.$

Das Doppelchlorid von Kupfer und Ammonium ist ein bläulichgrünes, krystallinisches Salz, welches sich in Wasser vollständig löst.

Das Doppelchlorid von Kupfer und Kalium ist auch bläulichgrün und ebenso löslich, wie das Ammonsalz. Die kürzlichen Untersuchungen der amerikanischen Mitglieder des internationalen Komitees zur Einführung einheitlicher Methoden bei der Untersuchung von Stahl und Eisen haben gezeigt, dass das Kupferammoniumchlorid fast immer unrein ist wegen des Vorhandenseins von Kohlenwasserstoffen im Ammoniumchlorid. Diese Kohlenwasserstoffe vereinigen sich mit dem beim Kohlenstoffbestimmungsprocess von Eisen und

Stahl freiwerdenden kohlenstoffhaltigen Rückstand, wodurch das Resultat fehlerhaft wird. Mehrmalige Umkrystallisation befreit das Salz in gewisser Weise von diesen Verunreinigungen. Das Kalisalz hat diese Verunreinigung nicht.

Zur Bereitung dieser Salze verfahre man folgendermassen: Man löse 107 Theile Ammoniumchlorid oder 149,1 Theile Kaliumchlorid und 170,3 Theile krystallisirtes Kupferchlorid in Wasser und krystallisire das Doppelsalz aus. Man löse zum Gebrauch ungefähr 300 g des Doppelsalzes in 1 Ltr. Wasser, filtrire durch geglühten Asbest und bewahre es dann in einer mit Glasstopfen versehenen Flasche auf.

Kupferoxyd. $Cu\,O$.

Das grobe und feine, zu Verbrennungen gebrauchte Kupferoxyd kann man leicht auf folgende Weise darstellen: Man löse metallisches Kupfer in Salpetersäure auf, dampfe in einer Porzellanschale zur Trockne und bringe den Rückstand in einen hessischen Tiegel, den man in einem Ofen bis zur Vertreibung der Untersalpetersäuredämpfe aus dem Rückstande erhitzt. Man bedecke den Tiegel aber so, dass keine Kohle hineinfallen kann und erhitze auch nicht so hoch, dass die Masse schmilzt. Man rühre von Zeit zu Zeit um, und nach Beendigung des Glühens ist das Kupferoxyd, welches oben lag, ein feines Pulver, während das auf dem Boden befindliche zusammengesintert ist. Man zerreibe es in einem Mörser und siebe es durch ein feines Metallsieb. Beide Sorten, das Feine und das Grobe, bewahre man, jedes für sich, in einer gut verschlossenen Flasche.

Eisendraht.

Will man zur Einstellung von Chamäleon- oder Kaliumbichromatlösung metallisches Eisen anwenden, so eignet sich dazu ausgezeichnet sehr feiner, weicher Klavierdraht. Vor dem Gebrauch reinige man denselben aber dadurch, dass man ein längeres Stück zuerst mit Schmirgelleinen und dann mit Filterpapier gut abreibt; das gereinigte Stück rolle man zu einer Spirale zusammen und wäge es.

Schwefelsaures Eisenoxydul. $Fe\,SO_4 \,.\, 7\,H_2\,O$.

Das schwefelsaure Eisenoxydul (grüner Vitriol, Eisenvitriol) ist ein bläulich-grünes, krystallinisches Salz, welches sich bei 10° C. in 1,64 und bei 100° C. in 0,3 Theilen Wasser löst; in Alkohol ist es unlöslich. Beim Erhitzen auf 114° C. verlieren die Krystalle 6 Moleküle Wasser, das Restmolekül behalten sie aber noch bei 280° C. Bei Rothgluthitze wird das wasserfreie Sulfat unter Bildung von schwefliger Säure und basisch schwefelsaurem Eisenoxyd zersetzt, welch letzteres aber bei noch höherer Temperatur vollkommen unter Zurücklassung von Eisenoxyd zersetzt wird. Zur Herstellung der Krystalle, wie sie bei den volumetrischen Untersuchungen gebraucht werden, füge man zu der wässerigen Lösung des Eisenvitriols Alkohol, bis das Salz als bläulich-weisses Pulver niedergeschlagen ist. Man filtrire, wasche mit Alkohol, trockne vollständig und bewahre es dann in mit Glasstopfen versehenen Flaschen auf. Das auf diese Weise dargestellte Salz bleibt lange Zeit unverändert.

Schwefelsaures Eisenoxydulammoniak. $Fe SO_4 (H_4 N)_2 SO_4 . 6 H_2 O$.

Das Doppelsulfat von Eisen und Ammonium ist ein hellgrünes, krystallinisches Salz, welches bei 16,5° C. in 2,8 Theilen Wasser löslich ist. Es kann folgendermassen dargestellt werden: Man löse 276 g krystallisirtes, schwefelsaures Eisenoxydul in Wasser, filtrire und füge zu dem Filtrat eine klare Lösung von schwefelsaurem Ammon, $(H_4 N)_2 SO_4$, dampfe ein und lasse das Doppelsalz auskrystallisiren. Nachdem man die überstehende Flüssigkeit abgegossen, wasche man die Krystalle mit kaltem Wasser und trockne sie dann auf Löschpapier. Sind sie vollkommen trocken, so kann man sie in gut verschlossenen Flaschen aufbewahren, und sie bleiben dann lange Zeit, sogar in feuchter Luft, unverändert. Sie enthalten genau $^1/_7$ ihres Gewichtes an metallischem Eisen.

Salpetersaures Quecksilberoxyd. $Hg NO_3 . H_2 O$.

Um dieses Salz darzustellen, giesse man mässig starke Salpetersäure über viel metallisches Quecksilber, giesse die Säure, nachdem die heftige Reaktion nachgelassen hat, ab und lasse das Salz durch Abkühlen der Säure auskrystallisiren. Das Salz löst sich in sehr wenig Wasser, aber ein grosser Ueberschuss von Wasser zersetzt es in ein basisches Salz und freie Säure.

Quecksilberoxyd. $Hg O$.

Ist das Quecksilberoxyd durch Fällung aus einem Quecksilberoxydsalz dargestellt, so ist es hellorangegelb. Man füge zu einer verdünnten Quecksilberchloridlösung einen Ueberschuss von Aetzkali, lasse den Niederschlag absitzen, wasche durch Dekantation mit heissem Wasser aus, und endlich in eine mit Glasstopfen versehene Flasche hinein. Zum Gebrauch schüttelt man es mit Wasser auf.

Chromsaures Blei. $Pb\,Cr_2\,O_4$.

Das geschmolzene Bleichromat ist eine dunkelbraune Masse von strahliger Struktur; nach dem Pulvern ist es dunkelgelb, sehr schwer und etwas hygroskopisch. Es wird sehr leicht rein erhalten, man kann es sich selbst aber auf folgende Weise bereiten: Man löse essigsaures Blei in Wasser, setze noch etwas Essigsäure zu, filtrire und fälle durch eine Kaliumbichromatlösung. Man wasche durch Dekantation, endlich über Leinen aus, trockne und erhitze in einem hessischen Tiegel, bis die Masse geschmolzen ist; dann nehme man es mit einem polirten Eisenstab aus dem Tiegel heraus, zerreibe es in einem reinen Mörser und bewahre es in einem gut verschlossenen Glasgefäss auf. Erhitzt man Bleichromat zur vollen Rothglut, so gibt es Sauerstoff ab und wird zu einem Gemenge von basischem Bleichromat und Chromoxyd reducirt.

Bleisuperoxyd. $Pb\,O_2$.

Das Bleisuperoxyd wird nicht so leicht in reinem Zustand erhalten; es enthält meist Bleinitrat und Manganoxyd. Beim Gebrauch des Bleisuperoxyds als Reagens bei der Manganbestimmung nach der kolorimetrischen Methode wird das Resultat durch die Gegenwart des Manganoxyds sehr beeinträchtigt. Man sollte es stets durch Kochen mit verdünnter Salpetersäure prüfen, und wenn die Flüssigkeit irgendwie gefärbt wird, verwerfen. Man kann es sehr gut bereiten durch Behandeln von rothem Bleioxyd mit verdünnter Salpetersäure, indem man das salpetersaure Blei abdekantirt und den Rückstand oft mit heissem Wasser auswäscht. Das rothe Bleioxyd wird bei dieser Behandlung in Bleiprotoxyd, welches sich in der Salpetersäure löst, und in Bleisuperoxyd, welches unlöslich ist, zersetzt. Das Bleisuperoxyd ist ein schweres, braunes Pulver, welches beim Erhitzen Sauerstoff abgibt und in rothes Blei- oder Bleiprotoxyd verwandelt wird.

Bleioxyd in Aetzkali gelöst.

Man giesse eine kalte Bleinitratlösung in Kalilauge von 1,27 spec. Gew. und rühre beständig, um das niederfallende Bleioxyd zu lösen.

Man füge solange Bleinitrat hinzu, bis ein bleibender Niederschlag hervorgebracht wird; diesen lasse man absitzen und hebere die klare Flüssigkeit in eine Flasche. Den Stopfen fette man etwas ein, damit er sich nicht festsetzt.

Platinchloridlösung.

Man löse Platinblech in Salzsäure, indem man von Zeit zu Zeit Salpetersäure zusetzt, dampfe auf dem Wasserbad zur Trockne, nehme mit Salzsäure auf, und dampfe zur Vertreibung der Salpetersäure wiederum ein. Man löse dann in Wasser unter Zusatz von einigen Tropfen Salzsäure, filtrire und bewahre die Lösung in einer Kappenflasche auf, damit kein Ammoniak daran gelangen kann.

Metallisches Zink.

Man schmelze Zink, welches möglichst frei von Blei und Eisen ist, in einem hessischen Tiegel und giesse es, indem man es cirka 4 bis 5 Fuss über einem Eimer Wasser hält, hinein; den Tiegel dreht man am besten rund, damit das Zink nicht immer auf dieselbe Stelle fällt. Nach dem Abgiessen des Wassers trockne man das granulirte Zink und bewahre es auf.

Zinkoxyd in Wasser.

Zur Bereitung dieses Reagens schlägt Emmerton folgende Methode vor: Man löse gewöhnliches Zinkweiss in Salzsäure, füge solange Zinkweiss hinzu, bis ein Ueberschuss vorhanden ist, welcher sich nicht mehr löst; dann füge man etwas Bromwasser zu, erhitze die Lösung, filtrire, und fälle das Zinkoxyd mit Ammoniak, indem man einen Ueberschuss möglichst vermeidet. Nach dem Dekantiren wasche man es in eine Flasche hinein. Vor dem jedesmaligen Gebrauch schüttele man die Flasche gut, damit das Oxyd in Wasser gleichmässig vertheilt wird.

Reagentien zur Bestimmung des Phosphors.

Magnesiamixtur.

Man löse 110 g krystallisirtes Magnesiumchlorid ($Mg\,Cl_2 + 6\,H_2\,O$) oder 50 g wasserfreies Salz in Wasser und filtrire. Dann löse man 28 g Ammoniumchlorid in Wasser, setze etwas Bromwasser und einen geringen Überschuss Ammoniak hinzu und filtrire. Letztere Lösung setze man zu der ersteren und füge genügend Ammoniak hinzu, sodass die Lösung darnach riecht, verdünne auf 2 l, bringe die Lösung dann in eine Flasche, lasse einige Tage, indem man von Zeit zu Zeit heftig umschüttelt, stehen und filtrire. 10 ccm dieser Lösung fällen ungefähr 0,15 g $P_2 O_5$.

Molybdänlösung.

Man löse 100 g Molybdänsäure in 422 ccm Ammoniak von 0,95 spec. Gew. Diese Lösung giesse man, indem man beständig rührt, in 1250 ccm Salpetersäure von 1,2 spec. Gew. Statt der ersteren Lösung kann man auch 123 g krystallisirtes Ammoniummolybdat in 333 ccm Ammoniak von 0,95 spec. Gew. und 62 ccm Wasser lösen. Auch diese Lösung giesse man dann in 1250 ccm Salpetersäure von 1,2 spec. Gew. Man lasse die Molybdänlösung mehrere Tage stehen und hebere die klare Lösung ab.

Methoden zur Untersuchung von Roheisen, Stabeisen und Stahl.

Bestimmung von Schwefel.

Durch Fällung als H_2S.

Karsten war der Erste, welcher den Vorschlag machte, Eisen und Stahl in HCl, oder verdünnter H_2SO_4 aufzulösen und den entwickelten H_2S durch Absorption in der Lösung eines Metallsalzes aufzufangen; er empfahl $CuCl_2$.

Absorption durch eine alkalische Lösung von Bleinitrat.

Der Apparat, Fig. 47, zeigt die allgemeine Anordnung zur Ausführung des Processes, unter Hinzufügung der Entwicklungsflaschen für das Wasserstoffgas. Dies ist derselbe Apparat, welcher unter der Ueberschrift „Apparat zur Erzeugung von CO_2“ schon früher beschrieben wurde. Die Waschflasche A enthält eine alkalische Lösung von Bleinitrat, und ist mit dem Trichterrohr durch einen Gummischlauch B und ein kleines rechtwinklig gebogenes und an einem Ende mit einem kleinen Stückchen Gummi überzogenes Glasröhrchen C verbunden; dasselbe passt genau in den Hals der Kugel des Trichterrohres und bewirkt eine dichte Verbindung. Die Analyse wird folgendermassen ausgeführt.

Man wäge 10 g reine Späne ab, bringe sie in die vorher getrocknete Flasche D und verschliesse dieselbe mit dem Gummistopfen, durch welchen das Trichterrohr und ein Leitungsrohr führen. Das kleine Fläschchen F dient zur Kondensation; dasselbe ist mit einem Einleitungsrohr, welches fast bis auf die Oberfläche des in der Flasche befindlichen Wassers reicht, einem Sicherheitsrohr G, welches eben unter die Oberfläche des Wassers reicht, und einem Auslassrohr, welches mit der ersten der beiden weithalsigen Flaschen H verbunden ist, versehen. In jeder der Flaschen H befinden sich 20 bis 30 ccm einer Lösung von Aetzkali in salpetersaurem Bleioxyd; im Uebrigen sind sie dann bis zu $^2/_3$ ihres Inhalts mit Wasser angefüllt. Man verbinde den Apparat und lasse einen langsamen Strom Wasserstoffgas durchstreichen, bis die Luft ganz verdrängt ist, dann schliesse man den Glashahn des Trichterrohrs und verhindere auch durch Schliessen des kleinen Glashahns K den Zutritt des Wasserstoffs. Sind die Verbindungen alle dicht, so bleibt das Wasser in dem Sicherheitsrohr G unverändert. Hat man sich dessen versichert, so nehme man das Rohr C ab und fülle die Kugel, welche ungefähr 100 ccm Inhalt hat, mit 50 ccm konc. HCl und 50 ccm Wasser. Alsdann setze man das Rohr C wieder ein, lasse den Wasserstoff wieder zutreten und öffne den Hahn des Trichterrohrs so weit, dass die Säure tropfenweise in die Flasche D gelangen kann. Befindet sich das ganze Säurequantum in D, so regulire man den Wasserstoffstrom, so dass 6 bis 8 Blasen in der Sekunde durch die Lösungen in den Flaschen H, H streichen, und erhitze die Flasche D sehr vorsichtig. Hat die Flüssigkeit in D gekocht, und hat sich das Metall gelöst, so nehme man die Flamme fort und lasse noch 10 Minuten lang den Wasserstoffstrom durchstreichen, den man vermittelst des Hahns K so regulirt, dass ein etwaiges Zurücksteigen der Flüssigkeit in den Flaschen H, H, welches durch das Abkühlen der Flasche D verursacht wird, unmöglich gemacht wird. Dann nehme man den Apparat auseinander, nachdem man den Wasserstoff abgesperrt hat, und spüle den Inhalt der Flasche H in ein Becherglas. Ist in der zweiten Flasche H kein Schwefelblei gefallen, so braucht sie nicht entleert zu werden. Man kann dann aber dieselbe Lösung für die nächste Analyse gebrauchen. Man bringe den Niederschlag auf ein kleines Filter, wasche ihn ein- oder zweimal mit heissem Wasser aus und werfe ihn, während er noch feucht ist, mit dem Filter in das Becherglas zurück, in welches man vorher etwas gepulvertes $KClO_3$ und, je nach der Menge des Niederschlags, 5 bis 20 ccm konc. HCl gegossen hat. Man lasse das Glas an einem kühlen Orte stehen, bis sich die Dämpfe etwas verzogen haben, füge das doppelte Volum heissen Wassers zu und filtrire in ein anderes Becherglas. Man wasche mit heissem Wasser aus, erhitze das Filtrat zum Sieden und setze so lange Ammoniak zu, bis die Lösung eben alkalisch ist; man säure mit einigen Tropfen Salzsäure wieder an, füge 5 bis

10 ccm Ba Cl_2-Lösung zu, koche einige Minuten lang und lasse über Nacht an einem warmen Orte stehen. Man filtrire den Ba SO_4-Niederschlag in einen durchlochten Platintiegel, wasche mit heissem Wasser aus, glühe und wäge als Ba SO_4, welches 13,75 % S enthält. Es ist immer gut, wenn man das alkalische Filtrat vom Schwefelblei mit einigen Tropfen der Bleilösung prüft, denn es könnte vorkommen, dass das ganze Blei aus der Lösung als Sulfid gefallen wäre, während ein Ueberschuss von H_2 S in der Lösung als Schwefelkalium zurückblieb.

Absorption durch eine ammoniakalische Lösung von Cadmiumsulfat.

Morell leitet das entwickelte Gas in eine ammoniakalische Lösung von Cadmiumsulfat. Man bereite sich eine Cadmiumsulfatlösung von passender Koncentration und füge genügend Ammoniak hinzu, damit der gebildete Niederschlag sich wieder auflöst und die Flüssigkeit klar wird. Diese Lösung bringe man in die Flaschen H, H und verfahre wie gewöhnlich. Den Niederschlag von Schwefelcadmium filtrire man auf einem gewogenen Filter, wasche mit wenig ammoniakhaltigem Wasser aus, trockne bei 100° C. und wäge als Cd S, welches 22,25 % S enthält.

Absorption durch eine ammoniakalische Silbernitratlösung.

Berzelius schlug den Gebrauch einer verdünnten Silbernitratlösung vor, welche durch Ammoniak alkalisch gemacht war. Die Methode wird auf folgende Weise ausgeführt: Man löse 1 g Ag NO_3 in einer kleinen Menge Wasser und mache die Lösung durch Ammoniak stark alkalisch; dann giesse man ungefähr $^2/_3$ der Lösung in die erste Flasche H, den Rest in die zweite und fülle jede bis zu $^2/_3$ ihrer Höhe mit Wasser an. Man verfahre genau so, wie oben beschrieben, bis der Schwefelsilber-Niederschlag abfiltrirt und ausgewaschen worden ist. Diesen Niederschlag trockne man vorsichtig bei niederer Temperatur, z. B. 100° C. und bürste ihn dann sorgfältig in ein kleines, trocknes Becherglas hinein, während man das Filter wieder auf den Trichter legt. Man giesse in die Flaschen H, wenn noch irgend etwas von dem Sulfid an den Wänden hängen geblieben ist, 20 bis 30 ccm konc. HNO_3, giesse die Säure, wenn alles aufgelöst ist, in das Filter, unter welches man das den Schwefelsilber-Niederschlag enthaltende Becherglas gestellt hat, wasche dann die Flaschen mit wenig HNO_3 aus und giesse dieselbe auch durch das Filter. Man zersetze das Schwefelsilber, bis es gelöst ist, verdünne dann mit heissem Wasser, setze einen Ueberschuss von H Cl zu und filtrire das Chlorsilber ab. Man füge etwas kohlensaures Natron zu und verdampfe fast bis zur Trockne; dann verdünne man, füge einige Tropfen HCl zu, filtrire wenn nöthig und fälle wie vorher mit Chlorbarium. Selbst wenn die Probe keinen Schwefel enthält, so wird doch ein geringer Niederschlag von Silbercarbid erzeugt und zwar durch den Kohlenwasserstoff, welcher durch die Einwirkung der Säure auf Eisen oder Stahl gebildet wird.

Absorption und Oxydation durch Brom und Salzsäure.

Fresenius schlug vor, die entwickelten Gase durch eine Lösung von Brom in Salzsäure gehen zu lassen. Dies hat den Vorzug, dass es die Kohlenwasserstoffe zugleich mit oxydirt, aber den Nachtheil, dass es das Zimmer mit Bromdämpfen anfüllt, wenn man den Apparat nicht unter einen gut ziehenden Abzug stellen kann. Bei

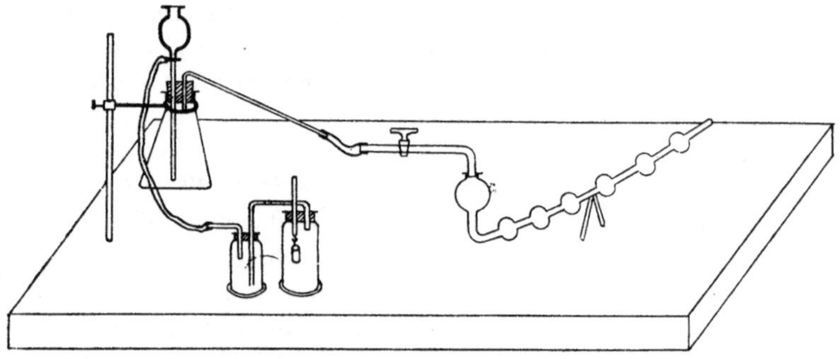

Fig. 48.

dieser Methode darf man die Bromdämpfe nicht mit den Gummistopfen in Berührung bringen. Anstatt mit den Flaschen H, verbinde man das Leitungsrohr mit einer Kugelröhre, wie sie in Fig. 48 gezeichnet ist, und welche mit einer Lösung von gleichen Theilen gesättigtem Bromwasser und Salzsäure ca. $^2/_3$ gefüllt ist. Nach Beendigung der Operation wasche man den Inhalt der Kugelröhre in ein Becherglas, erhitze, bis das Brom vertrieben ist, neutralisire mit Ammoniak und fälle die Schwefelsäure, wie oben beschrieben ist. Anstatt mit Ammoniak zu neutralisiren, kann man auch die salzsaure Lösung nach Hinzufügung von wenig Natriumcarbonat oder Bariumchloridlösung fast bis zur Trockne eindampfen; aber wiederholte Versuche haben gezeigt, dass das Bariumsulfat in Ammoniumchlorid vollständig unlöslich ist, sodass die Neutralisation mit Ammoniak als der kürzere und weniger umständliche Weg vorzuziehen ist.

Absorption und Oxydation durch Kaliumpermanganat.

Drown schlägt den Gebrauch des Kaliumpermanganats als Absorptions- und Oxydationsmittel vor; der Process wird, wie folgt, ausgeführt: Man löse 5 g Kaliumpermanganat in 1 Ltr. Wasser und fülle die Flaschen H, indem man diesmal 3 statt 2 anwendet, mit der Flüssigkeit und verfahre so, wie früher beschrieben ist, indem man aber dafür Sorge tragen muss, dass das Gas nicht zu schnell entwickelt wird. Man spüle den Inhalt der Flaschen H in ein reines Becherglas, löse alles etwa an den Flaschenwänden haftende Manganoxyd in HCl, giesse die Lösung auch noch in das Becherglas und füge genügend HCl hinzu, um das Permanganat völlig zu zersetzen. Man koche, bis die Lösung farblos ist, filtrire nöthigenfalls und fälle mit Chlorbarium. Man lasse über Nacht stehen, filtrire, wasche, glühe und wäge den $BaSO_4$-Niederschlag.

Absorption und Oxydation durch Wasserstoffsuperoxyd.

Craig bringt in die Absorptionsflaschen eine Lösung von Wasserstoffsuperoxyd. Man verbinde das Leitungsrohr der Flasche D mit einem gewöhnlichen Stickstoffrohr, welches mit 4 ccm Wasserstoffsuperoxyd und 16 ccm Ammoniak beschickt ist, und verfahre wie zuvor. Nach Beendigung des Processes spüle man den Inhalt der Röhre in ein kleines Becherglas, säure etwas mit Salzsäure an, koche, setze Chlorbarium zu, und bestimme die Menge $BaSO_4$ wie gewöhnlich. Da Wasserstoffsuperoxyd stets Schwefelsäure enthält, so muss man deren Menge bei jeder frischen Sendung H_2O_2 bestimmen, auf das gebrauchte Volum umrechnen, und dann in Betracht ziehen.

Durch Oxydation und Lösung.

Manche Chemiker ziehen noch immer die alte Methode, das Metall zu lösen und zu oxydiren, und die gebildete Schwefelsäure in der Lösung mit Chlorbarium zu fällen, vor. Die Einzelheiten sind folgende: Man behandele 5 g Spähne in einem mit Uhrglase bedeckten Becherglase mit 40 ccm konc. HNO_3. Man muss hierbei vorsichtig sein, denn Spähne von Stabeisen und niedrig gekohltem

Stahl werden oft so heftig, sogar von konc. HNO_3, angegriffen, dass die Lösung überkocht. In diesem Falle stellt man das Becherglas am besten in eine mit kaltem Wasser gefüllte Schale und gibt die Säure nach und nach zu. Ist die Säure zugesetzt und hat die Entwicklung aufgehört, so kommt es vor, dass doch manchmal einige kleine Stückchen ungelöst geblieben sind; in diesem Falle erhitzt man das Becherglas auf dem Sandbad und fügt schliesslich einige Tropfen HCl zu. Bei Roheisen und Stahl findet in der Kälte gewöhnlich keine Einwirkung statt. In diesem Falle erhitze man das Glas bis zum Eintritt der Entwickelung und stelle es dann an einen kühleren Ort; wird die Entwickelung zu heftig, so kühle man das Glas mit kaltem Wasser. Sehr hoch gekohlte Stahle lösen sich selbst in kochender Salzsäure sehr schwer; man kann aber das Lösen durch zeitweiliges Hinzufügen von einigen Tropfen Salzsäure beschleunigen. Ist das Lösen beendigt, und sind nur noch Theilchen Grafit und Kieselsäure ungelöst, so füge man eine kleine Menge Natriumkarbonat hinzu und dampfe auf dem Luftbade zur Trockne. Das Natriumkarbonat soll einen etwaigen Verlust von Schwefelsäure verhüten, welcher sonst durch die Zersetzung des Eisensulfates bei hoher Temperatur eintreten könnte. Man nehme das Becherglas vom Luftbad herunter, lasse erkalten, füge dann 30 ccm HCl zu und erhitze, bis das Eisenoxyd gelöst ist, dampfe wieder zur Trockne, wodurch die Kieselsäure unlöslich wird, löse wieder in möglichst wenig Salzsäure, verdünne und filtrire. Das Filtrat erhitze man zum Kochen, füge 5 bis 10 ccm Chlorbarium zu und lasse an einem warmen Orte über Nacht stehen. Man filtrire, wasche mit wenig verdünnter HCl und schliesslich mit heissem Wasser aus; trockne, glühe und wäge als $BaSO_4$. Ist der geglühte Niederschlag etwas röthlich, so ist Fe_2O_3 mit dem $BaSO_4$ niedergefallen. In diesem Falle schmelze man den Niederschlag mit Na_2CO_3, löse in Wasser, filtrire, säure das Filtrat an und fälle wie früher.

Besondere Vorsichtsmassregeln bei der Bestimmung von Schwefel im Roheisen.

Obschon es manchmal vorkommt, dass der kohlehaltige Rückstand, welcher nach der Behandlung des Roheisens mit Salzsäure hinterbleibt, keinen Schwefel enthält, so enthält er doch in der Regel genug, um das Resultat der Analyse zu beeinträchtigen. Dies kommt nicht nur bei kupferhaltigen, sondern auch manchmal bei völlig kupferfreien Roheisensorten vor, und fast immer bei den Titan haltigen. Wird eine genaue Schwefelbestimmung im Roheisen verlangt, so sollte man die Prüfung des kohlenstoffhaltigen Rückstandes niemals vernachlässigen, wenn man die Fällungsmethode angewandt hat. Man bringe Niederschlag und Lösung aus der Flasche D (Fig. 47) in ein reines Becherglas, filtrire unter Anwendung von Konus und Pumpe durch starkes Filtrirpapier und wasche gründlich zuerst mit verdünnter Salzsäure, dann mit Wasser aus. Man trockne den Niederschlag auf dem Filter, bürste ihn in einen kleinen Porzellan-Mörser hinein und zerreibe ihn mit 10 g $Na_2 CO_3$ und 5 g KNO_3; dann erhitze man das Gemenge in einem grossen Platintiegel bis zum Schmelzen. Man steche die geschmolzene Masse an der Tiegelwandung gut auf, lasse erkalten, fülle den Tiegel fast ganz mit heissem Wasser und erwärme es einige Minuten sehr gelinde. Ist der Tiegel gross genug, so wird sich die Schmelze vollständig lösen; wenn nicht, so fülle man den Tiegel, nachdem man die Flüssigkeit in ein Becherglas gegossen hat, wieder mit heissem Wasser und wiederhole diese Operation, bis der Tiegel vollständig rein ist. Zuweilen wird der Tiegel fleckig werden, aber das hat keine Bedeutung, da die Flecken nachher mit etwas $H Cl$ entfernt werden können. Man filtrire die wässerige Lösung, wasche Becherglas und Filter einigemal mit heissem Wasser aus, säure das Filtrat sorgfältig mit HCl an, und dampfe auf dem Luftbade zur Trockne, löse wieder in wenig $H Cl$ auf, filtrire, erhitze das Filtrat zum Kochen und fälle mit $Ba Cl_2$-Lösung, lasse über Nacht an einem warmen Orte stehen und wäge nach dem Filtriren das $Ba SO_4$. Da das $Na_2 CO_3$ und KNO_3 fast niemals ganz frei von Schwefel sind, sollte man von jeder neuen Menge dieser Reagentien, sobald man sie erhält, eine eigene Bestimmung machen und dann die gefundene Menge $Ba SO_4$ von der durch Schmelzen gefundenen Menge abziehen. Den Rest sollte man auf Schwefel umrechnen und zu der als $H_2 S$ sich entwickelnden Menge zuzählen. Anstatt den kohlehaltigen Rückstand zu schmelzen, kann man ihn nach dem Trocknen in ein kleines reines Becherglas hineinbürsten, mit Königswasser behandeln, zur Trockne dampfen, in wenig Wasser und einigen Tropfen $H Cl$ wieder auflösen, filtriren, und die Schwefelsäure unter den gewöhnlichen Vorsichtsmassregeln als $Ba SO_4$ vermittelst $Ba Cl_2$ fällen. Die Schmelzungsmethode dagegen ist vorzuziehen.

Schnelle Methoden.

Volumetrische Bestimmung vermittelst Jod.

Diese von Elliot herrührende Methode beruht auf der Entwicklung als H_2S, der Absorption desselben in Natronlauge und Titration vermittelst Jod in Jodkalium. Sie erfordert Normallösungen von Jod, Natriumhyposulfid, eine Stärkelösung und eine Normallösung von Kaliumbichromat.

Jodlösung.

Man löse 6,5 g reines Jod und 9 g Jodkalium in Wasser auf und verdünne auf 1 l.

Natriumhyposulfidlösung.

Man löse 25 g Natriumhyposulfid in Wasser, setze 2 g Ammoniumkarbonat zu und verdünne auf 1 l. Das Ammoniumkarbonat verzögert das Zersetzen der Natriumhyposulfidlösung.

Stärkelösung.

Man zerreibe in einem Mörser 1 g reine Weizenstärke mit Wasser zu einem dünnen Brei, welchen man in 150 ccm kochendes Wasser giesst, lasse erkalten und dekantire die klare Lösung ab. Fügt man zu der Lösung 10 oder 15 ccm Glycerin, so hält sie sich länger. Es ist allerdings noch besser, alle paar Tage eine frische Lösung zu machen.

Kaliumbichromatlösung.

Man löse 5 g reines Kaliumbichromat in Wasser und verdünne auf 1 l.

Alle diese Lösungen sollte man in mit Glasstopfen versehenen Flaschen an einem dunklen Orte wohl aufbewahren.

Ueber das Einstellen der Lösungen.

Man stelle die Kaliumbichromatlösung so ein, wie in dem Abschnitt „Untersuchung der Eisenerze" angegeben ist. Fügt man bei Gegenwart freier Salzsäure Kaliumbichromat zu Jodkalium, so wird Jod frei, denn:

$$K_2Cr_2O_7 + 6\,KJ + 14\,HCl = 8\,KCl + Cr_2Cl_6 + 7\,H_2O + 6\,J;$$

oder 1 Aequivalent $K_2Cr_2O_7 = 294{,}5$ befreit 6 Aequivalente Jod$=761{,}1$. Desshalb können wir, durch Hinzufügen einer bekannten Menge

Kaliumbichromat zu einer Jodkaliumlösung bei Gegenwart freier Salzsäure, die absolute Menge des frei gewordenen Jods genau berechnen und durch Titriren dieser Lösung vermittelst der Natriumhyposulfidlösung die letztere einstellen. Die Reaktion, welche vor sich geht, wenn eine Natriumhyposulfidlösung mit Jod versetzt wird, wird durch folgende Gleichung dargestellt:

$$2\,HNaS_2O_3 + 2\,J = 2\,HJ + Na_2S_4O_6,$$

d. h. 2 Aequivalente Natriumhyposulfid und 2 Aequivalente Jod bilden zusammen Hydriodsäure und tetrathionsaures Natrium. Hat man zu einer jodhaltigen Lösung einige Tropfen Stärkelösung gegeben, so bildet sich eine Verbindung von Jod und Stärke, welche die Lösung so lange blau färbt, wie noch freies Jod vorhanden ist. Gibt man zu einer solchen Lösung soviel Hyposulfidlösung, dass das Jod genau gebunden wird, so verschwindet die blaue Färbung wieder. Ebenso verhält sich die Sache umgekehrt: Setzt man eine Jodlösung zu einer Natriumhyposulfid- und Stärkelösung, so verschwindet die intensiv blaue Farbe der Jodstärke so, wie sie gebildet wird, bis das ganze Natriumhyposulfid in tetrathionsaures Natrium umgewandelt ist, dann erst färbt der erste Tropfen Jodlösung, im Ueberschuss zugefügt, die Lösung permanent blau. Dasselbe findet statt bei einer Lösung, welche freien H_2S enthält: $H_2S + 2\,J = 2\,HJ + S$. Man verfahre folgendermassen: Man löse ungefähr 1 g Jodkalium in 300 ccm Wasser, setze 5 ccm HCl und darauf 25 ccm Kaliumbichromatlösung, welche eine bekannte Menge Jod befreit, zu. Man lasse dann aus einer Bürette die Natriumhyposulfidlösung so lange zutropfen, bis das Jod bald verschwindet, füge einige Tropfen Stärkelösung zu und lasse darauf die Hyposulfidlösung weiter zutropfen, bis die blaue Farbe vollständig verschwindet. Da die Jodmenge bekannt ist, so kann man den Werth der Hyposulfidlösung aus der Anzahl der verbrauchten Kubikcentimeter berechnen. Jetzt messe man vermittelst einer sorgfältig graduirten Pipette 25 ccm Hyposulfidlösung in ein Becherglas, verdünne bis auf 300 ccm, setze einige Tropfen Stärkelösung zu und lasse aus einer Bürette eingestellte Jodlösung zutropfen, bis die blaue Farbe nicht mehr verschwindet. Da man den Werth der Hyposulfidlösung kennt, so kann der der Jodlösung leicht berechnet werden. Ein Beispiel wird die Sache klar machen: Angenommen, wir finden durch Titration, dass 1 ccm der Kaliumbichromatlösung

0,00566 g metallischem Eisen entspreche; denn da die Reaktion $6\,Fe\,Cl_2 + K_2\,Cr_2\,O_7 + 14\,HCl = 3\,Fe_2\,Cl_6 + 2\,KCl + Cr_2\,Cl_6 + 7\,H_2O$, so entspricht 1 Aequivalent $K_2\,Cr_2\,O_7 = 294{,}5$, 6 Aequivalenten Eisen $= 336$. Daher $336 : 294{,}5 = 0{,}00566 : 0{,}004961$, oder es enthält 1 ccm der Kaliumbichromatlösung 0,004961 g $K_2\,Cr_2\,O_7$, also 25 ccm $= 0{,}124025$ g $K_2\,Cr_2\,O_7$. Aus der Formel ergab sich ferner, dass 294,5 Theile Bichromat 761,1 Theile Jod frei machen, daher ergibt sich: $294{,}5 : 761{,}1 = 0{,}124025 : 0{,}32052$, oder: 25 ccm Kaliumbichromatlösung befreien 0,32052 g Jod. Wir finden jetzt, dass wir 25,3 ccm Natriumhyposulfidlösung gebrauchen, um die Lösung, welche durch Zusatz von 25 ccm Bichromatlösung zu dem Jodkalium hergestellt ist, zu entfärben; daher enthält jeder Kubikcentimeter Natriumhyposulfidlösung genug $Na\,HS_2\,O_3$, um 0,01267 g Jod zu binden. Jetzt verdünnen wir 10 ccm Natriumhyposulfidlösung auf 300 ccm, fügen ein paar Tropfen Stärkelösung hinzu und finden dann, dass wir 20,1 ccm Jodlösung nöthig haben, um eine beständige blaue Färbung hervorzurufen. Daher enthält: 20,1 ccm $= 0{,}1267$ g Jod oder 1 ccm der Jodlösung $= 0{,}006303$ g Jod. Da die Reaktion mit $H_2\,S$ dargestellt wird durch die Gleichung $H_2S + 2\,J = 2\,HJ + S$, so sind 2 Aequivalente Jod nöthig, um 1 Aequivalent H_2S zu zersetzen; das Verhältniss ist demnach $2\,J : S = 253{,}7 : 32{,}06 = 0{,}006303 : 0{,}000796$, oder es entspricht 1 ccm Jod 0,000796 g Schwefel.

Hat man die Normallösungen einmal bestimmt, so ist die Bestimmung des Schwefels in der Probe selbst sehr einfach. Man messe 50 ccm kaustische Sodalösung von 1,1 spec. Gew. und schwefelfrei in die erste Flasche H (s. Fig. 47). Die zweite Flasche gebraucht man nicht, aber es ist doch besser, dass man sie, um sicher zu sein, dass der gesammte Schwefelwasserstoff von der kaustischen Sodalösung absorbirt wird, mit einer Lösung von Aetzkali in Bleinitrat füllt und hinter die erste Flasche stellt. Man verfahre genau wie bei der Schwefelbestimmung durch Absorption in alkalischer Bleinitratlösung angegeben, und nach Beendigung des Processes spüle man den Inhalt der Flasche H in ein Becherglas, verdünne auf 500 ccm, säure mit HCl an, füge ein paar Tropfen Stärkelösung hinzu und titrire mit der Jodlösung. Man beobachte genau, wieviel HCl man nöthig hat, um die kaustische Sodalösung stark anzusäuern, sodass man diese Menge ein für allemal zusetzen kann und so keine Zeit durch das Prüfen mit Lackmuspapier vor der Titration verliert.

E. F. Wood auf den Homestead Steel-Works hat die Methode folgendermassen modificirt. Man leite das entwickelte Gas in eine ammoniakalische Lösung von schwefelsaurem Cadmium anstatt in kaustische Sodalösung, filtrire, lege das Filter mit dem Schwefelcadmiumniederschlag in ein Becherglas mit kaltem Wasser, setze soviel HCl hinzu, dass der Niederschlag wieder aufgelöst wird, und titrire wie oben beschrieben mit Jodlösung.

Nach Wood hat diese Methode vor der, bei welcher kaustische Soda zur Absorption des H_2S benutzt wird, einige Vortheile. Die Kohlenwasserstoffe, welche von der alkalischen Lösung absorbirt wurden, werden frei und jedweder durch ihre Gegenwart hervorgerufene Irrthum wird vermieden. Die Menge des Niederschlags zeigt die Menge des Schwefels an, und ersieht man gleich, wieviel HCl man zum Lösen nöthig hat. Wenn das Schwefelcadmium abfiltrirt ist, so gebraucht man nur eine geringe Menge Salzsäure, und die Wärme, welche durch die Neutralisation des Alkalis entsteht, ist hierbei nicht vorhanden.

Kolorimetrische Probe nach Wiborgh.

Die Methode dient zur Bestimmung höherer und geringerer Schwefelgehalte. Das aus dem Eisen u. s. w. entwickelte H_2S-Gas wird durch mit salpetersaurem Cadmium imprägnirte, angefeuchtete Leinwandläppchen geleitet, welche durch dasselbe gelb gefärbt werden. Die Intensität der Farben gibt dann den Schwefelgehalt an; zum Vergleich dienen ein für allemal festgestellte Skalen. Ein Kohlenstoff- Silicium- Arsen- und Kupfergehalt der Probe ist bei der Schwefelbestimmung nach dieser Methode ohne jedweden Einfluss auf das Resultat.

Bestimmung von Silicium.

Durch Lösen in HNO_3 und HCl.

Man löse 5 g Spähne in 40 ccm HNO_3; will man das Silicium allein bestimmen, so kann man Salpetersäure von 1,2 spec. Gew. anwenden, wodurch das Auflösen schneller von statten geht. Nachdem alles gelöst ist, dampfe man auf dem Luftbade zur Trockne und erhöhe dann die Temperatur, so dass das salpetersaure Eisen vollständig zersetzt wird. Darauf lasse man erkalten, füge 30 ccm HCl hinzu und erwärme, bis das Eisenoxyd gänzlich gelöst ist, worauf man wiederum zur Trockne verdampft, dann in 30 ccm HCl löst, auf 150 ccm verdünnt und durch ein aschenfreies Filter filtrirt. Etwaige an den Wänden oder dem Boden des Becherglases haftende Theilchen der Kieselsäure reibe man mit einem mit Gummi versehenen Glasstabe los und spüle es mit kaltem Wasser rein aus. Das Filter wasche man zuerst mit verdünnter Salzsäure, dann mit Wasser aus. Man trockne, glühe im Platintiegel, bis sämmtlicher Kohlenstoff verbrannt ist, und wäge den Rückstand, feuchte darnach mit Wasser an, setze 1 bis 10 Tropfen H_2SO_4 und genügend HFl hinzu, um den Niederschlag vollständig zu lösen, dampfe zur Trockne, glühe und wäge. Die Differenz zwischen den 2 Wägungen ist SiO_2, welches 47,02 % Si enthält. Hat man keine HFl zur Verfügung, so schmelze man, wenn der SiO_2-Niederschlag nicht vollkommen weiss ist, mit der 5 bis 6 fachen Menge Natriumkarbonat, löse in Wasser, säure mit HCl an, dampfe in einer Platin- oder Porzellanschale zur Trockne, löse wieder in HCl und Wasser, verdünne, filtrire, wasche, glühe und wäge. Wog die genommene Menge Na_2CO_3 nicht mehr als 2 bis 3 g, so lasse man den Tiegel nach der Schmelzung erkalten und setze dann nach und nach einen Ueberschuss von konc. H_2SO_4 zu, während man ganz gelinde erhitzt, bis die Masse in Fluss ist und SO_3-Dämpfe entweichen. Dann lasse man erkalten, löse in Wasser, filtrire, glühe, nachdem man vorher gründlich ausgewaschen hat, und wäge.

Durch Auflösen in HNO_3 und H_2SO_4.

Drown hat eine Methode eingeführt, welche bei Roheisensorten fast allgemein angewandt wird, viel schneller als die vorige Methode beendigt wird und ebenso genau ist. Man behandele 1 g Spähne in einer Porzellan- oder Platinschale mit 20 ccm HNO_3 von 1,2 spec. Gew. Hat die Reaktion aufgehört, so setze man 20 ccm H_2SO_4 ($1 H_2SO_4 : 1 H_2O$) zu und dampfe ein, bis sich viel SO_3-Dämpfe entwickeln, lasse darauf erkalten und verdünne mit 150 ccm Wasser, erwärme vorsichtig, bis das gesammte Eisensulfat gelöst ist, filtrire heiss, wasche zuerst mit verdünnter HCl von 1,1 spec. Gew., darauf mit heissem Wasser aus, glühe und wäge. Den Inhalt des Tiegels behandele man alsdann mit H_2SO_4 und HFl, dampfe zur Trockne, glühe und wäge wiederum. Die Differenz zwischen den 2 Wägungen ist SiO_2.

Durch Verflüchtigung im Chlorgasstrom.

Da fast alle Stahl- und Eisensorten Schlacken der verschiedensten Zusammensetzung enthalten, so muss man bedenken, dass

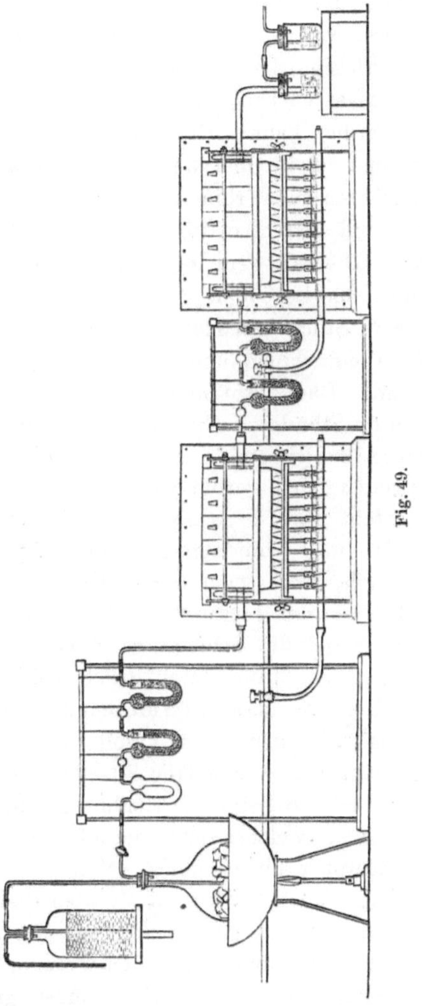

Fig. 49.

die nach den oben angegebenen Methoden erhaltene $Si O_2$ die Gesammt-$Si O_2$ ist, also einmal die, welche in der beigemischten Schlacke enthalten ist, und auch die, welche aus dem im Eisen befindlichen

Si herstammt. Die Verflüchtigungsmethode scheidet die beiden Arten. Der von Drown herrührende und einige Jahre später von Watts ausgearbeitete Process ist folgender: Fig. 49 zeigt die allgemeine Anordnung des Apparates. Die grosse Flasche enthält Stücke von Mangandioxyd, die über ihr sich befindende Flasche enthält konc. rohe Salzsäure, welche durch die bis auf den Boden reichende Heberröhre in die Flasche fliessen kann. Die Flasche steht in einer Schale, welche Wasser enthält, und die vermittelst eines Bunsenbrenners erhitzt werden kann. Das Gasleitungsrohr ist mit einem Hahn versehen und steht mit 3 an einem Ständer hängenden, U-förmigen Kugelröhren in Verbindung, deren erste Wasser, deren zweite Bimsstein und deren dritte mit konc. H_2SO_4 gesättigten Bimsstein enthält. Die mit dem letzten Rohr verbundene Glasröhre führt zu dem im Ofen liegenden Porzellan- oder Glasrohr. Dieses Rohr enthält kleine Stückchen Holz- oder Gaskohle, die ungefähr 200 mm der Röhre einnehmen und zu beiden Seiten durch Asbest lose verstopft sind. Das Verbrennungsrohr ist mit den Trockenröhrchen am zweiten Ständer verbunden; diese enthalten mit konc. H_2SO_4 angefeuchteten Bimsstein und sind mit dem Glasverbrennungsrohr im zweiten Ofen verbunden. Letzteres ist rechtwinklig umgebogen und steht mit 2 grossen Flaschen, welche halb mit Wasser gefüllt sind, in Verbindung. Ist der Apparat in Ordnung, so jage man dadurch, dass man in die HCl-haltige Flasche bläst, einen sanften Chlorgasstrom hindurch. Dann erhitze man ganz gelinde die mit Wasser gefüllte Schale und öffne den Hahn so weit, dass ein sehr langsamer Strom durch die Kugelröhren geht. Man erhitze den ersten Ofen, so dass das Verbrennungsrohr in demselben eben rothglühend ist. Ist der Apparat voll Chlor, so wäge man in einem Porzellanschiffchen von ungefähr 80 mm Länge 1 g Roheisen oder 3 g Stahl ab und vertheile die Spähne gleichmässig auf dem Boden des Schiffchens, welches man darauf bis in die Mitte des zweiten Verbrennungsrohrs hineinschiebt. Man stelle die Verbindung wieder her und jage noch 10 bis 15 Minuten lang einen kalten Chlorstrom durch, damit man ganz sicher ist, dass kein Sauerstoff in der Röhre zurückbleibt, und zünde den Brenner unter dem vorderen Ende des Schiffchens an. Die Hitze muss gross genug sein, um das Eisenchlorid, welches sich in dem kühleren Theile der Röhre wieder kondensiren muss, zu verflüchtigen, und der Gasstrom darf nicht so stark sein, dass er etwas Eisenchlorid in die Wasserflaschen mit hinüberreisst oder auch einen Kohlenstoffverlust im Schiffchen verursacht. Werden die Eisenchloriddämpfe weniger, so entzünde man den nächsten Brenner und fahre so fort, bis alle Flammen unter dem Schiffchen brennen, und erhitze so lange, bis sich keine Eisenchloriddämpfe mehr bilden. Die Stelle des Rohrs, an welcher das Schiffchen steht, muss dunkelrothglühend sein. Sollte das kondensirte Eisenchlorid das Rohr verstopfen, sodass der Durchgang des Gases verhindert wird, so erhitze man die Stelle etwas, wodurch das Eisenchlorid weitergetrieben wird. Bilden sich über dem Schiffchen keine Eisenchloriddämpfe mehr, so kann man den Process als beendigt betrachten. Nachdem man die Flammen abgestellt hat, nehme man das Schiffchen aus dem Rohr heraus. Das Schiffchen enthält jetzt nur noch den Kohlenstoff, die Schlacke und den grösseren Theil des im Eisen enthaltenen Mangans. Dieser Rückstand kann, wie wir weiter sehen werden, zur Bestimmung des Kohlenstoffs oder der Schlacke benutzt werden. Um eine zweite Bestimmung zu machen, muss man nur das Rohr, welches das Schiffchen enthielt, durch ein anderes ersetzen; wenn nicht, so lösche man sämmtliche Flammen aus, schliesse den Hahn und nehme das Verbrennungsrohr mit den Wasserflaschen fort. Den Inhalt der letzteren giesse man in eine Platinschale, welche eine geringe Menge wässerige schweflige Säure enthält, damit das in der Flüssigkeit befindliche Chlor das Platin nicht angreift. Hängt etwa abgeschiedene Kieselsäure an den Wänden der Waschflasche oder am Ende des Verbrennungsrohrs, so löse man dieselbe vermittelst des mit Gummi überzogenen Glasstabes und spüle sie in die Schale. Man füge 5 ccm konc. H_2SO_4 zu, dampfe zur Trockne und erhitze dann, bis sich SO_3-Dämpfe entwickeln; darauf lasse man die Schale kalt werden, setze 100 ccm kaltes Wasser zu und filtrire etwa vorhandene Kieselsäure durch ein kleines aschenfreies Filter ab, welche man verbrennen und als solche wägen kann. Das Filtrat der SiO_2 enthält sämmtliches, im Metall vorhandene TiO_2, welches, wie wir später sehen werden, bestimmt werden kann. Das Silicium und Titan werden als Chloride verflüchtigt ($SiCl_4$ und $TiCl_4$), wie wir oben gesehen haben, und von Wasser zersetzt, denn: $SiCl_4 + 2 H_2O = 4 HCl + SiO_2$ und $TiCl_4 + 2 H_2O = 4 HCl + TiO_2$.

Methode zur schnellen Bestimmung von Silicium (S. A. Ford).

Auf den Edgar Thomson Steel-Works wird das geschmolzene Roheisen direkt aus dem Hochofen in die Konverter gelassen, und es ist im Allgemeinen nöthig, die Menge des Siliciums im Roheisen zu bestimmen, um zu wissen, in welcher Weise geblasen werden soll. Um eine Probe für die Analyse zu erhalten, wird eine kleine Schaufel in das aus dem Ofen kommende flüssige Eisen gehalten und eine kleine Menge des geschmolzenen Metalls genommen, dann wird die Schaufel ca. 3 Fuss über einen Eimer Wasser gehalten, und man lässt das geschmolzene Metall in das Wasser tropfen, während man die Schaufel fortwährend über dem Eimer herumführt. Es bilden sich dadurch Eisenkörner, welche je nach der Menge des im Eisen enthaltenen Siliciums mehr oder weniger rund sind. So sind z. B. die Körner bei Eisen, welches 2 $^0/_0$ oder noch mehr Silicium enthält, fast ganz rund, an der oberen Fläche hohl, und haben gewöhnlich 6 bis 9 mm Durchmesser. Hat das Eisen dagegen einen niedrigen Siliciumgehalt, so sind die Körnchen sehr klein, flach und in ihrer Form sehr unregelmässig, und bei ausserordentlich geringem Siliciumgehalt, wie z. B. bei Spiegeleisen und Ferromangan, sind sie länglich und haben oft einen 6 mm langen Ansatz. In der That kann ein genauer Beobachter aus der Form dieser Körnchen bald sehr gut auf den Gehalt an Silicium schliessen. Dann nimmt man die Körnchen aus dem Eimer heraus und legt sie ein paar Minuten lang in die heisse Schaufel, wodurch sie fast augenblicklich getrocknet werden; darauf werden sie in einem grossen Stahlmörser zerstossen, durch ein feines Sieb gesiebt, und 5 g des Durchgesiebten werden dann in einer Platin-Abdampfschale unter Zusatz von 10 ccm HCl von 1,2 spec. Gew. aufgelöst. Sobald das Lösen stattfindet, wird das Uhrglas, mit welchem man die Schale bedeckt hatte, abgenommen, und die Lösung so rasch wie möglich über der direkten Flamme zur Trockne verdampft; sobald sie trocken ist, setze man, ohne zu warten, bis die Schale kalt ist, tropfenweise HCl zu dem Eisenchlorid, und wenn sich alles Eisensesquioxyd (welches sich durch Zersetzung des Eisenchlorids gebildet haben kann) aufgelöst ist, setze man Wasser zu. Der Inhalt der Schale wird alsdann in ein Filter gegossen und unter Anwendung der Pumpe filtrirt und ausgewaschen. Filter nebst Inhalt werden in einem Platintiegel über dem Gebläse geglüht; sobald das Filterpapier verbrannt ist, wird der Tiegel nach Abheben des Deckels auf eine Seite geneigt und ein langsamer Strom von Sauerstoffgas in denselben geleitet. Sobald der Kohlenstoff, in wie geringer Menge er sich auch in dem Niederschlag befinden mag, verbrannt ist, lässt man den Tiegel erkalten, wägt ihn und berechnet das Gewicht des Siliciums aus der gewogenen Menge Kieselsäure, welche sich im Tiegel befand.

Nach dieser Methode kann der Siliciumgehalt im Roheisen in 12 Minuten, von dem Augenblicke an, in welchem die Schaufel in das flüssige Roheisen getaucht wird, bestimmt werden, und die erhaltenen Resultate sind für die Praxis genau genug.

Bestimmung von Schlacke und Oxyden.

Im Puddeleisen befindet sich immer eine gewisse Menge Schlacke und Oxyd als mechanische Beimengung. Ebenso findet man sie im basischen Stahl, sowie nicht selten im Roheisen und nach dem sauren Verfahren hergestellten Stahl. Die leichteste Methode zur Bestimmung dieser Substanzen ist die durch Lösen in Jod, welche von Eggertz herrührt.

Durch Lösen in Jod.

Man bringe 5 g Spähne in ein Becherglas und stelle dasselbe, nachdem man es mit einem Uhrglas bedeckt hat, in eine mit kleingeschlagenen Stücken Eis oder Schnee angefüllte Schale, so dass der Boden und die Seiten des Becherglases ungefähr bis zur halben Höhe darin stecken. Man giesse über die im Becherglas befindlichen Späne 25 ccm eiskaltes Wasser und rühre um, damit die Luft aus denselben vertrieben wird; dann setze man nach und nach 28 bis 30 g reines sublimirtes Jod zu und rühre von Zeit zu Zeit um, bis sich das Jod ganz gelöst hat. Man halte das Becherglas beständig mit dem Eis umgeben und setze das Jod so langsam zu, dass keine Temperaturerhöhung in der Lösung stattfindet. Man rühre dieselbe oftmals um, bis sich alles Eisen gelöst hat, was nach einigen Stunden der Fall sein wird; alsdann füge man 100 ccm kaltes ausgekochtes Wasser zu, lasse das Unlösliche sich absetzen und filtrire die überstehende Flüssigkeit durch ein kleines aschenfreies Filter. Man wasche den unlöslichen Rückstand mehrere Male mit kaltem Wasser aus, füge darauf ein paar Tropfen HCl zum Wasser und beobachte, ob nicht etwa Wasserstoffgas frei wird; bemerkt man nichts, so kann man das metallische Eisen als vollständig gelöst betrachten; entwickelte sich aber noch Gas, so war das noch nicht der Fall. Jedenfalls giesse man das angesäuerte Wasser durch ein Filter, welches man durchstösst, und setze, wenn metallisches Eisen vorhanden ist, etwas Wasser und Jod zu, um das Eisen völlig aufzulösen; darauf filtrire man das Unlösliche, welches aus Graphit, kohlehaltigen Substanzen, Schlacke, Eisenoxyd und etwas Kieselsäure besteht, wasche das Filter zuerst mit ganz verdünnter HCl (1 : 20) und dann mit kaltem Wasser aus, bis das Filtrat frei von Eisen ist. Dann falte man das Filter auseinander und spüle den Inhalt vorsichtig in eine kleine Platin- oder Silberschale, verdampfe fast bis zur Trockne, setze 50 ccm Aetzkalilösung von 1,1 spec. Gew. zu und koche 5 bis 10 Minuten lang; giesse die Flüssigkeit auf ein kleines aschenfreies Filter, koche nochmals mit frischer Aetzkalilösung, filtrire dann das Unlösliche und wasche gut mit heissem Wasser aus. Man wasche einmal mit HCl (1:20) und darauf mit heissem Wasser solange, bis das Filtrat mit einer Lösung von salpetersaurem Silber keinen Niederschlag mehr gibt. Man trockne, glühe und wäge als Schlacke und Eisenoxyd.

Anstatt Jod direkt zum Lösen des Eisens zu benutzen, schlägt Eggertz eine Lösung von Jod im Jodeisen vor, da man auf diese Weise die im sublimirten Jod gewöhnlich befindlichen Verunreinigungen leicht wegschafft. Man behandle 5 g möglichst siliciumfreies Eisen mit 25 g Jod und setze nach vollständigem Lösen noch 30 g mehr zu, welches sich nach wenigen Minuten in dem Eisenjodür auflöst; man verdünne darnach mit 50 ccm kaltem, ausgekochtem Wasser und filtrire durch ein gewaschenes Filter. Das Filtrat setze man gleich zu den 5 g der abgewogenen Probe und verfahre nach völliger Auflösung wie oben angegeben.

Durch Verflüchtigung im Chlorstrom.

Man verfahre genau so, wie in der Methode zur Bestimmung des Siliciums angegeben ist, bis man das Schiffchen aus dem Verbrennungsrohr herausgezogen hat; man spüle den Inhalt des Schiffchens mit kaltem Wasser in ein Becherglas und filtrire durch ein kleines aschenfreies Filter. Das Wasser löst alle löslichen Chlormetalle, welche bei Rothglut nicht flüchtig sind, und der unlösliche Rückstand auf dem Filter besteht nur aus Schlacke und Kohlenstoff. Man verbrenne den Kohlenstoff und wäge den Rückstand als Schlacke und Oxyde, oder hat man den Kohlenstoff nach einer anderen Methode bestimmt, so filtrire man ihn mit der Schlacke zusammen durch ein gewogenes Filter oder einen Gooch'schen Tiegel, trockne bei 100° C. und wäge als Kohle, Schlacke und Oxyde; zieht man das Gewicht des Kohlenstoffs ab, so bleiben Schlacke und Oxyde übrig.

Bestimmung des Phosphors.

Zur Bestimmung des Phosphors in Eisen und Stahl werden im Allgemeinen nur 2 Methoden angewandt, von denen jede bei vorschriftsmässiger Ausführung sehr genaue Resultate gibt. Einige Chemiker ziehen diese, andere jene Methode vor, manchmal wird auch eine Kombination von beiden angewandt. Diese Methoden sind als die Acetat- und die Molybdat-Methode bekannt. Bei den Einzelheiten der Operationen gibt es unzählige Variationen, besonders bei der letzteren Methode; Abweichungen von den Normalvorschriften sollten aber doch nur von wohl erfahrenen Analytikern ausgeführt werden.

Die Acetat-Methode.

Die wesentlichen Theile dieser Methode wurden von Fresenius ausgeführt, während die Aenderungen und Verbesserungen an den Einzelheiten das Werk mancher Chemiker sind.

Man löse 5 g Spähne in einem Becherglase in 40 ccm konc. HNO_3 auf, dampfe die Lösung auf dem Luftbade zur Trockne und erhitze, bis das salpetersaure Eisen fast ganz zersetzt ist, lasse erkalten, setze 30 ccm HCl zu, verdünne und filtrire, wenn man in Stahl oder Puddeleisen das Silicium bestimmen will; den unlöslichen Rückstand behandele man genau so, wie bei der Bestimmung von Si angegeben ist.

Bei titanhaltigen Roheisensorten filtrire man und bewahre den Rückstand von Graphit, Kieselsäure u. s. w. zur Behandlung, wie in dem Abschnitt „Bei Gegenwart von Titan“ angegeben ist, auf. Will man bei Stahlen das Silicium nicht bestimmen, so kann die Filtration fortfallen, man muss aber die Lösung auf ca. 250 ccm verdünnen.

Auf jeden Fall erhitze man die salzsaure Lösung, ob sie nun filtrirt ist oder nicht, fast bis zum Sieden, nehme dann das Becherglas vom Feuer fort und füge nach und nach eine Mischung von 10 ccm H_4NHSO_3 und 20 ccm H_4NOH unter beständigem Umrühren hinzu. Der Niederschlag, welcher sich zuerst bildet, löst sich wieder auf, und hat man die ganze H_4NHSO_3 bis auf 2 bis 3 ccm zugesetzt, so stelle man das Becherglas wieder auf das Feuer. Sollte sich der durch Zusatz von H_4NHSO_3-Lösung entstehende Niederschlag selbst nach starkem Umrühren nicht lösen, so setze man ein paar Tropfen HCl zu, um, wenn die Flüssigkeit klar geworden ist, mit dem Zufügen von H_4NHSO_3 wieder fortzufahren. Hat man das Becherglas über die Flamme gestellt, so füge man zu der Lösung (welche stark nach SO_2 riechen muss) tropfenweise Ammoniak, bis die Lösung gänzlich entfärbt ist, und ein geringer Niederschlag selbst nach starkem Umrühren ungelöst bleibt. Darauf setze man noch die übrig gebliebenen 2 bis 3 ccm H_4NHSO_3-Lösung zu, welche einen weissen, sich gewöhnlich wieder auflösenden Niederschlag hervorbringen müssen, während die Lösung vollständig klar und fast völlig farblos wird. Sollte dagegen ein Theil des Niederschlags ungelöst bleiben, so setze man tropfenweise HCl zu, bis die Lösung klar wird. Sind die Reagentien genau in der angegebenen Menge zugesetzt, so finden die Reaktionen in der beschriebenen Weise statt, und die Operationen können genau und schnell ausgeführt werden. Ist die H_4NHSO_3-Lösung schwächer, als sie sein soll, so wird das Eisenoxyd natürlich nicht reducirt werden, die Lösung wird am Schlusse der beschriebenen Operation nicht klar sein und auch nicht nach SO_2 riechen. In diesem Falle muss man mehr H_4NHSO_3 (ohne Ammoniak) zusetzen, bis die Lösung stark nach SO_2 riecht, dann setze man soviel Ammoniak zu, bis ein geringer bleibender Niederschlag entsteht, und löse diesen in möglichst wenig Salzsäure wieder auf. Da jetzt die Lösung fast neutral, das Eisen darin als Oxydul vorhanden und ein geringer Ueberschuss an SO_2 da ist, so füge man zu der Lösung 5 ccm HCl, um sie stark sauer zu machen und sich zu versichern, dass ein etwa vorhandener Ueberschuss an H_4NHSO_3 vollständig zersetzt ist. Man koche jetzt die Lösung, während man einen Kohlensäurestrom hindurchgehen lässt, bis jede Spur schwefliger Säure vertrieben ist, dann schicke man 10 bis 15 Minuten lang einen H_2S-Strom hindurch, um das etwa vorhandene Arsen zu fällen, und lasse entweder die Lösung längere Zeit an einem warmen Orte stehen, bis der Geruch nach H_2S verschwunden ist, oder besser noch, man leite einen CO_2-Strom hindurch, welcher den H_2S in wenigen Minuten verjagt. Die in Fig. 50 gezeichnete Anordnung ist hierzu sehr zweckmässig. Man filtrire das etwa niedergeschlagene Cu S, $As_2 S_3$, S u. s. w. ab, wasche mit kaltem Wasser aus, setze einige Tropfen Bromwasser zum Filtrat und kühle das Becherglas durch Einstellen in kaltes Wasser ab. Zu der kalten Lösung füge man unter beständigem Umrühren nach und nach, endlich tropfenweise Ammoniak. Der grüne Eisenoxydulniederschlag, welcher sich zuerst gebildet hat, löst sich durch das Umrühren wieder auf, und

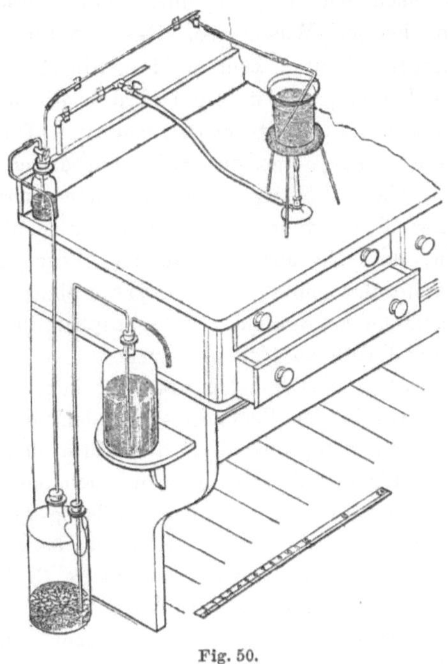

Fig. 50.

die Lösung wird vollständig klar; darnach aber bleibt, obschon sich der grüne Niederschlag gelöst hat, ein weisser zurück, und der nächste Tropfen Ammoniak vergrössert denselben oder gibt ihm eine röthliche Färbung; schliesslich bleibt der grüne Niederschlag, auch nach sehr starkem Umrühren, ungelöst, und der nächste Tropfen Ammoniak lässt den gesammten Niederschlag grün erscheinen. Wenn der Niederschlag kurz vorher nicht deutlich roth gewesen ist, so löse man den grünen Niederschlag durch ein paar Tropfen HCl wieder auf, setze 1 bis 2 ccm Bromwasser und darauf Ammoniak wie zuvor hinzu und wiederhole das so lange, bis vor dem letzten grünen Niederschlage ein rother erscheint. Den grünen Niederschlag löse man durch ein paar Tropfen Essigsäure von 1,04 spec. Gew. wieder auf und füge, falls der noch bleibende Niederschlag ganz roth ist, noch ungefähr 1 ccm Essigsäure hinzu; darauf verdünne man die Lösung mit kochendem Wasser, sodass das Becherglas ungefähr $^4/_5$ voll ist. Man erhitze zum Sieden und nehme, wenn die Flüssigkeit ungefähr 1 Minute lang gekocht hat, die Flamme fort; darauf filtrire man so rasch wie möglich durch ein grosses Filter und wasche einmal mit heissem Wasser aus. Das Filtrat muss klar durchlaufen, nach einigen Minuten aber wird es durch den Eisenoxydniederschlag, welcher sich bildet, dadurch dass die filtrirte Flüssigkeit der Luft ausgesetzt ist, trübe erscheinen. Die Punkte, auf welche man achten muss, sind die rothe Farbe des Niederschlags und die absolut klare Lösung, wenn dieselbe zuerst durchläuft. Da phosphorsaures Eisen weiss ist, so zeigt die rothe Farbe des Niederschlags an, dass Eisenoxydsalz in der Lösung genügend vorhanden war, um mit der ganzen Phosphorsäure phosphorsaures Eisen zu bilden und noch mehr, um das Eisenphosphat durch den Ueberschuss an Eisenoxyd roth zu färben.

Ist der abfiltrirte Niederschlag ganz trocken, so giesse man ungefähr 15 ccm HCl in das Becherglas, in dem der Niederschlag war, erwärme es ein wenig, so dass die Säure das etwa an den Wänden haftende Eisenoxyd löst, wasche auch das Deckelglas ab und setze 10 ccm Bromwasser zu. Diese Lösung giesse man dann in das den Niederschlag enthaltende Filter und lasse die Lösung in ein untergesetztes Becherglas laufen. Das erstere Becherglas wasche man ein- oder zweimal und darauf das Filter gründlich mit heissem Wasser aus. Ist die Säuremenge nicht genügend, um den Niederschlag vollständig zu lösen, so lasse man ein wenig konc. Salzsäure rund herum auf das Filter tropfen, ehe man mit heissem Wasser auswäscht. Das so schwer lösliche Oxyd, welches sich zuweilen beim Kochen des essigsauren Niederschlages bildet, rührt von zu viel essigsaurem Ammon her, befolgt man aber die oben angegebenen Vorschriften genau, so erscheint dasselbe niemals. Man dampfe, um den Ueberschuss der HCl zu entfernen, die Lösung in einem kleinen Becherglase fast zur Trockne, setze eine filtrirte Lösung von 5 bis 10 ccm Citronensäure in 10 bis 20 ccm Wasser hinzu (je nach der Menge des Fe_2O_3-Niederschlags), ferner 5 bis 10 ccm Magnesia-

Mixtur und soviel Ammoniak, dass die Lösung schwach alkalisch ist. Darauf lasse man die Lösung kalt werden, setze die Hälfte ihres Volums konc. H_4NOH zu und rühre gut um. Sobald der $Mg_2(H_4N)_2P_2O_8$-Niederschlag sich zu bilden beginnt, höre man auf zu rühren; dann lasse man das Glas 10 bis 15 Minuten in kaltem Wasser stehen, rühre verschiedene Mal in Zwischenräumen von 5 zu 5 Minuten stark um und lasse über Nacht stehen. Den Niederschlag filtrire man durch ein kleines Filter und wasche dasselbe mit einer Mischung von 2 Theilen Wasser und 1 Theil Ammoniak, welche auf 100 Theile 2,5 g H_4NNO_3 enthält, aus.

Man trockne Filter und Niederschlag und glühe sie zuerst bei sehr niedriger Temperatur, sodass das Filter verkohlt, ohne dass der Niederschlag zersetzt würde, dann stosse man mit einem Platindraht mehrmals in das Filter. Man erhitze allmählich stärker und endlich glühe man so stark, wie es mit einem Bunsenbrenner möglich ist. Ist der Niederschlag vollkommen weiss, so lasse man erkalten und wäge; darauf fülle man den Tiegel mit heissem Wasser halb voll, setze einige Tropfen HCl zu und erwärme, bis sich der Niederschlag gelöst hat. Man filtrire etwa vorhandenes SiO_2 oder Fe_2O_3 durch ein kleines aschenfreies Filter ab, glühe wiederum und wäge. Die Differenz zwischen den zwei Wägungen gibt das Gewicht des $Mg_2P_2O_7$-Niederschlags an; multiplicirt man dasselbe mit 0,27952, so erhält man das Gewicht des Phosphors.

Bei Gegenwart von Titan.

Verdampft man eine Eisenchloridlösung, welche TiO_2 und P_2O_5 enthält, zur Trockne, so bildet sich eine Verbindung von TiO_2, P_2O_5 und Fe_2O_3, welche in verdünnter HCl vollständig unlöslich ist.

Eisenerze und Roheisensorten, welche TiO_2 enthalten, erfordern daher eine etwas andere Behandlung, als die oben angegebene.

Man trockne und glühe den Rückstand von Graphit, Kieselsäure u. s. w. aus der Roheisen-Lösung, um den gesammten Kohlenstoff zu verbrennen, feuchte den Rückstand mit kaltem Wasser an, setze 5 bis 10 Tropfen H_2SO_4 und genügend HFl hinzu, um die Kieselsäure zu lösen und dampfe ein, bis SO_3-Dämpfe entweichen. Inzwischen desoxydire man das Filtrat, wie oben beschrieben, aber nach Vertreibung der SO_2 leite man keinen Schwefelwasserstoff durch die Lösung, sondern lasse erkalten und fälle mit Essigsäure. Anstatt den Niederschlag nach dem Auswaschen zu lösen, wie oben angegeben, trockne man Filter nebst Niederschlag im Tiegel und trage Sorge, dass das Filter durch die Hitze nicht geröstet wird. Man reinige das Becherglas von jedwedem Niederschlag, welcher etwa an den Wänden des Glases hängen geblieben sein mag, mit einem Stück Filtrirpapier und trockne dasselbe mit dem Filter und Niederschlag.

Ist der Niederschlag vollkommen trocken, so bringe man ihn in einen kleinen Porzellan-Mörser; man löst ihn dadurch vom Filter, dass man die Seiten des letzteren über einem grossen weissen Stück Glanzpapier zusammenreibt, so dass man die fallenden Theilchen sehr gut sehen kann. Das Filter selbst nebst den Stückchen Papier, welche zum Reinigen des Becherglases benutzt worden sind, verbrenne man auf dem Deckel des Tiegels, in welchem sich der Graphitniederschlag befand, und füge die Asche zu dem Inhalt des Mörsers. Man zerreibe Niederschlag nebst Asche mit 3 bis 5 g $Na_2\,CO_3$ und etwas $Na\,NO_3$ und bringe das Gemenge in den Tiegel, welcher den mit Flusssäure und Schwefelsäure behandelten Rückstand enthält. Man reinige dann den Mörser dadurch, dass man ein wenig $Na_2\,CO_3$ in demselben zerreibt und füge dasselbe zu dem in dem Tiegel befindlichen Theil hinzu, schmelze das Ganze etwas über eine halbe Stunde lang, lasse erkalten, löse die geschmolzene Masse in heissem Wasser, filtrire das unlösliche $Fe_2\,O_3$, welches das gesammte Titan enthält, ab, säure das Filtrat mit HCl an, setze ein paar Tropfen $H_4\,NHSO_3$ hinzu, koche die SO_2 weg und leite durch die heisse Lösung $H_2\,S$, um das etwa vorhandene Arsen zu fällen. Man leite darauf einen Strom von CO_2 durch die Lösung, um den überschüssigen $H_2\,S$ zu vertreiben, filtrire das $As_2\,S_3$ ab und setze zum Filtrat eine genügende Menge $Fe_2\,Cl_6$-Lösung, welche sich mit dem vorhandenen $P_2\,O_5$ zu $Fe_2\,(PO_4)_2$ verbindet. Man setze einen geringen Ueberschuss Ammoniak zu, welcher einen rothen Niederschlag hervorbringen muss, wenn die Lösung alkalisch reagirt, dann Essigsäure bis eben zur sauren Reaktion, koche und filtrire den $Fe_2\,(PO_4)_2$- und $Fe_2\,O_3$-Niederschlag ab, den man mit heissem Wasser auswäscht. Man löse den Niederschlag wieder in HCl und lasse die Lösung in ein kleines Becherglas fliessen, dampfe bis zur Syrupdicke ein, setze Citronensäure und Magnesiamixtur zu und fälle das $Mg_2\,(H_4\,N)_2\,P_2\,O_8$, wie oben beschrieben. Ist die Menge Phosphor sehr gering, so muss man den unlöslichen Rückstand von $Fe_2\,O_3$ u. s. w. ein zweites Mal schmelzen. Die beiden Filtrate können dann zusammengegossen und mit HCl angesäuert werden, dann wird weiter, wie angegeben, verfahren. Will man die oft umständliche Aufschliessung des essigsauren Niederschlages mit Na_2CO_3 vermeiden, so kann man die Methode zur Phosphorbestimmung (in manchen Fällen mit Vortheil und immer, wenn Titan unberücksichtigt bleiben soll) auf folgende Weise modificiren: Nach dem Abfiltriren der unlöslichen Substanzen, wie Graphit, Kieselsäure u. s. w., glühe man dieselben und verbrenne den Graphit; den Rückstand behandle man mit HFl und H_2SO_4, dampfe ein, bis die überschüssige H_2SO_4 vertrieben ist und schmelze mit Na_2CO_3. Die geschmolzene Masse ziehe man mit Wasser aus und filtrire; das Filtrat säure man mit HCl an und giesse es zur Hauptlösung, welche in der Zwischenzeit mit saurem schwefelsaurem Ammon desoxydirt worden ist. Die letzten Spuren von SO_2 vertreibe man aus dem vereinigten Filtrat durch Kochen desselben und Einleiten von CO_2, wie vorher beschrieben. Bleibt die Lösung klar, so leite man H_2S ein und filtrire die gebildeten Sulfide ab, lasse die Lösung erkalten und fälle, wie angegeben, mit Essigsäure. Die einzige Gefahr, welche man jetzt befürchten muss, ist die, dass die Titansäure die Neigung hat, sich auszuscheiden und die Phosphorsäure mit niederzureissen, wenn beim Abdampfen der salzsauren Lösung des essigsauren Niederschlags die Flüssigkeit dick wird. Um das zu vermeiden, muss man das Eindampfen sorgfältig überwachen, und sobald sich die Titansäure auszuscheiden beginnt, Citronensäure zusetzen; alsdann kann man die Phosphorsäure wie gewöhnlich bestimmen.

Die Lösung wird sich fast stets aufklären, wenn aber nicht, so füge man Citronensäure und einen geringen Ueberschuss Ammoniak hinzu und filtrire. Das Filtrat stelle man bei Seite, verbrenne und schmelze den Rückstand mit Na_2CO_3, löse in Wasser, filtrire, säure das Filtrat mit HCl an, setze ein wenig Fe_2Cl_6-Lösung und einen geringen Ueberschuss an Ammoniak zu und säure mit Essigsäure an. Man erwärme zum Kochen, filtrire den Niederschlag von Eisenphosphat und Eisenoxyd ab, löse in wenig HCl, lasse die Lösung in ein kleines Becherglas fliessen, dampfe ein und giesse sie dann zu dem ammoniakalischen Filtrat von der oben getrennten Titansäure. Man setze einen Ueberschuss von Magnesiamixtur zu und fälle die Phosphorsäure wie gewöhnlich. Wird die Lösung nach der Desoxydation mit H_4NHSO_3 trübe und bleibt so auch nach dem Ansäuern mit HCl, so verfahre man, wie oben beschrieben, aber man trockne und glühe das den durch H_2S gebildeten Niederschlag enthaltende, sowie auch das Filter, durch welches der essigsaure Niederschlag filtrirt wurde, schmelze mit Na_2CO_3, behandele mit Wasser, filtrire, säure mit HCl an, leite H_2S durch die Lösung, filtrire, setze ein wenig Fe_2Cl_6-Lösung zu und fälle mit Ammoniak und Essigsäure. Nach dem Abfiltriren dieses Niederschlags setze man die Lösung zu der Lösung des durch Essigsäure entstandenen Hauptniederschlags und verfahre alsdann, wie zuvor.

Anstatt zu der Lösung des essigsauren Niederschlags Citronensäure und Magnesiamixtur zuzusetzen, schlugen Fresenius und später auch Spiller vor, Citronensäure, Ammoniak im Ueberschuss und dann Schwefelammon zuzusetzen, den Niederschlag von Schwefeleisen abzufiltriren und zu der bis auf ein kleines Volum eingedampften Flüssigkeit Ammoniak und Magnesiamixtur zuzusetzen. Ist der Eisenniederschlag nicht zu gross, so ist das vollständig unnöthig, denn manche Bestimmungen haben bewiesen, dass bei einem Ueberschuss von Magnesiamixtur das Ammonium-Magnesiumphosphat sowohl in citronensaurem Eisen und Ammon als auch im citronensauren Aluminium und Ammon vollständig unlöslich ist.

Der Niederschlag ist auch im Ammoniakwasser ($1\,H_4NOH:2\,H_2O$) unlöslich.

Die Molybdänmethode.

Svanberg und Struve entdeckten zuerst die Reaktion, auf welcher diese Methode beruht, und Sonnenschein wandte sie zuerst quantitativ an. Man übergiesse 5 g abgewogene Spähne in einem Becherglas mit 40 ccm konc. HNO_3. Anstatt zur Beschleunigung des Auflösens HCl zuzusetzen, ist es besser, wenn die Einwirkung nachlässt, von Zeit zu Zeit vorsichtig Wasser zuzusetzen, bis die Spähne völlig gelöst sind. Man dampfe auf dem Luftbade zur Trockne und erhitze dann noch eine Stunde lang bei 200^0 C., um die kohlenstoffhaltigen Substanzen zu zersetzen, widrigenfalls die Fällung des Phosphor-Molybdats unvollständig ist. Man lasse das Becherglas erkalten, löse den Niederschlag in 30 ccm HCl, verdampfe zur Trockne, um die Kieselsäure unlöslich zu machen, nehme wieder mit 30 ccm HCl auf und dampfe sorgfältig ein, bis die überschüssige Salzsäure verjagt ist, während man das Becherglas zeitweilig schüttelt, damit sich keine Kruste von trocknem Eisenchlorid bilde. Man lasse darauf das Becherglas erkalten, verdünne die Lösung mit dem zweifachen Volum kalten Wassers, und filtrire durch ein kleines gewaschenes Filter oder durch den Gooch'schen Tiegel. Im letzteren Falle kann das phosphormolybdänsaure Ammon in der kleinen Flasche, in welche die Lösung hineinfiltrirt wird, niedergeschlagen werden. Man wasche mit kaltem Wasser aus, nachdem man vorher auf den Rand des Filters etwas verdünnte HCl getropft hat; das Filtrat darf mit dem Waschwasser nicht mehr als 50 bis 60 ccm Raum einnehmen. Zu der Lösung setze man 50 bis 100 ccm Molybdänlösung, erwärme auf dem Wasserbade bis auf 40° C. und lasse bei dieser Temperatur ungefähr 4 Stunden stehen. Man filtrire durch ein kleines gewaschenes Filter und wasche mit verdünnter Molybdänlösung (1 Theil Lösung und 1 Theil Wasser) gründlich aus, bis ein Tropfen des Filtrats mit Kaliumeisencyanür keine Reaktion auf Eisen zeigt. Das Filtrat stelle man noch eine Zeit lang an einen warmen Ort, um zu sehen, ob noch phosphormolybdänsaures Ammon fällt, welches dann abfiltrirt und wie der Hauptniederschlag behandelt werden müsste. Man übergiesse den Niederschlag mit 2 oder 3 ccm konc. Ammoniak, lockere ihn dann durch einen Strahl heissen Wassers und lasse die Lösung in dasselbe Gefäss fliessen, in welchem das phosphormolybdänsaure Ammon gefällt wurde. Ist alles durchgelaufen, so nehme man das untergestellte Gefäss weg und ersetze es durch ein kleines Becherglas von ca. 100 ccm Inhalt, löse die Theilchen des etwa an den Wänden des Gefässes hängengebliebenen Phosphormolybdatniederschlages mit dem ammoniakalischen Filtrat auf und giesse die Flüssigkeit nochmals in das Filter; man wasche das Gefäss darauf mit heissem Wasser aus, setze ein wenig Ammoniak zu und filtrire durch. Wenn der Niederschlag nicht sehr gross ist, so genügt diese Menge Ammoniak vollständig, um ihn aufzulösen; ist er dagegen sehr gross, so muss man natürlich mehr Ammoniak und Waschwasser anwenden, unter allen Umständen aber nur soviel, dass der Niederschlag eben aufgelöst und das Becherglas gründlich ausgewaschen werden kann. Bei einem kleinen Niederschlag darf die Menge des Filtrats nebst Waschwasser ungefähr 25 ccm betragen. Man neutralisire die Lösung mit konc. H Cl; sobald der gelbe Niederschlag sich bildet, setze man Ammoniak zu, bis er sich wieder gelöst hat, und sollte in der alkalischen Lösung ein weisser flockiger Niederschlag, der wahrscheinlich aus Kieselsäure besteht, zurückbleiben, so filtrire man denselben ab. Darauf setze man zu der alkalischen Lösung unter beständigem Umrühren nach und nach 10 ccm Magnesiamixtur und darnach soviel konc. Ammoniak, dass die Menge desselben gleich $^1/_3$ des Volums der Lösung ist; man lasse dann das Becherglas in kaltem Wasser stehen und rühre die Lösung nach Beginn des Auskrystallisirens des Niederschlags gründlich auf. Nach 4 stündigem Stehen kann der Niederschlag durch ein kleines aschenfreies Filter filtrirt und mit verdünntem Ammoniakwasser (1 : 2), welches auf 100 ccm 2,5 g salpetersaures Ammon enthält, ausgewaschen werden. Man trockne, glühe sorgfältig zur Verbrennung der kohlehaltigen Substanzen und erhitze dann noch ca. 10 Minuten lang über dem Gebläse, um die etwa mit dem $Mg_2(H_4N)_2P_2O_8$ niedergefallene Molybdänsäure zu verjagen, lasse erkalten und wäge. Man fülle den Tiegel mit heissem Wasser halb voll, setze 5 bis 20 Tropfen HCl zu und erwärme etwas, um den gebildeten $Mg_2P_2O_7$-Niederschlag wieder zu lösen; dann giesse man den Inhalt des Tiegels in ein kleines aschenfreies Filter, wasche aus, glühe und wäge den etwa ungelöst gebliebenen Rückstand. Die Differenz zwischen den 2 Gewichten ist das Gewicht des $Mg_2P_2O_7$-Niederschlags, welcher 27,836 % P enthält.

Manche Chemiker ziehen es vor, den gelben Phosphormolybdatniederschlag direkt zu wägen, anstatt ihn aufzulösen und als $Mg_2(H_4N)_2P_2O_8$ zu fällen; zu diesem Zweck löse man 1 g Spähne genau wie vorher auf, nur dass man jetzt den dritten Theil der HNO_3 und HCl anwendet. Vor dem Zusetzen der Molybdänlösung dampfe man das Filtrat von der Kieselsäure auf ungefähr 25 ccm ein, wozu man alsdann 50 ccm Molybdänlösung setzt. Nachdem die Lösung ungefähr 4 Stunden lang bei einer Temperatur von ca. 40° C. gestanden hat, filtrire man den gelben Phosphormolybdatniederschlag durch einen Gooch'schen Tiegel oder ein gewogenes Filter; man wasche ihn mit verdünnter Molybdänlösung und darauf mit 1 % HNO_3-haltigem Wasser aus, trockne bei 120° C. und wäge als $(H_4N)_3 11 MoO_3 PO_4$ (annähernde Formel), welches 1,63 % P enthält.

Die wichtigsten Punkte bei der Molybdatmethode sind folgende:

1. Die salpetersaure Lösung muss nach dem Abdampfen genügend hoch erhitzt werden, so dass alle kohlehaltigen Substanzen völlig zerstört werden.
2. Man muss einen Ueberschuss an HCl bei der letzten Lösung vor dem Fällen mit Molybdänlösung vermeiden.
3. Wenn das phosphormolybdänsaure Ammon direkt gewogen werden soll, so muss man die Kieselsäure vorher unbedingt unlöslich machen.

4. Wenn man die Flüssigkeit nach Zusatz der Molybdänlösung höher als 40° C. erhitzt, so läuft man Gefahr, dass bei einem Arsengehalt dasselbe mit dem Phosphor fällt.
5. Erhitzt man die Lösung auf fast 100° C., so wird Molybdänsäure mit dem phosphormolybdänsauren Ammon niedergeschlagen.

Einige Chemiker ziehen es vor, die HCl vollständig zu vertreiben dadurch, dass sie HNO_3 zu der salzsauren Lösung setzen und dieselbe vor dem Abfiltriren der Kieselsäure ein- oder zweimal fast bis zur Trockne eindampfen.

Andere setzen nach dem Abfiltriren der Kieselsäure soviel Ammoniak zu, dass eben ein Niederschlag entsteht, und darauf die Molybdänlösung, welche sauer genug ist, um den geringen Eisenoxydhydratniederschlag wieder aufzulösen, und welche die Lösung bis auf den Phosphormolybdatniederschlag völlig klärt. Noch Andere übersättigen die chlorwasserstoffsaure Lösung mit Ammoniak und lösen den Niederschlag mit möglichst wenig HNO_3 auf, bevor sie Molybdänlösung zusetzen. Für den Anfänger ist es aber am besten, die zuerst gegebenen Vorschriften zu befolgen, bis er selbst Erfahrung genug hat, um sich ein Urtheil über den Werth dieser Abänderungen zu bilden, oder bis er selbst eine erfindet.

Die kombinirte Methode.

Riley war der Erste, welcher die Phosphorsäure von der Masse des Eisenchlorids durch Desoxydation und Fällung nach der Acetatmethode trennte und dann den Phosphor als phosphormolybdänsaures Ammon bestimmte. Diese Methode wurde später von A. Wendel auf der Albany and Rensselaer Steel Company, S. Peters auf der Burden Iron Company und S. L. Smith ausgearbeitet.

Man verfahre zuerst so, wie bei der Bestimmung des Phosphors nach der Acetatmethode angegeben wurde, indem man 1 g Spähne und die entsprechenden Mengen der Reagentien anwendet, bis der essigsaure Niederschlag in HCl aufgelöst ist; dann dampfe man zur Trockne, löse in möglichst wenig HNO_3 wieder auf, verdünne mit Wasser bis auf 20 ccm, setze einen geringen Ueberschuss an Ammoniak zu, löse das gefällte Eisenoxyd in HNO_3 auf und setze 30 ccm Molybdänlösung zu. Man erwärme 1 Stunde lang auf 40° C., wasche mit Wasser, welches 1 % HNO_3 enthält, aus, trockne und wäge.

Bei Gegenwart von Titan.

Bei der Bestimmung des Phosphors in titanhaltigen Eisensorten verbrenne man den Rückstand von Kohle, Kieselsäure u. s. w., behandele ihn mit HFl und H_2SO_4, dampfe zur Trockne und erhitze, bis der grössere Theil der H_2SO_4 vertrieben ist. Dann schmelze man die Masse mit 2 bis 3 g kohlensaurem Natron, löse in Wasser, filtrire, säure das Filtrat mit HNO_3 an, setze 50 ccm Molybdänlösung zu und lasse 4 Stunden lang bei 40^0 C. stehen. Darauf filtrire man den gebildeten Niederschlag ab, wasche ihn gut aus und füge ihn zu dem, welcher im Filtrat der Kohle und Kieselsäure u. s. w. enthalten war. Bleibt nach dem Auflösen des phosphormolybdänsauren Ammons mit Ammoniak etwas auf dem Filter ungelöst zurück, so verbrenne man dasselbe, schmelze es mit Na_2CO_3 und prüfe es auf Phosphor.

Wie schon früher bemerkt, ist die Formel für das getrocknete phosphormolybdänsaure Ammon nur annähernd. Die Zusammensetzung des Salzes scheint sehr zu variiren, da der Procentgehalt des Phosphors in demselben von verschiedenen Autoritäten von 1,27 bis 1,75 angegeben wird. Die Zusammensetzung scheint von verschiedenen Umständen abzuhängen, z. B. von der An- oder Abwesenheit der HCl in der Lösung, von der Koncentration der Säure, der Temperatur, bei welcher die Fällung stattfindet, ferner davon, wie lange man den Niederschlag vor dem Filtriren stehen lässt, vom Volum des Niederschlags, der Koncentration der Lösung und sogar von der Menge der anwesenden Eisen- und Ammonsalze.

Diese Thatsachen müssen bei der Phosphorbestimmung durch direktes Wägen als phosphormolybdänsaures Ammon in Betracht gezogen werden, und man muss sich bemühen, die Fällungen möglichst unter denselben Umständen vorzunehmen.

Schnell ausführbare Methoden.

Volumetrische Methode.

Nach dieser Methode wird der Phosphor indirekt durch Schätzung der MoO_3 in dem phosphormolybdänsauren Ammon, als welches der Phosphor gefällt ist, bestimmt. Die MoO_3 wird durch Zn und H_2SO_4 zu einem niedrigeren Oxydationsgrade reducirt und das reducirte Oxyd durch eine eingestellte Permanganatlösung wieder zu MoO_3 oxydirt.

Da die Beziehungen zwischen dem Phosphor und der Molybdänsäure in dem gelben Niederschlage bekannt sind, so kann die Menge des Phosphors leicht berechnet werden, wenn die der Molybdänsäure bekannt ist.

Die MoO_3 wird durch Zn und H_2SO_4 nicht zu Mo_2O_3, sondern zu einem Oxyd, welches der Formel $Mo_{12}O_{19}$ entspricht, reducirt.

Die Wirkung des Permanganats auf dieses Oxyd ist folgende:

$$5\,Mo_{12}O_{19} + 17\,(K_2O\,Mn_2O_7) = 60\,MoO_3 + 17\,K_2O + 34\,MnO.$$

Da 17 Moleküle Permanganat 60 Molekülen MoO_3 entsprechen, so kann 1 Molekül Permanganat, welches 560 Theile Eisen oxydiren kann, das $Mo_{12}O_{19}$ zu 508,23 Theilen MoO_3 oxydiren. Daher hat die Permanganatlösung in Bezug auf MoO_3 eine Stärke, welche = 90,76 % von derjenigen gegen Eisen beträgt. Das phosphormolybdänsaure Ammon enthält 24 MoO_3 auf 1 P_2O_5, und der Phosphor ist = 1,794 % der Molybdänsäure.

z. B. Es wird eine Permanganatlösung gebraucht, von der 1 ccm = 0,0001 P entspricht. In Bezug auf Eisen entspricht 1 ccm = 0,006141 Fe und (da ihre Stärke gegen MoO_3 nur 90,76 % von der gegen Eisen beträgt) = 0,005574 MoO_3. 1,794 % hiervon d. i. 0,0001 ist ihre Stärke gegen P, d. h. 1 ccm Permanganatlösung entspricht 0,0001 P.

Bei Stahl löse man 5 g in einer Schale in 75 ccm HNO_3 von 1,2 sp. Gew. Man dampfe, nachdem sich das Eisen gelöst hat, so schnell wie möglich ein und erhitze den trockenen Rückstand 30 Minuten lang auf einer heissen Platte; der Geruch nach Säure muss alsdann verschwunden sein. Man lasse die Schale erkalten, setze 40 ccm konc. HCl zu, erwärme, bis sich das Eisenoxyd gelöst hat und enge die Lösung bis auf 15 ccm ein. Diese letztere Manipulation erfordert grosse Sorgfalt, da einerseits die Lösung sehr koncentrirt sein muss, andererseits aber auch nur wenig oder gar kein trockenes Eisenchlorid an den Seiten der Schale haften darf. Man kühle die letztere ein wenig ab und setze darauf 40 ccm konc. HNO_3 zu; dann bedecke man sie mit einem umgekehrten Uhrglase, welches etwas kleiner als der Durchmesser der Schale ist, so dass bei dem nachfolgenden Kochen die Dämpfe an der innern Seite desselben kondensirt werden und an den Seiten der Schale herunterfliessen müssen, wodurch sich am Rande der Flüssigkeit keine Kruste bilden kann. Die so bedeckte Schale stelle man auf eine heisse Platte und enge die Lösung bis auf ca. 15 ccm ein; alsdann nehme man die Schale herunter und bewege sie so, dass doch etwa gebildete trockene Partikelchen von der Flüssigkeit benetzt werden. Auf diese Weise kann man eine sehr koncentrirte und doch vollständig klare Lösung erhalten, aus welcher die HCl fast gänzlich vertrieben ist.

Man verdünne diese Lösung nach dem Erkalten bis auf 40 ccm und spüle sie dann mit ca. 25 ccm Wasser in eine 400 ccm fassende Flasche hinein; dann setze man konc. Ammoniak zu und schüttele nach jedem Zusatz kräftig um, sodass sich der Ammoniak mit dem gebildeten Eisenoxydhydratniederschlag innig mischt, setze noch mehr Ammoniak zu, bis die Flüssigkeit steif und gallertartig wird, schüttele um und setze noch ein paar ccm Ammoniak zu, sodass die Masse stark nach Ammoniak riecht. Man setze darauf nach und nach konc. HNO_3 zu, indem man nach jedem Zusatz schüttelt, bis die Flüssigkeit etwas dünner wird. Wenn sich der Niederschlag völlig gelöst hat und die Flüssigkeit noch tief dunkel gefärbt ist, dann füge man noch soviel HNO_3 hinzu, dass die Lösung eine klare bernsteinartige Farbe erhält. Man stelle ein Thermometer hinein und beobachte die Temperatur; ist sie unter 85° C., so erwärme man sorgfältig, bis dieselbe erreicht ist, hat die Flüssigkeit dagegen über 85° C., so kühle man sie bis auf diese Temperatur ab und setze auf einmal 40 ccm Molybdänlösung zu. Man verschliesse die Flasche mit einem Gummistopfen, drehe ein dickes Tuch darum und schüttele sie 5 Minuten lang sehr heftig; nach dieser Zeit ist der Niederschlag vollständig ausgefallen.

Man sammle den Niederschlag unter Anwendung der Filtrirpumpe auf einem Filter und wasche mit Salpetersäure, welche mit der 50fachen Menge Wasser verdünnt ist, gründlich aus. Es ist gar nicht schwierig, den Niederschlag auf das Filter zu bekommen. Sollten kleine Mengen desselben an den Wänden der Flasche hängen geblieben sein, so kann man sie mit einem Theil von dem Ammoniak, welchen man zum Auflösen des gelben Niederschlags gebraucht, bevor man mit Zn und H_2SO_4 reducirt, vollständig entfernen. Das feuchte Filter mit dem Niederschlage setze man in den Hals einer 500 ccm-Flasche, in welcher sich 10 g granulirtes Zink befinden; man durchstosse das Filter und spüle den Niederschlag mit verdünntem Ammoniak (1:4) in die Flasche. (Man wird hierzu ungefähr 30 ccm Ammoniak gebrauchen.) Darauf giesse man 80 ccm heisse verdünnte Schwefelsäure (1 : 4) in die Flasche und hänge einen kleinen Trichter in den Hals hinein.

Man erhitze schnell auf einer heissen Platte, bis die Lösung des Zinks beginnt, und dann noch 10 Minuten lang weiter, nach welcher Zeit die Reduktion vollendet ist. Um das ungelöste Zink abzufiltriren, giesse man die Flüssigkeit durch ein grosses Faltenfilter, spüle die Flasche mit kaltem Wasser aus und giesse dann das Filter nochmal voll kaltes Wasser. Die Filtration durch das grosse Faltenfilter setzt die Flüssigkeit nur ganz kurze Zeit der Luft aus.

Das Filtrat, welches 400—500 ccm ausmacht, kann dann mit Permanganat titrirt werden, welches man solange einlaufen lässt, bis die Flüssigkeit farblos ist. Während der Reduktion der MoO_3 nimmt die Flüssigkeit nacheinander folgende Farben an: Zuerst wird sie fleischartig, dann dunkelbraun, darauf blassgrün und endlich dunkelolivengrün; die Intensität der letzten Farbe hängt von der Menge der reducirten MoO_3 ab. In dem Augenblick, welchen die reducirte Flüssigkeit der Luft ausgesetzt wird, verliert sie ihre grüne Farbe und wird weingelb, aber diese Farbenveränderung rührt nicht von einer bemerkenswerthen Oxydation her, da, wie Werneke gezeigt hat, die Oxydation der reducirten Flüssigkeit nur langsam stattfindet.

Beim Titriren wird die weingelbe Farbe immer schwächer, und endlich verschwindet sie gänzlich, die Flüssigkeit wird vollständig klar, und der nächste Tropfen Permanganatlösung bringt eine fleischartige Färbung hervor.

Von Roheisen löse man 5 g auf und behandele dieselben wie oben mit HNO_3. Man spüle die Lösung in eine 100 ccm fassende graduirte Flasche, verdünne bis zur Marke, mische gründlich und filtrire unter Anwendung der Pumpe in einen trockenen Kolben. Von dem Filtrat nehme man zur Bestimmung 80 ccm, welche also 4 g Eisen enthalten; auf diese Weise erspart man sich das lästige Filtriren und Auswaschen, und ausserdem bleibt die Menge der Lösung konstant.

Von Eisenerzen wäge man 10 g ab, löse in HCl, dampfe zur Trockne, nehme mit HCl auf, dampfe bis auf ein kleines Volum ein und vertreibe die Salzsäure dadurch, dass man mit 40 ccm HNO_3 zur Trockne eindampft; man flitrire den unlöslichen Rückstand ab und bestimme den Phosphor, wie oben angegeben.

Phosphorbestimmung vermittelst der Schleudermaschine.

Nach dieser Methode wird aus dem Volumen des Molybdänniederschlags der Phosphorgehalt bestimmt. Nach C. Reinhardt verfahre man zur Bestimmung des Phosphors im Roheisen folgendermassen*):

Man wäge 2 g Roheisen, oder, falls dasselbe mehr als 1 % P enthält, 0,5 bis 1 g ab und übergiesse sie in einem 500 ccm fassenden Erlenmeyerkolben mit 60 ccm HNO_3 von 1,2 sp. Gew.; man erhitze, bis sich das Eisen gelöst hat, und die salpetrige Säure verjagt ist. Während des Siedens setze man in 3 bis 4 Portionen, indem man zwischen jede eine kleine Pause macht, bei grauem Roheisen 10 ccm, bei weissem 20 ccm, bei Spiegel- und Ferromangan 30 ccm Permanganatlösung zu. Nachdem man einige Minuten hat kochen lassen, setzt man tropfenweise Kaliumoxalat zu, bis die Flüssigkeit wieder klar wird. Man spült dieselbe darauf in einen 250 ccm fassenden Messkolben, lässt erkalten und füllt bis zur Marke auf. Daraufhin entleert man den Kolben in ein trockenes Becherglas und lässt die Kieselsäure absitzen; die überstehende Flüssigkeit giesst man durch ein trockenes Filter ab. Die Phosphorfällung wird in einem 300 ccm fassenden Erlenmeyerkolben vorgenommen, welcher, damit der Niederschlag nicht an den Wänden haften bleibt, zuerst mit 10procentigem Ammoniak, dann mit Wasser, darauf mit heisser verdünnter Salzsäure 1 : 1 und schliesslich wieder mit Wasser ausgespült wurde. Von der filtrirten Flüssigkeit bringt man nun 25 ccm = 0,2 g Roheisen in diesen Kolben, setzt 10 ccm Ammoniumnitratlösung zu und erhitzt bis etwas über 70° C. Darauf nimmt man den Kolben von der Flamme weg und setzt, wenn sich die Flüssigkeit bis auf 70° C. abgekühlt hat, unter Umrühren 10 ccm Molybdänlösung zu; man schwenkt dann die Lösung 1 bis 2 Minuten lang tüchtig und lässt den Niederschlag absitzen. Die Schleudergläser reinigt man in derselben Weise, wie den Fällungskolben mit Ammoniak und Salzsäure, wonach man die Flüssigkeit nebst Niederschlag aus dem Kolben in das gereinigte Schleuderglas hineinspült, welches darauf mit dem Daumen geschlossen und heftig geschüttelt wird; hierauf setzt man dasselbe in die Maschine und schleudert es 2 Minuten lang bei 1200 Umdrehungen in der Minute. Die bei der Analyse benutzten Flüssigkeiten hatten folgende Zusammensetzung:

1. Saure Ammoniumnitratlösung: 400 g Ammoniumnitrat werden durch Erwärmen in 280 ccm Wasser gelöst und

*) Chem. Zeit. 1891, S. 410.

filtrirt; zum Filtrat setzt man dann 280 ccm HNO_3 von 1,4 spec. Gew.

2. Permanganatlösung: 25 g reines Kaliumpermanganat werden in 1 Ltr. Wasser gelöst.
3. Kaliumoxalat: 250 g neutrales Kaliumoxalat in 1 Ltr. Wasser.
4. Molybdänlösung: 180 g Molybdänsäure werden mit 450 ccm Wasser übergossen und 450 ccm 20procentiges Ammoniak zugesetzt; nach mehrtägigem Stehen wird die Lösung filtrirt.

   450 ccm dieser Lösung werden dann in 1 Ltr. HNO_3 von 1,2 spec. Gew. gegossen; das Gemisch wird auf 80 bis 90° C. erhitzt und, nachdem es einige Tage in der Kälte gestanden hat, filtrirt.
5. Ammoniumnitratwasser: 750 g Ammoniumnitrat werden in 1 Ltr. Wasser gelöst und filtrirt; dazu setzt man $3\frac{1}{2}$ Ltr. Wasser und 250 ccm HNO_3 von 1,4 spec. Gew.

Die Schleudergläser sind ca. 13 cm lang (inkl. kalibrirtem Röhrchen), haben 50 ccm Inhalt und 35 mm lichte Weite; nach oben

Fig. 51.

gehen sie in einen kurzen Hals von 15 mm Weite und nach unten allmählich in ein 20 mm langes starkwandiges Röhrchen von etwa 2,5 mm Weite über. Dieser untere Theil ist graduirt, und der gelbe Niederschlag setzt sich durch das Schleudern in denselben, sodass man aus der Anzahl Raumtheile, welche der Niederschlag einnimmt, den Phosphorgehalt direkt ablesen kann.

Direktes Wägen des phosphormolybdänsauren Ammons.

Einige Chemiker ziehen es vor, anstatt die volumetrische Methode anzuwenden, den gelben Niederschlag direkt zu wägen.

Man löse 1,63 g Stahl in einem Erlenmeyerkolben in 30 ccm warmer Salpetersäure von 1,2 spec. Gew., stelle den Kolben auf die Flamme und dampfe die Lösung bis auf 10 oder 15 ccm ein. (Zur Beschleunigung des Abdampfens kann man einen sanften Luftstrom in den Kolben einblasen.) Man setze 50 ccm auf 50 bis 55° C. erwärmte Molybdänlösung zu dem Kolbeninhalt und schüttele gut um, so muss sich der Niederschlag in 3 bis 5 Minuten vollständig absetzen. Dann filtrire man durch ein gewaschenes, bei 100° C. getrocknetes und gewogenes Filter, wasche mit verdünnter Salpetersäure aus, sauge trocken, wasche darauf einmal mit Alkohol und gründlich mit Aether aus und trockne dann den Niederschlag bei 110° C. im Luftbade; darauf wäge man, und es entspricht dann 1 mg des Niederschlags 0,001 % P im Stahl.

Bei Spiegeleisen und Roheisen wird die Flüssigkeit, nachdem die Spähne vollständig gelöst sind, mit 20 ccm Wasser verdünnt, dazu werden 5 Tropfen H Fl gesetzt, die Lösung 2 bis 3 Minuten lang gekocht, durch ein Asbestfilter unter Anwendung der Pumpe filtrirt und das Filtrat auf 15 ccm eingeengt. Darauf setzt man 15 ccm Chromsäure zu, kocht die Lösung nochmals ein und fällt dann wie oben angegeben. Die Flusssäure verhindert die Ausscheidung gallertartiger Kieselsäure, hat aber auf die Fällung des Phosphors keinen Einfluss.

Diese Methode kann man bei Ferromangan nicht anwenden, da der gebundene Kohlenstoff nicht vollständig oxydirt und dadurch die Fällung des Phosphors beeinträchtigt wird.

Die Lösungen, welche zur obigen Methode gebraucht werden, sind folgende.

Molybdänlösung: Man setze zu 450 g Molybdänsäure 1200 ccm Wasser und 700 ccm Ammoniak von 0,88 spec. Gew. Nachdem die Molybdänsäure sich aufgelöst hat, setze man noch 300 ccm HNO_3 von 1,42 spec. Gew. zu und lasse erkalten. Diese Lösung giesse man in eine Mischung von 4800 ccm Wasser und 2000 ccm konc. Salpetersäure; nach mehrtägigem Stehen filtrire man.

Chromsäurelösung: Salpetersäure von 1,42 spec. Gew. wird mit Chromsäure gesättigt.

Bestimmung von Mangan.

Die Acetatmethode.

Man löse in einem Becherglase 1 g Spähne in 15 ccm HNO_3 von 1,2 spec. Gew. auf, dampfe auf dem Luftbade zur Trockne und erhitze bis zur vollständigen Zersetzung der kohlehaltigen Substanzen. Man lasse darauf das Becherglas erkalten, setze 10 ccm HCl zu, erwärme sorgfältig, bis das Eisenoxyd gelöst ist, dampfe zur Vertreibung der HNO_3 zur Trockne, löse wieder in 10 ccm HCl und dampfe sorgfältig ein, bis die Lösung eine syrupartige Konsistenz erhält. Alsdann verdünne man mit kaltem Wasser bis auf ungefähr 100 ccm, filtrire das Unlösliche ab und lasse das Filtrat nebst dem Waschwasser in ein anderes Becherglas laufen. Bei Stahl und Puddeleisen braucht man nicht zu filtriren, sondern man kann die Lösung in ein grosses Becherglas giessen und das Wasser, mit welchem man das kleine ausgespült hat, zusetzen. Zu der Lösung setze man nach und nach eine Lösung von kohlensaurem Natron, während man beständig umrührt. Endlich wird die Lösung dunkelroth, und der sich bildende Niederschlag löst sich sehr langsam; man setze die Natriumkarbonatlösung jetzt nur noch tropfenweise zu, rühre jedesmal tüchtig um, und lasse die Lösung einige Minuten lang stehen, um zu sehen, ob sich der Niederschlag wieder auflöst oder nicht. Hat sich unter diesen Umständen ein bleibender Niederschlag gebildet, so setze man ein paar Tropfen HCl zu, rühre gut um und lasse die Lösung ein paar Minuten lang stehen; klärt sie sich nicht, so setze man noch ein paar Tropfen HCl zu. Setzt man das kohlensaure Natron vorher, nach oben angegebener Vorschrift zu, so genügt diese Menge Säure vollauf zum Lösen des Niederschlags. Einen Ueberschuss an Salzsäure muss man unter allen Umständen vermeiden. Die Lösung muss so dunkel bleiben, dass man kaum sehen kann, ob sich der Niederschlag gelöst hat; um dies besser beobachten zu können, lege man ein Stück weisses Papier unter das Becherglas. Wenn die Lösung klar geworden ist, setze man unter Umrühren 2 g essigsaures Natron, in wenig Wasser gelöst, zu und verdünne mit kochendem Wasser bis auf ca. 700 ccm, erhitze zum Sieden, lasse ein paar Minuten kochen, nehme dann das Glas von der Flamme weg und lasse den Niederschlag von basisch essigsaurem Eisenoxydhydrat absitzen. Man filtrire durch ein grosses gewaschenes Filter, wasche 2 oder 3mal mit heissem Wasser aus und dampfe das Filtrat dann in einer Platin- oder Porzellanschale ein. Den auf dem Filter befindlichen Niederschlag löse man in möglichst wenig verdünnter HCl wieder auf, neutralisire diese Lösung, setze essigsaures Natron zu, filtrire den Niederschlag, nachdem die Flüssigkeit gekocht hat, und füge dies Filtrat zu dem ersteren hinzu. Diese Manipulationen ein drittes Mal zu machen, ist überflüssig. Nachdem die Filtrate bis auf ungefähr 300 ccm eingedampft sind, giesse man sie in ein

Becherglas. Hat sich beim Abdampfen, dadurch dass die Lösung der Luft so sehr ausgesetzt ist, etwas Mangan oxydirt, welches sich als Ring an die Seiten der Schale setzt, so löse man dasselbe auch mit ein paar Tropfen HCl und giesse die Lösung nach dem Auswaschen in das Becherglas. Hat sich etwas Eisenoxyd ausgeschieden, so muss man dasselbe abfiltriren und mit heissem Wasser auswaschen.

Die Lösung enthält nun das ganze Mangan, Nickel und Kobalt und den grösseren Theil des im Eisen enthaltenen Kupfers. Man setze 10 g essigsaures Natron und einige Tropfen Essigsäure zu, erhitze zum Kochen und lasse ca. 15 Minuten lang einen H_2S-Strom durch die Lösung streichen, wodurch Kupfer, Nickel und Kobalt gefällt werden. Man filtrire die Sulfide ab, erhitze das Filtrat zum Sieden, um den Ueberschuss des H_2S zu vertreiben, lasse etwas erkalten und setze Bromwasser zu. Wenn sich der Niederschlag nicht sofort bildet, so stelle man die Lösung, welche durch das Bromwasser gelb gefärbt sein muss, für ein paar Stunden an einen warmen Ort, damit sich der Niederschlag absetzen kann. Bei sofortiger Bildung des Niederschlags setze man Bromwasser zu, bis die Lösung stark gefärbt ist und lasse sie dann auch ein paar Stunden warm stehen. Wenn nach dieser Zeit der Niederschlag sich abgesetzt hat, und die überstehende Flüssigkeit noch gefärbt ist, so erhitze man sie bis zum Kochen, um das überschüssige Brom zu verjagen; dann lasse man den Niederschlag absitzen, filtrire, wasche sorgfältig aus und löse ihn auf dem Filter in Wasser, welches schweflige Säure und ein paar Tropfen Salzsäure enthält; die Lösung lasse man in eine Platinschale fliessen und das Filter wasche man gründlich aus. Sollte noch etwas von dem MnO_2-Niederschlag an den Wänden des Glases, in welchem die Fällung vorgenommen war, haften geblieben sein, so löse man dasselbe mit ein wenig von dem SO_2-Wasser und giesse die Flüssigkeit auch in die Platinschale. Man koche die Lösung in der Schale zur Vertreibung der überschüssigen SO_2, setze 5 bis 20 ccm einer klaren filtrirten Lösung von Ammonium-Natriumphosphat und dann, unter beständigem Umrühren, tropfenweise Ammoniak zu. Sobald sich der Niederschlag von Mangan-Ammoniumphosphat zu bilden beginnt, höre man mit dem Zusatz von Ammoniak auf und rühre so lange, bis der Niederschlag krystallinisch wird. Zuerst sieht derselbe wie geronnen aus, rührt man aber einige Augenblicke in der siedend heissen Lösung, so wird er fein krystallinisch; man setze noch mehr Ammoniak tropfenweise zu, bis der gesammte Niederschlag ausgefallen ist, und das krystallinische Aussehen durch weiteren Zusatz von Ammoniak nicht mehr geändert wird. Man setze noch einige Tropfen Ammoniak im Ueberschuss zu und lasse die Lösung dann kalt werden; filtrire darauf durch ein aschenfreies Filter, wasche mit Wasser, welches auf 100 ccm 10 g salpetersaures Ammon (in mit H_4NOH schwach alkalisch gemachtem Wasser gelöst) enthält, aus, bis das Filtrat keine Reaktion auf HCl mehr gibt, trockne, glühe und wäge als $Mn_2P_2O_7$, welches 38,74 % Mn enthält. Während der Fällung des Doppelphosphats von Ammonium und Mangan darf man das Umrühren nicht einen Augenblick unterbrechen, da die Flüssigkeit stösst, wenn man den Niederschlag absitzen lässt. Die krystallinische Form des Niederschlags, welche zur erfolgreichen Durchführung der Bestimmung absolut nothwendig ist, kann auf die oben beschriebene Art und Weise stets herbeigeführt werden. Man kann natürlich schneller zum Ziel gelangen, wenn man gleich einen Ueberschuss von Ammoniak zusetzt, man muss dann aber die Flüssigkeit länger kochen und umrühren.

In der Praxis löst man den MnO_2-Niederschlag gewöhnlich nicht wieder auf, sondern man trocknet, glüht und wägt ihn als Mn_3O_4 mit 72,05 % Mn. Zwei Einwände lassen sich gegen diese Bestimmung machen: Erstens die Schwierigkeit, das MnO_2 vollständig auszuwaschen, so dass es keine Alkalien mehr enthält*), und dann die Unsicherheit in Bezug auf den genauen Oxydationsgrad des geglühten Manganoxyds. Den ersten dieser Einwände beseitigt Eggertz dadurch, dass er das gefällte MnO_2 mit 1 % HCl-haltigem Wasser auswäscht. Man kann den Uebelstand aber auch dadurch heben, dass man überhaupt keine fixen Alkalien anwendet. Zu diesem Ende neutralisire man die salzsaure Lösung des Eisens oder Stahls fast ganz mit Ammoniak und setze dann zur vollständigen Neutralisation statt des kohlensauren Natrons Ammoniumkarbonat, sowie auch statt des essigsauren Natrons Ammoniumacetat zu. Die so erhaltenen Filtrate (die im Uebrigen, wie oben beschrieben, gewonnen worden sind) dampfe man bis auf 500 ccm ein, giesse sie

*) Behandelt man den geglühten Niederschlag mit heissem Wasser und wäscht ihn darauf gründlich mit heissem Wasser aus, wenn man ihn abfiltrirt hat, so ist er vollkommen frei von Alkalien. Anmerk. d. Uebers.

in einen 1 Ltr. fassenden Kolben und lasse sie erkalten; darauf setze man 3 bis 4 ccm Brom zu, schwenke gut um und füge, wenn die Flüssigkeit gründlich gefärbt ist, einen Ueberschuss von Ammoniak hinzu, wonach man bis zum Sieden erhitzt. Man filtrire den Niederschlag ab, wasche alsdann mit heissem Wasser gut aus, trockne, glühe und wäge als $Mn_3 O_4$.

Der zweite Einwand scheint wohl begründet zu sein, da die Menge des Mangans in den geglühten Oxyden zwischen 69,688 % bis 74,997 % variirte, was von der Temperatur, bis auf welche sie erhitzt waren, und von anderen nicht näher bestimmten Bedingungen abhing. Diese Fehlerquelle kann man aber dadurch vermeiden, dass man den Niederschlag als MnS mit 63,18 % Mn wägt. Die von H. Rose herrührende Methode wird auf folgende Weise ausgeführt: Man glühe das Oxyd in einem Porzellantiegel, lasse erkalten und mische es mit dem 5 bis 6-fachen Volum Schwefelblumen und erhitze dann den Tiegel im Wasserstoffstrom, worin man ihn auch erkalten lässt; der Inhalt wird darauf als MnS gewogen.

Allgemeine Bemerkungen über die Acetatmethode.

Die Hauptfehlerquelle bei der Manganbestimmung nach der Acetatmethode, wie sie gewöhnlich ausgeführt wird, entsteht durch einen zu grossen Zusatz von Natriumacetat, wodurch das Manganchlorür in essigsaures Manganoxydul übergeführt wird, welches sich, nach Kessler, sehr rasch in Manganoxydul und Essigsäure zersetzt. Unter diesen Umständen wird eine grössere Menge Mangan mit dem Eisen niedergeschlagen, als es der Fall sein würde, wenn man eine geringe Menge Natriumacetat zugesetzt hätte. Durch Zusatz von essigsaurem Natron zu Eisenchlorid entsteht folgende Reaktion:

$$6\,NaC_2H_3O_2 . 3\,H_2O + Fe_2Cl_6 = 6\,NaCl + Fe_2(C_2H_3O_2)_6 + 3\,H_2O.$$

Um das Eisen als essigsaures Eisenoxyd in 1 g metallischem Eisen zu fällen, würde man 8 g essigsaures Natron nöthig haben. Wenn man aber, wie Kessler in demselben Artikel bemerkt, eine Eisenchloridlösung mit Natriumkarbonat und HCl genau nach der oben angegebenen Weise behandelt, so bildet sich eine Flüssigkeit, welche das 14-fache ihres Aequivalents an Eisenoxydhydrat in Lösung enthält. Daher würde $1/2$ g Natriumacetat genügen, um 1 g Eisen als basisch essigsaures Eisenoxydhydrat zu fällen; um aber das Mangan als MnO_2 vermittelst Brom zu fällen, muss man nothwendigerweise das gesammte Manganchlorür in essigsaures Manganoxydul umwandeln: infolgedessen wird vor dem Zusatz von Brom ein Ueberschuss von essigsaurem Natron zugegeben. Wenn die Eisenlösung nicht vollständig oxydirt ist, also noch Eisenchlorür enthält, so bildet sich bei der Fällung mit essigsaurem Natron gewöhnlich ein ziegelrother Niederschlag, welcher gewöhnlich durch das Filter läuft. Es ist dann am besten, die ganze Probe fortzuwerfen und eine neue einzuwägen.

Die Salpetersäure- und Kaliumchlorat-Methode.

(*Ford's Methode.*)

Bei der Acetatmethode ist der Uebelstand vorhanden, dass man wegen des zu grossen Volums, welches der Eisenniederschlag einnimmt, nicht grössere Mengen Spähne zur Bestimmung des Mangans anwenden kann; bei der Ford'schen Methode dagegen kann man soviel einwägen, wie man will, und manche Untersuchungen haben bewiesen, dass dieselbe bei genauer Ausführung sehr gute Resultate liefert: Man löse 5 g Spähne in 60 ccm HNO_3 von 1,2 spec. Gew., dampfe bis zur Syrupkonsistenz ein, setze 100 ccm konc. HNO_3 von 1,4 spec. Gew. und 5 g $KClO_3$ zu und erhitzte die Lösung zum Sieden. Man koche 15 Minuten lang, nehme die Flamme weg, setze 50 ccm konc. HNO_3 und 5 g $KClO_3$ zu und koche wiederum 15 Minuten lang, oder bis die gelben Dämpfe, welche von der Zersetzung des $KClO_3$ herrühren, nicht mehr entweichen. Man kühle die Lösung so schnell als möglich ab, filtrire unter Anwendung der Pumpe durch ein Asbestfilter und wasche 2 oder 3 mal mit konc. HNO_3, welche von salpetriger Säure vollständig frei sein muss, aus; die letztere Säure reducirt nämlich das MnO_2 zu MnO, welches sich in HNO_3 löst. Enthält die HNO_3 salpetrige Säure, so blase man einen Luftstrom hindurch. Man sauge den Niederschlag trocken und lege ihn mit dem Asbestfilter in das Becherglas, in welchem die Fällung stattfand, und giesse in dasselbe 10 bis 40 ccm Wasser, welches viel schweflige Säure enthält, wodurch er fast vollständig gelöst wird. Nach völliger Auflösung des Niederschlags setze man 2 bis 5 ccm HCl zu, filtrire den Asbest ab und wasche mit heissem Wasser aus. Man erhitze das Filtrat bis zur Vertreibung des überschüssigen SO_2, füge Bromwasser zu, bis die Lösung stark gefärbt ist, und koche das überschüssige Brom weg; dann setze man so lange Ammoniak zu, bis dass die Lösung stark darnach riecht, koche ein paar Minuten lang und filtrire. Man wasche verschiedene Mal mit heissem Wasser aus, ersetze das Becherglas unter dem Filter durch das, in welchem der Niederschlag erzeugt wurde, löse das Eisenoxydhydrat auf dem Filter in verdünnter HCl (1 : 3) und wasche dasselbe mit heissem Wasser aus. Man koche das Filtrat einige Minuten lang zur Vertreibung des Chlors, herrührend durch Lösen von etwas mit dem Eisenoxydhydrat vielleicht niedergefallenem MnO_2, fälle wiederum, wie zuvor, mit Ammoniak, filtrire u. s. w. und wiederhole nöthigenfalls diese Manipulation, indem man dann die Filtrate von dem Eisenoxydhydrat zusammengiesst. Man säure die Lösung, welche ungefähr 300 bis 400 ccm betragen mag, mit Essigsäure an, erhitze zum Kochen und leite 10 bis 15 Minuten lang H_2S durch die siedende Lösung. Man filtrire das etwa gefällte Schwefelkobalt, welches das einzige Metall ist, das sich vielleicht bei dem Mangan befindet, ab, koche nach Hinzufügung von HCl den H_2S weg, setze Ammonium-Natriumphosphat zu und fälle, glühe und wäge, wie bei der Acetatmethode angegeben, als $Mn_2P_2O_7$.

Stahlsorten mit hohem Silicumgehalt.

Bei Stahlsorten mit 0,2 und höherem Siliciumgehalt verstopft die galertartige Kieselsäure, wenn man nach den oben angegebenen Vorschriften verfährt, zuweilen das Filter, und es ist besser, wenn man die Probe in HCl löst, zur Trockne dampft (indem man Sorge tragen muss, dass man nicht zu hoch erhitzt), mit 50 ccm konc. HNO_3 sorgfältig aufnimmt, bis zur Syrupkonsistenz zur Vertreibung der HCl einengt, wieder in 100 ccm konc. HNO_3 löst, und, wie oben angegeben, fällt.

Anstatt in HCl zu lösen, setzt Wood vor dem Eindampfen einige Tropfen HFl zu der salpetersauren Lösung, wodurch man bei hoch Siliciumhaltigen Stahlsorten viel Zeit spart. Auch bei Roheisensorten kann man diese Methode vortheilhaft anwenden.

Spiegeleisen und Ferromangan.

Bei Spiegeleisen und Ferromangan mit 20 bis 40% Mangangehalt wägt man am besten nur 1 g und bei 60 bis 80% Mangan haltigen Sorten nur 0,5 g Spähne ab. Bei letzteren wendet man am besten die Acetatmethode mit H_4NOH und $H_4NC_2H_3O_2$ an; man fällt, anstatt mit Brom, mit H_2S, filtrirt die Sulfide ab, verjagt den Schwefelwasserstoff durch Erhitzen des Filtrats nach Zusatz von HCl und fällt, wie oben beschrieben, mit Ammonium-Natriumphosphat.

Schnell ausführbare Methoden.

Volumetrische Methoden.

Volhard's Methode.

Diese Methode beruht auf dem Grundsatz, dass, wenn man zu einem neutralen Kaliumsalz Kaliumpermanganat setzt, sämmtliches Mangan ausgefällt wird:

$$4\,KMnO_4 + 6\,MnSO_4 + 4\,H_2O = 10\,MnO_2 + 4\,KHSO_4 + 2\,H_2SO_4.$$

Wenn das Salz vollständig oxydirt, so wird die Flüssigkeit von dem nächsten Tropfen Chamäleon rosa gefärbt, woran das Ende der Reaction kenntlich ist. Hat man den Titer der Chamäleonlösung auf Eisen festgestellt, so kann man ihn auf Mn umrechnen (Fe-Titer $\times$ 0,225 = Mn-Titer).

Man löse in einer Porzellan- oder Platinschale 1,5 g Spähne in 25 ccm HNO_3 von 1,2 spec. Gew. Hat sich alles gelöst, so setze man 12 ccm verdünnter H_2SO_4 (1 : 1) zu, dampfe zur Trockne und erhitze weiter, bis H_2SO_4-Dämpfe entweichen, sodass die kohlenstoffhaltigen Substanzen zersetzt sind. Darauf lasse man die Schale erkalten, füge 100 ccm Wasser zu und erhitze bis zur völligen Auflösung des schwefelsauren Eisenoxyds; man spüle die Flüssigkeit in einen 300 ccm fassenden graduirten Kolben und setze so lange kohlensaures Natron zu, bis sich der Niederschlag nur noch schwer löst. Dann füge man nach und nach in Wasser suspendirtes Zinkoxyd hinzu und schwenke nach jedem Zusatz tüchtig um, bis das Eisen gefällt wird, was man aus dem plötzlichen Gerinnen der Lösung ersehen kann. Der Niederschlag setzt sich bald ab, und die überstehende Flüssigkeit sieht milchig aus. Man fülle die Flasche genau bis zur Marke auf und mische den Inhalt durch mehrmaliges tüchtiges Umschwenken, worauf man durch ein grosses trockenes Filter filtrirt. Von dem Filtrat nehme man 200 ccm = 1 g Eisen und erhitze dieselben, nach Hinzufügung von einem paar Tropfen HNO_3, in einem Becherglase zum Sieden, worauf man mit der

Kaliumpermanganatlösung titrirt und nach jedem Zusatz derselben die Flasche gut umschwenkt. Ist die Reaktion nahezu vollendet, so wird die Lösung durch das Chamäleon eben rosa gefärbt. Die Färbung wird aber nach dem Umschütteln wieder verschwinden, bis schliesslich auf Zusatz von noch einigen Tropfen die rosa Farbe bleibt. Multiplicirt man nun die Anzahl der gebrauchten Kubikcentimeter mit dem Titer des Chamäleons, so erhält man die Menge des in der Probe enthaltenen Mangans. Kühlt sich während des Titrirens die Lösung ab, wodurch dann der Niederschlag sich nur langsam zusammenballt und absetzt, so muss man sie wieder (aber nicht bis zum Sieden) erhitzen. Man kann diese Methode fast bei allen Proben anwenden, ausgenommen, wenn sie nur ganz minimale Mengen Mangan enthalten. Bei Spiegeleisen wägt man am besten 0,75 g ein und nimmt vom Filtrat zwei Dritttheile, sodass diese Menge = 0,5 g der Probe entspricht.

Williams's Methode.

Nach dieser Methode wird das MnO_2, wie bei der Ford'schen, gefällt, der Niederschlag in H_2SO_4 unter Zusatz einer abgemessenen Menge eines Reduktionsmittels, wie Oxalsäure oder schwefelsaures Eisenoxydul, gelöst und der Ueberschuss mit Chamäleon titrirt. Die Reaktion kann durch folgende Gleichung ausgedrückt werden: $MnO_2 + 2 FeSO_4 + 2 H_2SO_4 = MnSO_4 + Fe_2(SO_4)_3 + 2 H_2O$ oder $MnO_2 + H_2C_2O_4 + H_2SO_4 = MnSO_4 + 2 CO_2 + 2 H_2O$. Es oxydirt daher 1 Molekül MnO_2 2 Moleküle schwefelsaures Eisenoxydul oder 1 Molekül Oxalsäure, und da man den Ueberschuss an nicht oxydirtem schwefelsauren Eisenoxydul oder Oxalsäure durch Chamäleon bestimmt hat, so gibt die Differenz zwischen dem Ueberschuss und der wirklich zugefügten Menge die vom MnO_2 oxydirte an.

Wir gebrauchen daher 2 Normallösungen: 1. eine Chamäleonlösung und 2. eine Lösung von schwefelsaurem Eisenoxydul, schwefelsaurem Eisenoxydul-Ammoniak oder Oxalsäure. Die erstere kann dieselbe sein, wie man sie zur Eisenbestimmung gebraucht; von den anderen genügt wohl am ehesten eine Lösung von schwefelsaurem Eisenoxydul, welche durch Auflösen von 10 g $FeSO_4\,7 H_2O$ in 900 ccm Wasser und 100 ccm konc. H_2SO_4 hergestellt wird und sich in einer mit Glasstopfen versehenen Flasche, an einem dunklen Orte aufbewahrt, sehr lange hält. 1 ccm dieser Flüssigkeit enthält ungefähr 0,002 g Fe oder ca. 0,001 g Mn, und hat die Chamäleonlösung die gewöhnliche Koncentration, so dass 1 ccm = 0,007 g Fe entspricht, so ist auch 1 ccm derselben = ca. 3,5 ccm der Ferrosulfatlösung. Hat man das Chamäleon sorgfältig eingestellt, so messe man 50 ccm Ferrosulfat in die Schale, verdünne auf 1 Ltr. und lasse die Permanganatlösung unter beständigem Umrühren der verdünnten Flüssigkeit zufliessen, bis die erste bleibend rothe Färbung erscheint. Durch Ablesen der gebrauchten Kubikcentimeter kann man dann den Titer in Bezug auf das schwefelsaure Eisenoxydul und durch Berechnung auf Fe und Mn feststellen. Angenommen z. B. 1 ccm Permanganatlösung entspräche 0,0068 g Fe oder (da Fe : Mn = 112 : 55) = 0,0034 g Mn, dann werden, wenn 14,1 ccm Chamäleonlösung 50 ccm Ferrosulfat entsprechen, 100 ccm des letzteren 28,2 ccm Chamäleon äquivalent sein. Gebraucht man Oxalsäure, so löse man 2,25 g der krystallisirten Säure in 1 Ltr. Wasser, messe zur Bestimmung ihrer Stärke 50 ccm in die Schale, verdünne mit heissem Wasser unter Zusatz von 5 ccm H_2SO_4 und titrire mit Chamäleon.

Die Methode wird auf folgende Weise ausgeführt: Man wäge 5 g Spähne von Puddeleisen, Stahl oder Roheisen ab und behandele sie, wie bei der Ford'schen Methode angegeben ist; aber nach dem Filtriren und Auswaschen des gefällten MnO_2 mit konc. HNO_3 sauge man den Niederschlag so trocken wie möglich, wasche das Becherglas, in welchem das MnO_2 gefällt wurde, mit kaltem Wasser aus, giesse dasselbe auf den Niederschlag und sauge wiederum trocken und wiederhole diese Manipulation so lange, bis die HNO_3 gänzlich weggewaschen ist. Den trockenen Niederschlag mit dem Asbestfilter lege man in ein Becherglas, setze 100 ccm der eingestellten Ferrosulfatlösung zu (oder 100 ccm Oxalsäure und 10 ccm H_2SO_4) und rühre, bis das MnO_2 gelöst ist. (Bei Anwendung von Oxalsäure muss man auf ca. 60° C. erhitzen.) Man verdünne auf 1 Ltr. (bei Oxalsäure mit heissem Wasser) und titrire mit Chamäleon. Angenommen z. B. wir gebrauchten bis zur Rosafärbung 10,2 ccm, dann würde, da 100 ccm Ferrosulfat = 28,2 ccm Permanganat entsprechen, 28,2 — 10,2 = 18 ccm des letzteren im schwefelsauren Eisenoxydul durch den MnO_2-Niederschlag oxydirt worden sein. Da nun 1 ccm Permanganat = 0,00344 g Mn entspricht, so sind 18 ccm = 0,06012 g Mn, und, da 5 g Spähne eingewogen sind, so enthält die Probe also

$$0,06012 : 5 = 0,1202 \times 100 = 1,202\,\%\ \text{Mn}.$$

Der in Fig. 52 gezeichnete Apparat ist bei dieser Methode sehr gut brauchbar; besonders nützlich erweist sich derselbe aber, wenn man ein konstantes Volumen, z. B. einen abgemessenen Ueberschuss von schwefelsaurem Eisenoxydul bei der volumetrischen Manganbestimmung nach dem Fällen mit Kaliumchlorat zusetzen will.

Die Bürette reicht bis auf den Boden der 2 Ltr. fassenden Wolff'schen Flasche, deren zweiter Tubus mit einem hohlen Glasstopfen versehen ist, in welchen ein ganz feines Loch gebohrt wurde; auf diese Weise ist der Inhalt vor Staub und Schmutz be-

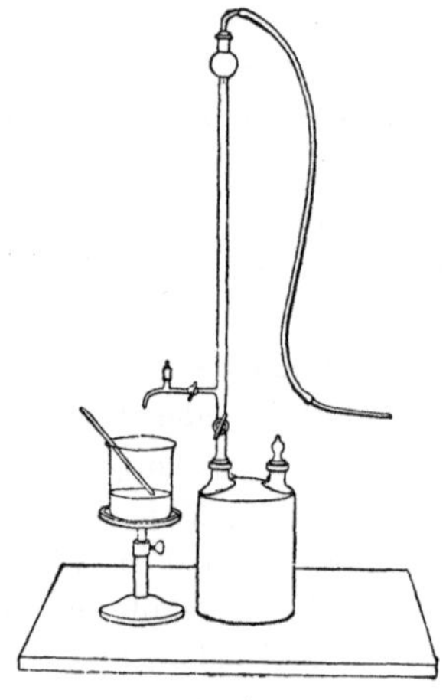

Fig. 52.

wahrt, während doch der Luftzutritt vollständig genügend ist; um die Lösung vor dem Licht zu schützen, kann man die Flasche schwarz anstreichen.

Spiegeleisen und Ferromangan.

Von Spiegeleisen und Ferromangan wäge man 0,5 g Spähne ab und behandele dieselben genau so, wie für Stahl und Eisen angegeben wurde. Bei sehr hohem Mangangehalt wendet man aber besser eine eingestellte Ferrosulfatlösung an, welche auf 1 Ltr. 30 g $FeSO_4 . 7H_2O$ enthält.

Da man betreffs der genauen Zusammensetzung des Manganoxyds nicht sicher zu sein scheint, so kann man die Chamäleonlösung folgendermassen einstellen: Man bestimme in einer fein zerriebenen und gut durchgemischten Probe von Spiegeleisen oder Ferromangan den Mangangehalt auf das Genaueste nach einer gewichtsanalytischen Methode. Darauf behandele man 0,5 g derselben Probe nach der angegebenen Vorschrift; hat man alsdann die Anzahl Kubikcentimeter, welche 100 ccm der Ferrosulfatlösung entsprechen, bestimmt, so gibt die Menge des in der Probe enthaltenen Mangans, dividirt durch die Anzahl Kubikcentimeter Chamäleon, welche dem, durch das in der Probe enthaltene Manganoxyd, oxydirten Ferrosulfat äquivalent sind, den Werth der Chamäleonlösung an.

z. B. Wenn die 100 ccm Ferrosulfatlösung 28,2 ccm Chamäleon benöthigen, um bei der Titration die Rosafärbung hervorzubringen, und wenn ferner das Spiegeleisen 14,50 % Mn enthält, und das schwefelsaure Eisenoxydul, welches nach dem Lösen des Manganoxyds in 100 ccm zurückbleibt, 6,5 ccm Chamäleon bis zur Rosafärbung gebraucht, so kann man den Werth der Lösung auf folgende Weise berechnen: 28,2—6,5 = 21,7 = 0,0725 g Mn (weil man nur 0,5 g eingewogen hat, und die Probe in 1 g 0,1450 g Mn enthält); 1 ccm Chamäleon entspricht also $\frac{0,0725}{21,7} = 0,00334$ g Mn.

Deshays's Methode.

Diese Methode beruht auf der Thatsache, dass salpetersaures Manganoxyd, welches mit einem Ueberschuss von Salpetersäure und Bleisuperoxyd zum Sieden erhitzt wird, sich zu Uebermangansäure oxydirt, welche wiederum durch eine eingestellte Natriumarsenitlösung reducirt wird.

Man löse 0,5 g Stahl- oder Roheisenspähne in einem Becherglase auf, setze 30 ccm HNO_3 von 1,2 sp. Gew. zu und erhitze, bis Alles gelöst ist und keine Untersalpetersäure-Dämpfe mehr entweichen; alsdann nehme man das Glas von der Flamme, setze vorsichtig 1 bis 3 g Bleisuperoxyd, welches vollständig manganfrei sein muss, zu und verdünne bis auf 60 ccm mit heissem Wasser. Man erhitze die Lösung zum Sieden und stelle dann das Becherglas von dem Feuer weg, damit das Bleisalz sich absetzen kann. Ist die Lösung ziemlich klar, so giesse man sie ab und erhitze den Rückstand mit 50 ccm Salpetersäure haltigem Wasser (1 : 3) zum Sieden; giesse wieder ab und wiederhole diese Operation so lange, bis die überstehende Flüssigkeit farblos ist. Man filtrire die abgegossene Lösung durch Asbest und titrire mit der eingestellten Natriumarsenitlösung, welche man in genügender Stärke durch Auflösen von 4,96 g arseniger Säure und 25 g kohlensaurem Natron in Wasser und Verdünnen auf 2 bis $2^1/_2$ Liter bereiten kann.

Zur Einstellung dieser Lösung behandele man Stahl von bekanntem Mangangehalt, wie oben beschrieben, und berechne den Werth jedes Kubikcentimeters derselben dadurch, dass man den Procentgehalt an Mangan im Stahl durch die Anzahl Kubikcentimeter dividirt, welche erforderlich waren, um die Farbe der Uebermangansäure zu zerstören; oder aber, man nehme eine abgemessene Menge einer eingestellten Chamäleonlösung und sehe zu, wie viel Kubikcentimeter arsenigsaures Natron = 1 ccm Permanganat ist. Man erhält den Werth der Permanganatlösung in Bezug auf Mangan, wenn man ihren Werth in Bezug auf Eisen mit $^{11}/_{56}$ multiplicirt:

$$10 FeSO_4 + 2 KMnO_4 + 8 H_2SO_4 = 5 Fe_2(SO_4)_3 + K_2SO_4 + 2 MnSO_4 + 8 H_2O.$$

10 Atome Fe entsprechen 2 Atomen Mn, oder 560 Gewichtstheile Fe sind = 110 Gewichtstheilen Mn. Hieraus ergibt sich die Menge Mangan, welche 1 ccm Natriumarsenit entspricht, aus welcher man den Procentgehalt des Mangans berechnen kann.

Diese Methode ist von H. C. Babbit auf der Wellmann Steel Company, welcher sie längere Jahre angewandt hat, sorgfältig ausgearbeitet worden. Nach seinen Erfahrungen ist gewöhnliches rothes Blei gerade so wirkungsvoll, als das bedeutend theuerere Bleisuperoxyd, und er zeigt in einer Reihe von Untersuchungen, dass die Resultate nur dann genau sind, wenn man die gesammte Uebermangansäure auswäscht und, wie oben angegeben, abgiesst, während sie nicht übereinstimmen, wenn man einen Theil der ersten, durch Kochen mit rothem Blei erhaltenen Lösung abfiltrirt und darauf titrirt.

Pattinson's Methode (für Spiegeleisen und Ferromangan).

Diese Methode beruht auf der Fällung des Mangans als MnO_2 aus einer Lösung von $MnCl_2$ durch Calciumhypochlorit und kohlensaures Calcium bei Gegenwart von Eisenchlorid (die Gegenwart des letzteren Salzes oder die von Zinkchlorid ist unbedingt nothwendig, um das Ausfallen des Mangans in einem niedrigeren Oxydationsgrade als MnO_2 zu verhüten). Man löse in einem Becherglase 0,5 g Spiegeleisen oder Ferromangan in 15 ccm HNO_3 von 1,2 spec. Gew., dampfe zur Trockne und erhitze bis zur Zerstörung der kohlenstoffhaltigen Substanzen, nehme mit HCl auf, dampfe zur Vertreibung der HNO_3 ein (aber nicht bis zur Trockne), setze ein paar Tropfen HCl zu und verdünne mit 10 ccm Wasser; darauf füge man in Wasser suspendirtes Calciumkarbonat zu, bis die Lösung durch die Neutralisation der freien Säure röthlich gefärbt wird und endlich noch ein paar Tropfen HCl und 100 ccm Calciumhypochloritlösung (bereitet durch Behandlung von 15 g des Pulvers mit 1 Ltr. Wasser und Filtriren). Man giesse die Flüssigkeit in 300 ccm kochenden Wassers, wodurch die Temperatur auf ca. 70° C. heruntergeht und setze unter beständigem Umrühren Calciumkarbonat zu, bis das Eisen gefällt ist. Hat die überstehende Flüssigkeit eine röthliche Farbe, welche von der Bildung von Uebermangansäure herrührt, so setze man ein paar Tropfen Alkohol zu, welcher dieselbe reducirt. Man filtrire durch ein grosses Filter, wasche aus, bis das Filter frei von Chloriden ist, lege dann Filter nebst Niederschlag in das Becherglas, in welchem die Fällung vorgenommen wurde, und setze 100 ccm einer eingestellten Ferrosulfatlösung zu. Hat sich der Niederschlag gelöst, so verdünne man auf 1 Ltr. und bestimme den Ueberschuss des Ferrosulfats durch Titration, wie angegeben, wonach man alsdann den Procentgehalt des Mn, wie bekannt, berechnet.

Die kolorimetrische Methode (für Stahl).

Diese Methode, welche von Pickard herrührt und von Peters zu ihrer jetzigen Form ausgearbeitet wurde, wird in vielen Stahlwerken angewandt. Sie erfordert einen oder mehrere Normalstahle, in welchen der Mangangehalt nach einer gewichtsanalytischen Methode genau bestimmt worden ist. Wenn man eine Anzahl Proben, wie das gewöhnlich der Fall, in derselben Zeit zu untersuchen hat, so wende man ein Bad an, wie es bei der kolorimetrischen Kohlenstoffbestimmung gebraucht wird, welches aber für diese Methode mit einer Chlorcalciumlösung, welche bei 115° C. siedet, gefüllt ist. Bei Methoden dieser Art ist es natürlich nothwendig, dass die Operationen möglichst unter denselben Bedingungen ausgeführt, und dass die Vergleichsproben zu gleicher Zeit mit den zu untersuchenden Proben gelöst werden. Man wäge von jeder Probe 0,2 g ab und bringe sie in ca. 200 mm lange, einzeln numerirte Probirröhren; in jede derselben giesse man dann 15 ccm HNO_3 von 1,2 spec. Gew., bedecke jedes mit einem kleinen Uhrglas oder Trichter und stelle die Röhrchen dann in die Löcher, welche in dem Deckel des Bades angebracht sind; man erhitze dasselbe auf 100° C., bis die

Lösung vollständig ist, giesse den Inhalt eines Röhrchens in ein 100 ccm fassendes Rohr, wasche das erstere mit kaltem Wasser aus und giesse dasselbe noch zu der Lösung; schliesslich verdünne man bis zur 100 ccm-Marke. Man mische die Flüssigkeit in diesem Rohre jetzt gründlich dadurch, dass man es mit dem Daumen verschliesst und mehrmals umdreht; von dieser Lösung nehme man vermittelst einer Pipette 10 ccm, welche man in das Probirröhrchen, in welchem die Probe gelöst wurde, fliessen lässt. Die sämmtlichen Proben, die Normalproben mit eingeschlossen, behandele man auf gleiche Weise. Daraufhin stelle man die Probirröhrchen wieder in die Löcher, setze zu jedem 3 ccm HNO_3 von 1,2 spec. Gew., bedecke sie mit den Uhrgläsern oder Trichtern und setze sie in das Chlorcalciumbad, dessen Inhalt jetzt sieden muss. Sobald die Lösungen in den Probirröhrchen auch zu kochen anfangen, setze man zu jeder 0,5 Bleisuperoxyd und lasse dann genau 5 Minuten weiter sieden. Das Bleisuperoxyd kann mit einem Platinlöffel, welcher ca. 0,5 g fasst, gemessen werden. Die Lösungen in den Probirröhren müssen kochen, wovon man sich leicht überzeugen kann, wenn man in dieselben hineinsieht, nachdem die durch Zusatz von PbO_2 verursachte Reaktion aufgehört hat. Nach Verlauf dieser 5 Minuten stelle man die Röhrchen in kaltes Wasser, damit sich die Lösung abkühlt, und das unlösliche Bleisalz sich absetzen kann; letzteres setzt sich in einer dichten Masse zu Boden, und die überstehende Flüssigkeit wird vollständig klar, was gewöhnlich eine halbe Stunde dauert; alsdann kann man die Flüssigkeit in die Vergleichungsröhren giessen. Wir wollen nun annehmen, wir gebrauchten 2 Normalstahle, von denen der eine 1,2, der andere 0,6% Mn enthielte. Da wir nun 0,2 g eingewogen, die Lösung auf 100 ccm verdünnt und davon zur Bestimmung des Mn 10 ccm genommen haben, so entspricht diese Menge 0,02 g der eingewogenen Probe; und wenn wir die Normallösungen nach dem Eingiessen in die Vergleichsröhren auf 24 ccm verdünnen, so entspricht 1 ccm 0,05 % in dem hohen und 0,025% in dem niedrigen Normalstahl. Man giesse jede Lösung für sich in ein Vergleichsrohr und verdünne sie, bis sie die genaue Farbe und die Intensität der Normallösung hat, welcher sie nach dem Ausgiessen in das Vergleichsrohr am nächsten war. Der Procentgehalt an Mangan wird gefunden, indem man die Anzahl Kubikcentimeter, auf welche die Proben verdünnt wurden, mit 0,05 oder 0,025, je nachdem man die eine oder die andere Normallösung zum

Vergleich genommen hatte, multiplicirt. Ist von den Proben, nach dem Ausgiessen in das Vergleichsrohr, eine heller gefärbt, als die niedrigere der beiden Normallösungen, so muss man die letztere, nach Beendigung der anderen Proben, auf 30 ccm, wo dann jeder Kubikcentimeter 0,02 % Mn, oder 40 ccm, wo jeder Kubikcentimeter 0,015 % Mn entspricht, verdünnen. Genügt dies noch nicht, so nimmt man besser eine andere Normalprobe mit niedrigerem Mangangehalt, oder man wägt von der zu untersuchenden Probe mehr ein. Die Farbenvergleiche macht man am besten in einem Kasten, wie man ihn auch bei der Bestimmung des gebundenen Kohlenstoffs gebraucht. Während des Vergleichs darf man nicht direktes Sonnenlicht auf die Lösungen scheinen lassen, und es ist weit besser, wenn man die Röhrchen gegen Norden hält.

Kohlenstoffbestimmung.

Der Kohlenstoff unterscheidet sich dadurch von allen anderen im Stahl und Eisen vorkommenden Elementen, dass er darin in verschiedenen Arten auftritt, und die chemische Analyse gibt uns die Mittel, wenigstens 2 derselben zu unterscheiden. Noch bis vor wenigen Jahren wurde der Kohlenstoff in Stahl und Eisen als in zweierlei Form, Graphit und gebundenem Kohlenstoff, vorkommend betrachtet. Karsten war der Erste, welcher die Thatsache erkannt hat, dass der Graphit reiner Kohlenstoff und nicht eine Verbindung von Kohlenstoff und Wasserstoff ist. Er ist stets mechanisch beigemischt und unterscheidet sich so von der anderen Form, welche als mit dem Eisen chemisch verbunden betrachtet wurde. Seit den letzten Jahren weiss man, dass der „gebundene Kohlenstoff“ in mindestens 2 Formen im Stahl auftritt. Bis jetzt können wir aber diese zwei Arten des gebundenen Kohlenstoffs auf chemischem Wege nicht unterscheiden und trennen. Die Untersuchungsmethoden sind folgende:

1. Bestimmung des Gesammtkohlenstoffs.
2. Bestimmung des Graphits.
3. Bestimmung des gebundenen Kohlenstoffs.

Bestimmung des Gesammtkohlenstoffs.

Wir können die Methoden zur Bestimmung des Gesammtkohlenstoffs im Eisen und Stahl folgendermaassen unterscheiden:

A. Direkte Behandlung der Spähne ohne vorherige Trennung des Eisens:

1. Direkte Verbrennung im Sauerstoffstrom (Berzelius).
2. Verbrennung mit chromsaurem Blei und chlorsaurem Kali (Regnault).
3. Verbrennung mit Kupferoxyd im Sauerstoffstrom (Kudernatsch).
4. Lösen und Oxydiren der Spähne mit CrO_3 und H_2SO_4 (Brunner, modificirt von Gmelin).
5. Behandlung der Spähne mit $CuSO_4$ und direkte Verbrennung mit CrO_3 und H_2SO_4 (Rürup).

B. Entfernung des Eisens durch Verflüchtigung und darauffolgende Verbrennung des Kohlenstoffs:

1. Verflüchtigung im Chlorstrom (Berzelius, Wöhler).
2. Verflüchtigung im Chlorwasserstoffgasstrom (Deville).

C. Lösen des Eisens und Verbrennung oder Wägung des Rückstandes:

1. Lösen in Kupferammoniumchlorid, Filtriren und Wägung oder Verbrennung des Rückstandes (Pearse und Mc Greath).
2. Lösen in Kupferchlorid und Verbrennung des Rückstandes (Berzelius).
3. Lösen in Kupferchloridchlorkalium und Verbrennung des Rückstandes in Sauerstoff (Richter).
4. Lösen in Jod oder Brom und Verbrennung mit Bleichromat oder Wägung des Rückstandes (Eggertz).
5. Lösen durch geschmolzenes Chlorsilber und Verbrennung des Rückstandes (Berzelius).
6. Lösen des Eisens in Kupfersulfat, Filtriren und Verbrennung des Rückstandes im Schiffchen in einem Sauerstoffstrom (Langley).
7. Lösen des Eisens in Kupfersulfat und Oxydation des Rückstandes in CrO_3 und H_2SO_4 (Ullgren).
8. Lösen des Eisens in Kupfersulfat, Filtriren und Verbrennung des Rückstandes mit Kupferoxyd gemischt im Vakuum

unter der Sprengel-Pumpe; das Volum der CO_2 wird gemessen (Parry).

9. Lösen in verdünnter HCl vermittelst des elektrischen Stroms und Verbrennung des Rückstandes (Binks, Weyl).
10. Oxydation des Eisens in feuchter atmosphärischer Luft, Lösen des Eisenoxyds in HCl, Filtriren und Verbrennung des Rückstandes (Berthier).

A. I. Direkte Verbrennung im Sauerstoffstrom.

Bei dieser Methode muss man die zu untersuchende Probe in sehr fein zertheiltem Zustande anwenden, da sonst das Metall nur an der Oberfläche oxydirt wird, und der Kohlenstoff im Innern nicht verbrennt. Man wäge in einem ca. 75 mm langen Porzellan- oder Platinschiffchen 1 bis 3 g Spähne ab und vertheile sie möglichst gleichmässig über den Boden desselben. Man schiebe das Schiffchen mit einem Haken in das Porzellanrohr B (Fig. 58), setze den Stopfen P auf und leite aus dem Gasometer O bei offenem Hahn R und geschlossenem Hahn Q einen Sauerstoffstrom durch. Die fernere Beschreibung des Apparats ist später angegeben, und der einzige Unterschied für diese Bestimmung in demselben ist der, dass die U-Röhre H und die Silberrolle in der Röhre B ausgelassen sind. Ist die Röhre mit Sauerstoff gefüllt, so muss der Absorptionsapparat gewogen und eingeschaltet werden, dann zünde man, zuerst am vorderen Ende des Ofens, die Flammen an und halte die Temperatur des Rohres 45 Minuten lang auf Rothgluthitze. Sollte durch die rasche Absorption des Sauerstoffs von dem im Schiffchen befindlichen Metall die Lösung in dem Kaliapparat zurückweichen, so lasse man mehr Sauerstoff zutreten und regulire den Gasstrom so, dass in der Sekunde 3 bis 4 Blasen durchstreichen. Nach Verlauf der 45 Minuten sperre man den Sauerstoffstrom ab, schliesse den Hahn R, öffne Q und presse einen Luftstrom durch, indem man den Hahn T allmählich öffnet, wodurch das Wasser in die tiefer stehende Flasche F fliesst. Man drehe die Flammen unter dem Verbrennungsrohr, um ein Springen desselben zu verhüten, kleiner, dann drehe man sie ganz aus und lasse den Luftstrom noch so lange durch den Apparat streichen, bis der Sauerstoff verjagt ist. Darauf schliesse man den Hahn T, nehme den Absorptionsapparat ab und wäge ihn. Die Gewichtszunahme rührt von der CO_2, welche in der Probe als Kohlenstoff war, her; sie enthält 27,27 % Kohlenstoff.

2. Verbrennung mit chromsaurem Blei und Kaliumchlorat.

Auch bei dieser Methode muss die Probe sehr fein gepulvert sein. Man nehme ein Verbrennungsrohr von ungefähr 800 mm Länge, 12 mm innerem Durchmesser und 1,5 mm Wandstärke und erhitze es in der Mitte über dem Gebläse, bis es weich wird, drücke die Enden sanft gegeneinander und ziehe es dann, während man die Enden parallel stellt, wie in Fig. 53 ersichtlich, aus. Darauf lasse man es erkalten, feile es in der Mitte ein und breche es durch, wodurch man also 2 Röhren erhält, deren jede ungefähr 400 mm lang ist. Man runde die scharfen Kanten an den Enden durch Abschmelzen etwas ab, und putze die Röhren darnach mit einem mit Seide oder Leinen umwickelten Glasstab vollkommen rein und trocken, erhitze sie dann noch etwas, um die letzte Feuchtigkeit zu

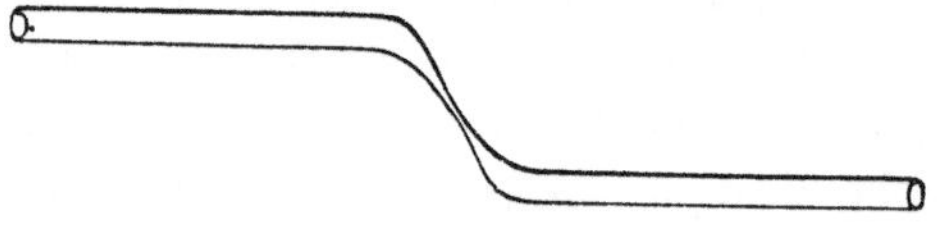

Fig. 53.

vertreiben, und verschliesse die Oeffnungen, nachdem man die ausgezogenen Enden zugeschmolzen hat, mit einem Korkstopfen, damit kein Staub hineingelangen kann. Man wäge nun 1 bis 3 g Spähne ab (von Roheisen, Spiegeleisen oder Ferromangan 1 g, von Stahl 3 g) und reibe sie in einem Mörser mit dem 15fachen Gewicht geschmolzenem und gepulvertem Bleichromat und dem $1\frac{1}{2}$fachen Gewicht geschmolzenem und gepulvertem Kaliumchlorat oder doppeltchromsaurem Kali gut zusammen. Letzteres ist vorzuziehen, da das Kaliumchlorat, wenn es hierbei angewendet wird, immer etwas Chlor abgibt. Man stosse mit einem reinen Glasstab etwas ausgeglühten Asbest in das Verbrennungsrohr bis an das dünne Ende desselben; der Asbest darf nicht zu fest eingestossen werden, damit die Luft am Schlusse der Operation frei durchstreichen kann. Dann fülle man die Röhre durch einen kleinen trockenen vollkommen reinen Trichter 25 mm hoch mit gepulvertem Bleichromat, und darüber die in dem Mörser zurechtgemachte Mischung; man halte das Rohr horizontal, mit dem gebogenen Ende nach oben, und schlage gelinde dagegen, um einen Raum zu erhalten, wodurch das Gas von einem Ende bis zum anderen streichen kann; darauf lege man es in den Verbrennungsofen und verschliesse es mit einem durchbohrten Stopfen, durch welchen der eine Schenkel eines Marchand-U-Rohrs führt. Die dem Verbrennungsrohr am nächsten liegende Hälfte des U-Rohrs enthält wasserfreies Kupfersulfat und die andere gekörntes trockenes Chlorcalcium, welches von dem Kupfersulfat durch einen kleinen, lose eingedrückten Asbeststopfen getrennt ist. Man wäge den Kaliapparat nebst Sicherheitsrohr und hänge sie ein, sauge durch das Gummirohr, welches am vorderen Ende des Sicherheitsrohrs angebracht ist, einige Luftblasen durch den Kaliapparat und lasse die Flüssigkeit allmählich zurückweichen; bleibt sie einige Minuten lang im Apparat auf demselben Niveau, so kann man die Verbindungen des Apparates als dicht betrachten, fällt sie aber nach

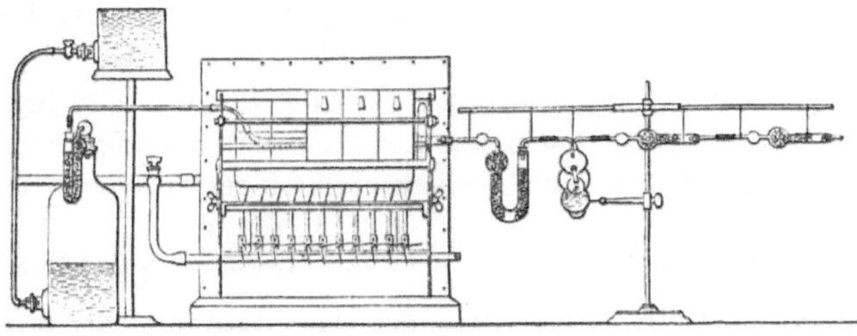

Fig. 54.

und nach, so ist das ein Zeichen, dass irgendwo eine undichte Stelle ist, und man muss die Verbindungen daraufhin prüfen. Ist der Apparat in Ordnung, so zünde man am vorderen Ende des Rohres die Flamme an, dann die nächste, sobald der Gasstrom nachlässt u. s. w.; vor dem Anzünden des nächsten Brenners muss das Rohr über dem vorher angezündeten rothglühend sein; man erhalte das Rohr in seiner ganzen Länge in Rothgluthitze, bis der Gasstrom vollständig aufhört. Darauf stecke man über das dünnere Ende des Rohrs einen mit einem Reinigungsapparat verbundenen Gummischlauch und breche die Spitze in dem Schlauch ab; alsdann drehe man die Flammen etwas kleiner und drücke vermittelst der Aspiratorflaschen (Fig. 54) ca. 1 Ltr. Luft durch den Apparat, lösche die Flammen aus, entferne den Kaliapparat und wäge ihn. Die Gewichtszunahme rührt von der aufgefangenen CO_2 her. Sie enthält 27,27 % C.

3. Verbrennung mit Kupferoxyd im Sauerstoffstrom.

Man stelle das Verbrennungsrohr her, wie bei der vorigen Methode angegeben ist, verstopfe das dünne Ende mit Asbest und fülle mit Kupferoxyd 25 mm hoch an. Man mische 1 bis 3 g der fein gepulverten Probe mit mindestens dem 20fachen Gewicht ganz feinen Kupferoxyds, bringe diese Mischung auch in das Rohr und darüber noch eine Lage gekörntes Kupferoxyd, sodass das Verbrennungsrohr fast vollständig gefüllt ist. Bei der Verbrennung selbst verfahre man

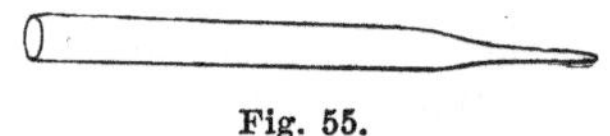

Fig. 55.

genau in derselben Weise, wie im vorigen Abschnitt angegeben ist. Nimmt man die Verbrennung im Sauerstoffstrom vor, so zieht man das Verbrennungsrohr, anstatt zu einer Spitze, welche zugeschmolzen wird, besser gerade aus, so wie in Fig. 55 ersichtlich ist. In diesem Falle verbinde man das ausgezogene Ende des im Ofen liegenden Rohrs mit dem Reinigungsapparat für Luft und Sauerstoff, wie es in Fig. 58 gezeigt ist, und leite die Verbrennung gerade so wie in A. 1.

4. Lösen und Oxydiren der Spähne vermittelst CrO_3 und H_2SO_4.

Fig. 56 zeigt die Einzelheiten des Apparates, welcher zur Ausführung dieser Methode dient. M ist das U-Rohr zum Reinigen der Luft; es enthält geschmolzenes Aetzkali. In dem Kolben A wird die Probe gelöst und oxydirt. Das zweimal rechtwinklig gebogene Glasrohr N ist mit der U-Röhre einerseits und dem Trichterrohr von A andererseits vermittelst Gummi dicht verbunden. Die Reagentien werden in den Trichter B gegossen, dessen unteres Ende zu einer dünnen Spitze ausgezogen ist. O enthält konc. H_2SO_4, P trockene Bimssteinstücke, Q gekörntes Chlorcalcium, während die kleine Kugel von Q mit eben angefeuchteter Watte gefüllt ist. Diese letztere hat den Zweck, das Gas mit derselben Menge Feuchtigkeit in den Kaliapparat zu führen, mit der es denselben verlässt. Da die H_2SO_4 besser trocknet, als das Chlorcalcium, so würde das Gas, ohne die Anwesenheit der eben angefeuchteten Watte, mit weniger Feuchtigkeit in den Kaliapparat eintreten, als es beim Verlassen desselben hat, und die Gewichtszunahme würde geringer sein, als der absorbirten CO_2 entspräche; hinter dem Kaliapparat ist noch ein

Sicherheitsrohr angebracht. Zur Untersuchung wäge man von Roheisen, Spiegeleisen oder Ferromangan 1 g, von Stahl oder Schmiedeisen 3 g ab, und bringe dieselben in A, welche man alsdann mit

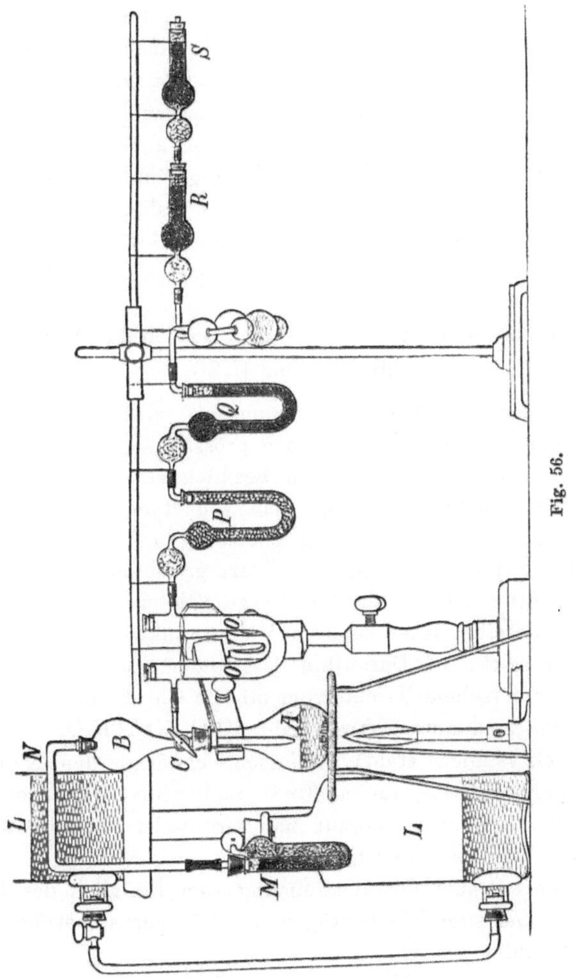

Fig. 56.

dem Trichterrohr B fest verschliesst; darauf hänge man die anderen Röhrchen und die Absorptionsapparate ein. Hat man den Apparat auf seine Dichtigkeit hin untersucht, so giesse man 10 bis 15 ccm gesättigter Chromsäure durch den Trichter und darauf 100 ccm konc. H_2SO_4, welche mit etwas Chromsäure zum Sieden erhitzt und dann abgekühlt wurde. Darnach setze man noch 50 ccm H_2SO_4 von 1,10 spec. Gew. zu, welche auf der koncentrirten Säure schwimmen wird. Man schliesse den Hahn C und erhitze den Kolbeninhalt allmählich bis zum Sieden. Wenn kein Gas mehr entweicht, so verbinde man den Reinigungsapparat mit dem Trichterrohr B und drücke vermittelst der Flaschen L L einen sanften Luftstrom durch den Apparat, drehe die Flamme unter A allmählich kleiner und stelle sie endlich ganz ab. Hat man ungefähr 2 Liter Luft durch den Apparat gedrückt, so nehme man den Kaliapparat ab und wäge ihn. Die Gewichtszunahme ist dann das Gewicht der absorbirten Kohlensäure, welches auf Kohlenstoff umgerechnet wird.

5. Behandlung der Spähne mit $CuSO_4$ und direkte Verbrennung mit CrO_3 und H_2SO_4.

Die folgende Kohlenstoffbestimmung, eine Modifikation der Jüptner'schen Methode, bietet neben grösster Genauigkeit den Vortheil, dass sie in ganz kurzer Zeit beendet ist.

Zu ihrer Ausführung wäge man von Roheisen 1—1,5 g, von Stahl 2 g und von Schmiedeisen 2 bis 3 g ab und schütte sie in den Erlenmeyerkolben a. (Fig. 57.) Dazu giesse man ca. 40 ccm einer vorher auf 60⁰—70⁰ C. erwärmten gesättigten Kupfervitriollösung und lasse dieselbe unter öfterem Umschwenken des Kolbens 5 bis 10 Minuten wirken. Daraufhin lässt man durch das mit einem Dreiweghahn versehene Trichterrohr 50 ccm Chromsäure (3 : 2 Wasser) und 120 ccm verdünnte Schwefelsäure ($1 H_2SO_4 : 1 H_2O$, welche über Chromsäurekrystallen steht) zufliessen, erwärmt den Kolbeninhalt während 20 Minuten bis auf ca. 80⁰ C. und erhitzt dann noch 10 Minuten lang zum Kochen, worauf man vermittelst des Aspirators 5 bis 10 Minuten lang Luft durchsaugt.

Die ganze Dauer der Bestimmung vom Einfüllen des Eisens in den Kolben bis zum Wiederwägen des Röhrchens beträgt ungefähr $^3/_4$ bis 1 Stunde.

Vergleiche dieser Methode mit mehreren anderen gewichtsanalytischen haben zu sehr guten Resultaten geführt*). Die Anordnung des Apparates ist folgende:

*) Stahl u. Eisen 1891, VII.

a ist der Entwickelungskolben, welcher auf das Kühlrohr i aufgeschliffen ist*), b eine Waschflasche mit Schwefelsäure, c und d

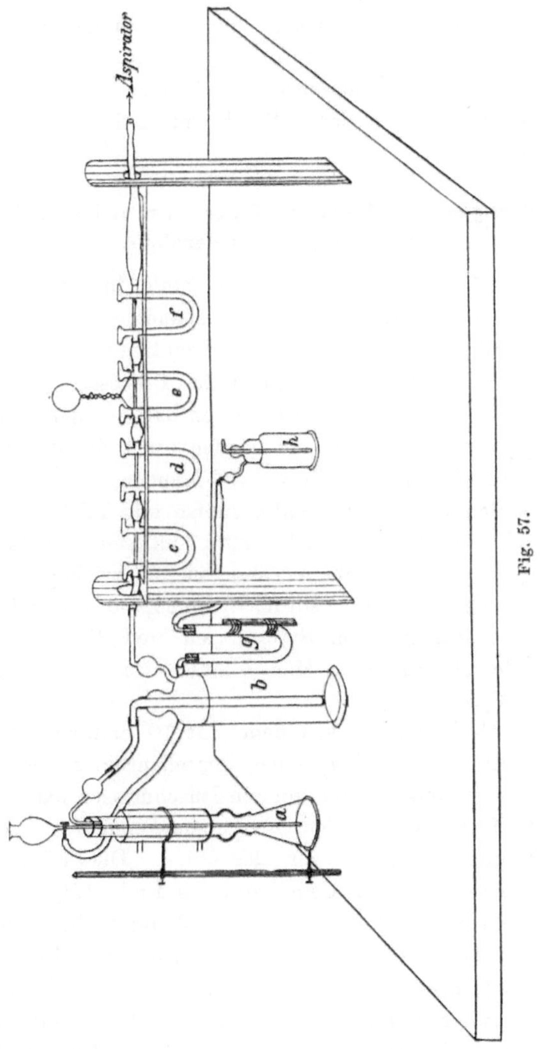

Fig. 57.

*) 4 Kolben können auf 1 Rohr aufgeschliffen werden, sodass man die Kolben leicht ersetzen kann, ohne den Apparat auseinandernehmen zu müssen. Dieselben können von der Firma C. Gerhard in Bonn in tadelloser Ausführung bezogen werden.

sind mit Chlorcalcium, e mit Natronkalk und f wieder mit Chlorcalcium gefüllt. Das Rohr g ist zur Hälfte mit Chlorcalcium, zur anderen Hälfte mit Natronkalk und h mit Schwefelsäure beschickt; die beiden letzteren Gefässe dienen zum Durchsaugen von Luft, um dieselbe trocken und kohlensäurefrei zu machen.

Die Flasche h dient ausserdem auch noch zur Regulirung des Luftstroms, indem man in der Sekunde nur 2 bis 3 Blasen durchstreichen lässt.

B. I. Verflüchtigung des Eisens im Chlorstrom und darauffolgende Verbrennung des Kohlenstoffs.

Man wäge 1 g Roheisen oder 3 g Stahl in einem Porzellanschiffchen von 75 mm Länge ab und behandele sie genau so, wie bei der Siliciumbestimmung durch Verflüchtigung im Chlorstrom. Wenn das Schiffchen nach Beendigung des Processes aus dem Verbrennungsrohr herausgezogen wird, so enthält es den Kohlenstoff, die Schlacke, Oxyde und fast die ganzen nicht flüchtigen Chloride wie z. B. $MnCl_2$. Enthält die Probe viel Mangan, so muss man den Rückstand im Schiffchen nothwendigerweise mit kaltem Wasser behandeln, durch ein kleines Asbestfilter filtriren, wieder in das Schiffchen legen und vor dem Verbrennen gut trocknen. Da diese Manipulationen viel Zeit in Anspruch nehmen, so ist es besser, für die Kohlenstoffbestimmung in Spiegeleisen und Ferromangan eine andere Methode zu wählen. Man schiebe das Schiffchen in das Rohr B (Fig. 58).

Der Apparat besteht aus einem mit 10 Flammen versehenen Verbrennungsofen A, in welchem das Porzellanrohr B liegt, welches ca. 650 mm Länge und 18 mm inneren Durchmesser hat. Es reicht an jeder Seite 150 mm über den Ofen hinaus, und das Eisenblech L schützt die Stopfen P und S vor der Hitze. Die Röhre ist von dem Mittelpunkte aus nach dem vorderen Ende 150 mm lang mit Kupferoxyd gefüllt, welches am besten dadurch hergestellt wird, dass man ein Stück gewöhnliches Kupferdrahtnetz von 150 mm Breite so zusammenrollt, dass es in das Rohr hineingeht, und eine Stunde lang im Sauerstoffstrom erhitzt. Gerade vor das Kupferoxyd wird ein Stück dünnes Silberblech geschoben, welches 100 mm lang und auch so zusammengerollt ist, dass es in das Rohr passt. Dasselbe soll etwaiges, während der Verbrennung entwickeltes Chlor absorbiren. Eine 50 mm lange Rolle von Kupferdrahtnetz, mit einem

Oehr an einem Ende, wird hinter das den Kohlenstoff enthaltende Schiffchen eingeschoben. Der Cylinder O enthält Sauerstoff unter Druck. Die Flaschen F,F dienen dazu, am Ende des Processes Luft durch den Apparat zu treiben, damit der Sauerstoff vollständig

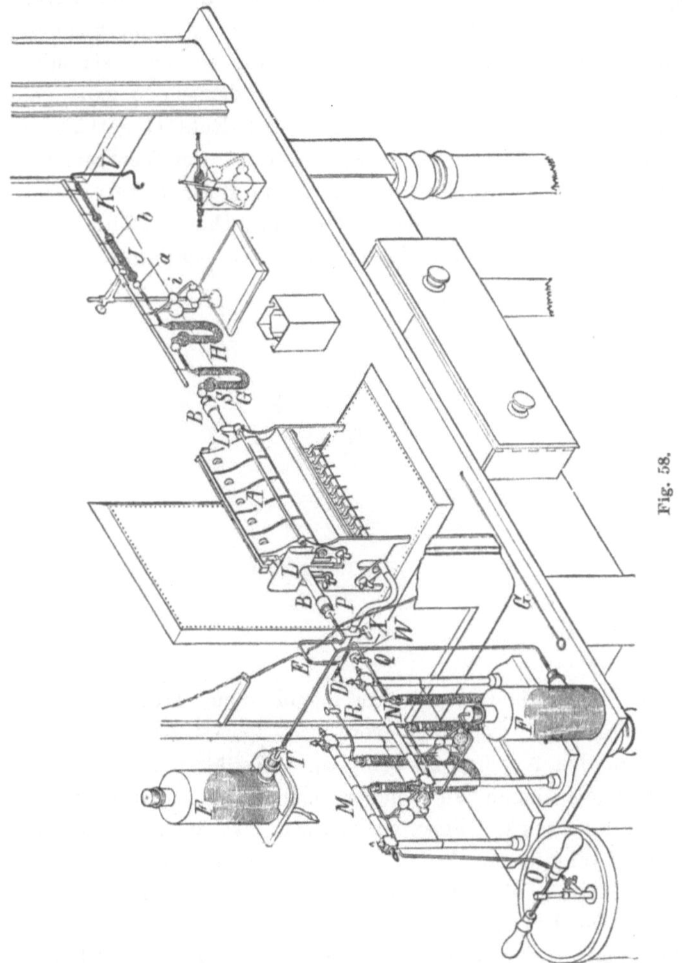

Fig. 58.

verjagt wird. Der Hahn T regulirt den Wasserstrom und folglich auch die Luft.

Die Apparate M und N, welche den Zweck haben, den Sauerstoff resp. die Luft zu reinigen, bestehen aus 2 Liebig'schen Kaliapparaten, welche mit Kalilauge von 1,27 spec. Gew. gefüllt sind, und U-Röhren, deren einer Schenkel mit trockenen Bimssteinstücken, und deren zweiter mit Chlorcalcium beschickt ist. Durch Oeffnen oder Schliessen der Hähne Q und R kann man Sauerstoff oder Luft zutreten lassen. Das T-Stück D verbindet die beiden Seiten des Reinigungsapparates mit dem Porzellanrohr B. Alle Verbindungen sind durch Glasröhren hergestellt und zwar so, dass sie mit einem Stück Gummischlauch überzogen und in demselben ganz nahe aneinander geschoben worden sind. Das U-Rohr G enthält wasserfreies Kupfersulfat, welches etwa während der Verbrennung entwickelte HCl absorbirt; es ist mit dem Rohr B vermittelst eines Gummi- oder Asbeststopfens verbunden. Die U-Röhre H enthält gekörntes, trocknes Chlorcalcium. Der Absorptionsapparat besteht

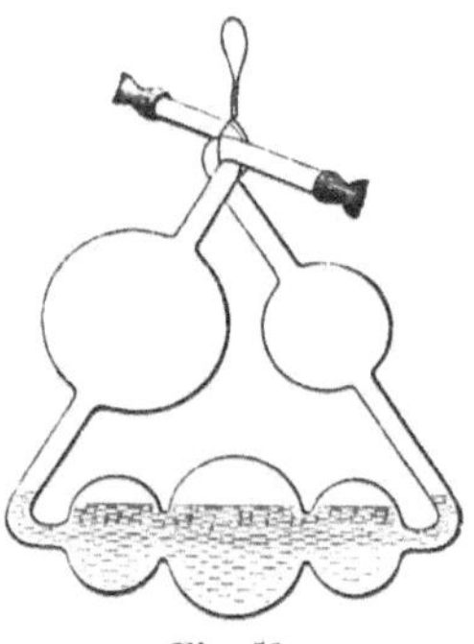

Fig. 59.

aus der Liebig'schen Kugelröhre i und dem Trockenrohr J, von denen ersteres mit Kalilauge von 1,27 spec. Gew. gefüllt ist. Um dieselbe in den Apparat zu bringen, befestigt man an einem Ende einen Gummischlauch, an welchem man saugt, während das andere Ende in die Flüssigkeit eingetaucht wird. Ist der Apparat soweit gefüllt, wie inFig. 59 ersichtlich, so trockene man beide Enden gut ab und verschliesse sie bis zum Gebrauch mit Stückchen Gummischlauch, welche an einem Ende von einem Glasstopfen zugehalten werden. Das Trockenrohr J enthält geschmolzenes Chlorcalcium, während die kleinen Kugelröhrchen a und b mit Baumwolle oder Watte gefüllt sind. Das Sicherheitsrohr K soll verhindern, dass das Rohr J feucht wird. Sämmtliche Stopfen der U- und Trockenröhren sind von Gummi.

Vor dem Abwägen des Kaliapparats und Trockenrohrs muss man dieselben gut trocken abwischen, dann kann man sie, wie in Fig. 60 gezeichnet, auf einen Ständer legen, welchen man auf die Wagschale stellt. Nach Beendigung des Processes warte man mit dem Wägen der Absorptionsapparate noch ungefähr eine halbe Stunde, damit dieselben die Temperatur der Waage annehmen können.

Zur Ausführung der Verbrennung hänge man die Absorptionsgefässe, wie in Fig. 58 ersichtlich, ein, schiebe das Schiffchen in die Verbrennungsröhre bis gegen das Kupferoxyd, und darauf die kleine oxydirte Kupferdrahtnetzrolle so weit wie möglich nach, worauf

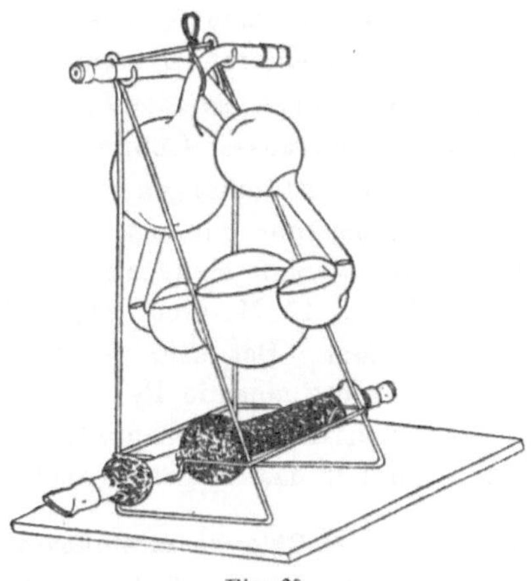

Fig. 60.

man die Röhre mit dem Stopfen P verschliesst. Dann drehe man die beiden Hähne R und Q zu, sauge etwas bei V und sehe zu, ob der Apparat dicht ist; ist er in Ordnung, so öffne man R und treibe einen sanften Strom Sauerstoffgas durch den Apparat. Man zünde die beiden Flammen unter dem vorderen Theil des Ofens an, drehe sie zuerst klein und allmählich immer grösser, bis das Rohr rothglühend wird, worauf man mit der hintersten Flamme auch die kleine oxydirte Kupferdrahtnetzrolle erhitzt; dann erst zünde man, vom vorderen Ende gerechnet, den dritten, darauf den vierten u. s. w. Brenner an und halte das Rohr ca. 15 Minuten lang in Rothglut, worauf man durch Schliessen von R den Sauerstoff absperrt, während man zugleich durch Oeffnen von T und Q einen Luftstrom durch den Apparat schickt. Unterdessen drehe man die Flammen unter dem Ofen allmählich immer kleiner und lösche sie endlich ganz aus. Hat man 1 bis 2 Ltr. Luft (2 bis 3 Blasen in der Sekunde) durchgesogen, so schliesse man T und Q, nehme die Absorptionsapparate ab, verstopfe ihre Oeffnungen mit den kleinen Gummipfropfen, putze sie gut trocken ab und stelle sie in die Waage, worauf man sie nach Verlauf einer halben Stunde wägt. Die Differenz zwischen der vorhergehenden und jetzigen Wägung ist das Gewicht der CO_2. Hat man mehrere Bestimmungen hinter einander zu machen, so hänge man sofort nach dem Abnehmen des einen Absorptionsapparates einen anderen gewogenen ein und schiebe ein anderes Schiffchen, welches die zu untersuchende Substanz enthält, in das Verbrennungsrohr, worauf man gerade wie oben verfährt. Hat der Kaliapparat nach mehreren Bestimmungen im Ganzen ca. 0,5 g an Gewicht zugenommen, so muss man ihn frisch füllen.

Ist der Apparat längere Zeit ausser Gebrauch gewesen, so glühe man, bevor man wieder neue Bestimmungen macht, die Kupferdrahtnetzrollen in dem Verbrennungsrohr gut aus und prüfe den Apparat selbst stets auf Dichtigkeit, worauf man zur Austreibung etwaiger Feuchtigkeit das Rohr B ca. 15 Minuten lang erhitzt und einen Luftstrom durchstreichen lässt. Bei sehr feuchtem Wetter ist es fast unmöglich, gute übereinstimmende Resultate zu erlangen, da sich die Feuchtigkeit auf den Absorptionsapparat niederschlägt und selbst bei der grössten Sorgfalt das Wägen bedeutend erschwert.

2. Verflüchtigung des Eisens im Chlorwasserstoffgasstrom und darauffolgende Verbrennung des Kohlenstoffs.

Diese Methode wird genau so ausgeführt wie die oben beschriebene, nur wendet man statt Chlor Chlorwasserstoffgas an. Der Apparat zur Erzeugung dieses Gases ist derselbe wie der zur Erzeugung von Chlor; er wird aber mit gewöhnlichem Kochsalz in haselnussgrossen Stücken und mit verdünnter Schwefelsäure (1 : 2) beschickt, anstatt mit Mangansuperoxyd und Salzsäure.

C. I. Lösen in Kupferammoniumchlorid, Filtriren und Wägung oder Verbrennung des Rückstandes.

Man löse 1 g Roheisen, Spiegeleisen oder Ferromangan in einem Becherglase mit 100 ccm gesättigter Kupferammoniumchloridlösung und 7,5 ccm HCl auf. Von Stahl und Puddeleisen nehme man 3 g und behandele sie mit 200 ccm Kupferammoniumchlorid und 15 ccm konc. HCl, und rühre bei gewöhnlicher Temperatur einige Minuten lang mit einem Glasstabe tüchtig um; je mehr man rührt, desto rascher löst sich das Eisen und fällt das Kupfer aus. Darauf erhitze man das Becherglas auf dem Luftbade auf ca. 60 bis 70° C. (nicht höher) und rühre von Zeit zu Zeit um.

Da bei dieser Kohlenstoffbestimmung das Lösen des Eisens und die Fällung des Kupfers gewöhnlich die meiste Zeit beansprucht, und da man andererseits auch nicht die grösseren Partikeln einer Probe von den kleineren beim Einwägen derselben trennen kann, wenn man eine gute Durchschnittsprobe erhalten will, so ist die in Fig. 61 gezeichnete Anordnung zur Beschleunigung dieses Theils des

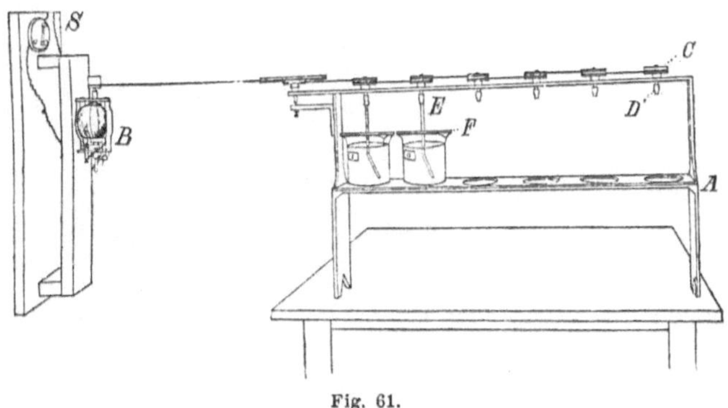

Fig. 61.

Processes ausgezeichnet. Dieselbe besteht aus dem aus einem Stück gegossenen Messinggestell A, welches, wie aus der Figur zu ersehen, vermittelst Oesen und Schrauben an dem Tische befestigt ist. Auf das Brett, auf welchem die Gläser stehen, ist eine Schicht Asbest gelegt, die mit Löchern zum Hineinstellen der Gläser versehen ist. Die letzteren müssen so gestellt werden, dass sie sich nicht bewegen können. Man setzt dann vermittelst eines kleinen Motors B das Rührwerk, welches aus mit Glasstäben E versehenen Scheiben C besteht, in Bewegung; die Glasstäbe werden vermittelst kleiner Stückchen Gummischlauch mit den Zapfen der Scheiben verbunden.

Hat sich das Kupfer ganz oder fast ganz gelöst, was gewöhnlich nach einer halben Stunde nach Zusatz des Kupferammoniumchlorids zu den Spähnen der Fall ist, so giesse man noch ein wenig von dem Doppelsalz zu und lasse die Lösung einige Minuten lang stehen, damit sich der kohlenstoffhaltige Rückstand absetzen kann. Ein sehr guter Filtrir-Apparat ist in nachstehender Figur ge-

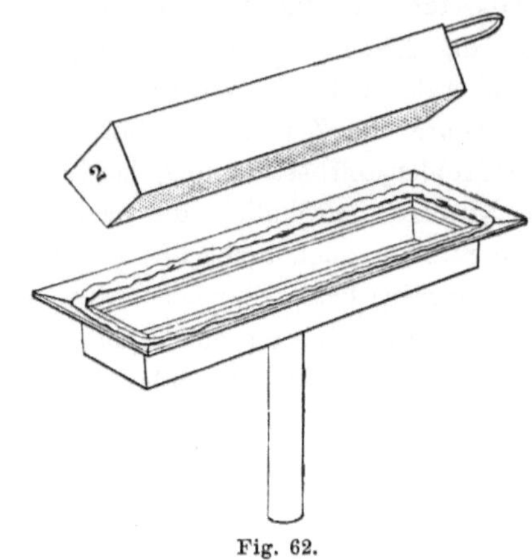

Fig. 62.

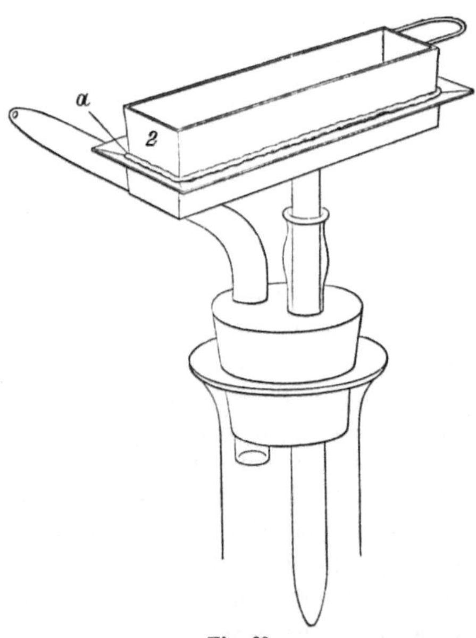

Fig. 63.

zeichnet. Er besteht aus einem durchlochten Platinschiffchen (Fig. 62), welches in einen Platinhalter hineinpasst; man stelle es in denselben (Fig. 63), fülle es mit in Wasser suspendirtem Asbest, dichte zwischen Schiffchen und Halter auch mit Asbest und sauge alsdann mit der Filtrirpumpe. Der in dem Schiffchen befindliche Asbest muss den Boden desselben vollständig bedecken und dicht aufeinandergepresst sein; so zubereitet trockene man es und glühe es in einem Verbrennungsrohr aus. Hat man mehrere Bestimmungen zu machen, so glühe man gleich mehrere Schiffchen in demselben Verbrennungsrohr aus.

Eins der zubereiteten Schiffchen passe man wieder in den Halter ein, dichte den Raum zwischen den beiden ab und giesse soviel in Sauerstoff geglühten und in Wasser suspendirten Asbest in das erstere, dass er über der in demselben befindlichen dicken Lage eine dünne Schicht bildet, welche die Kieselsäure, das Eisenphosphat u. s. w. von dem kohlenstoffhaltigen Rückstand zurückhält und nach der Verbrennung, da sich die Ecken nach oben biegen, leicht von der unteren Lage abgehoben werden kann, sodass das Schiffchen gleich wieder zu einer anderen Filtration gebraucht werden kann.

In das so zugestellte Schiffchen giesse man die Stahl- oder Eisenlösung, welche, wenn die Verbindung bei a, Fig. 63, dicht ist, und die Pumpe gut arbeitet, ebenso rasch durch das Filter läuft, wie man sie oben eingiesst. Ist die überstehende Flüssigkeit ganz durchgelaufen, so spüle man den kohlenstoffhaltigen Rückstand vermittelst einer Waschflasche auch in das Schiffchen. Man giesse 10 ccm verdünnter Salzsäure in das Becherglas, wische mit einem mit Gummi versehenen Glasstabe die Wände desselben ab, um etwa an denselben haftendes Salz zu lösen, wasche darauf den Glasstab und die Wände des Becherglases ab und spüle den Inhalt in das Schiffchen, welches man fast bis zum Rande mit der Flüssigkeit anfüllt; dann wasche man dasselbe gründlich mit heissem Wasser, welches man aus einem Glase zufliessen lässt, aus und sauge mit der Pumpe trocken. (Wollte man das Schiffchen direkt mit der Waschflasche auswaschen, so könnten durch das Spritzen leicht einige Theilchen des Rückstandes verloren gehen.)

Der kohlehaltige Rückstand von Roheisen, Puddeleisen, Spiegeleisen, Ferromangan oder Gussstahl ist gewöhnlich sandartig und lässt sich leicht auswaschen, aber der von gehärtetem, getempertem, geschmiedetem oder gewalztem Stahl ist mehr oder weniger gallertartig und verstopft leicht das Filter, wodurch das Auswaschen viel langwieriger und beschwerlicher wird. Auch bleibt derselbe sehr leicht an den Wänden des Becherglases haften; in diesem Falle muss man dann das Glas mit etwas Asbest, welches man zwischen den Spitzen einer kleinen Platinpincette (Fig. 64) hält, abreiben und dasselbe auch in das Schiffchen legen. Ist der kohlenstoffhaltige Rückstand gründlich ausgewaschen und trocken gesogen, so nehme man das Schiffchen aus dem Halter, wische es mit einem Seidentuch gut ab, stelle es in eine mit einem Uhrglase bedeckte Abdampfschale und trockne es auf dem Wasser- oder Luftbade bei 100° C.; darauf schiebe man es in das Verbrennungsrohr und verbrenne den

Fig. 64.

Kohlenstoff, wie in dem Abschnitte B. 1. angegeben ist. Anstatt einer Porzellanröhre kann man auch eine Platinröhre von den in Fig. 66 angegebenen Dimensionen vortheilhaft anwenden. Die Verbindung am hinteren Ende ist so (Fig. 65), dass sie vollständig dicht gemacht werden kann. Zur Verstärkung des Rohres ist bei B (Fig. 66) ein silbernes Band umgelegt, und der aus Phosphorbronce hergestellte Theil P in dasselbe hineingebohrt. Ausserdem wird das Rohr, damit es in der Hitze nicht sinken kann, am Ende bei P unterstützt. Vom vorderen Ende an ist das Rohr zuerst mit einem

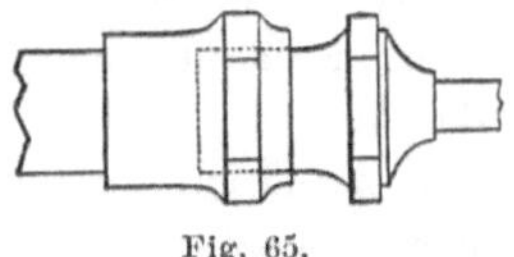

Fig. 65.

lose aufgerollten Platinnetz von 12 mm Länge, dann 150 mm lang mit gekörntem Kupferoxyd und dann wieder mit einem Platinnetz von derselben Grösse wie das erstere, gefüllt; hinter dem Schiffchen befindet sich eine ähnliche Rolle von 50 mm Länge, deren hinteres Ende bis vor das Eisenblech L reicht. Der Schenkel der U-Röhre G, welcher sich dem Platinrohr am nächsten befindet, ist mit wasserfreiem Kupferchlorür gefüllt, während der andere Schenkel wasserfreies schwefelsaures Kupferoxyd enthält. H enthält getrocknetes, nicht geschmolzenes Chlorcalcium, und in der Kugel desselben befindet sich ein kleiner Wattepfropfen, welcher vor jedem Verbrennungsprocess mit einem Tropfen Wasser angefeuchtet werden muss. G und H nennt man Reinigungsröhren, welche, wenn der Apparat nicht gebraucht wird, abgenommen und zugestopft werden müssen. Das

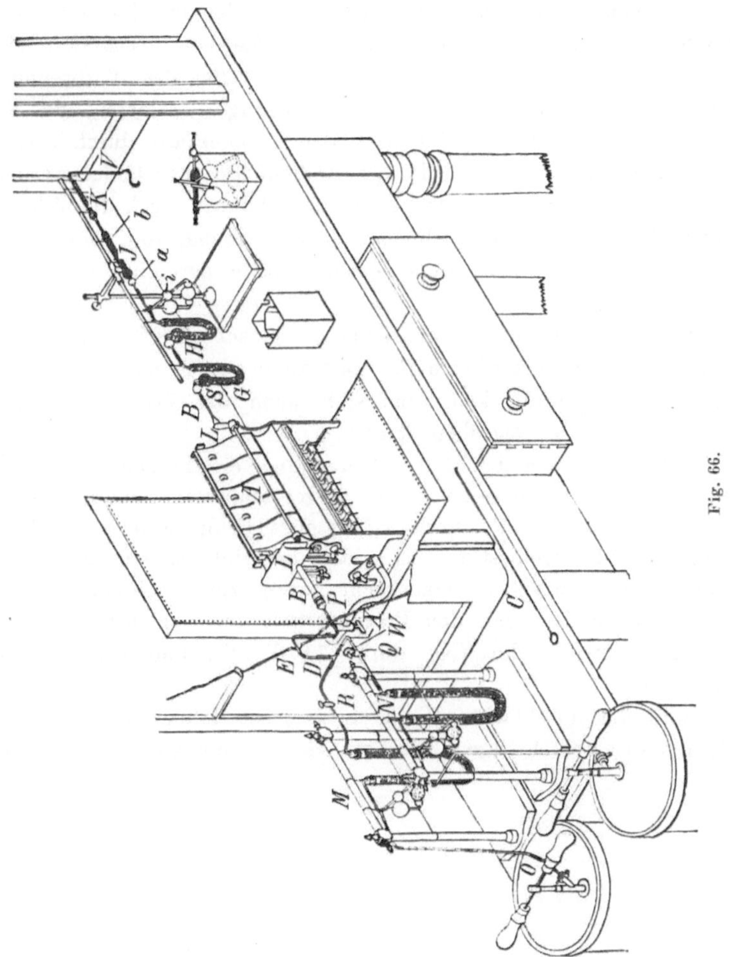

Fig. 66.

Kupferchlorür hat den Zweck, etwa während der Verbrennung entwickeltes Chlor zu absorbiren. Hat man den kohlenstoffhaltigen Rückstand gründlich ausgewaschen, so braucht man die Salze in G nur nach ungefähr 25 Bestimmungen zu erneuern.

Vor jeder Bestimmung muss man das Rohr zur Rothglut erhitzen und einen Sauerstoffstrom hindurchtreiben, während man zugleich das kleine Röhrchen S mit einem Bunsenbrenner oder dem Gebläse glüht. Während dieser Operation entwickeln sich am Ende von S Schwefelsäuredämpfe, und gewöhnlich ist dasselbe nach dem Erkalten an der Stelle grün gefärbt, ein Zeichen, dass sich eine kleine Menge Kupfersalz verflüchtigt hat. Bei der Verbrennung darf man das Rohr B niemals über Rothglut erhitzen, da das Platin bei hoher Temperatur von der Kohlensäure durchdrungen wird. Die Brenner müssen in der Reihenfolge angezündet werden, wie in Abschnitt B. 1. angegeben ist und können nach 10 Minuten wieder abgedreht werden. Die ganze Verbrennung, vom Einschieben des Schiffchens bis nach dem Durchstreichen der Luft, dauert ca. 50 Minuten.

Statt der in Fig. 58 gezeichneten Flaschen FF wende man besser einen Gasometer auch für Luft an, wodurch man den Strom weit besser reguliren kann und sich auch das lästige Umstellen oder Ausheben der Flaschen erspart.

Gebraucht man bei der Verbrennung ein Porzellanrohr statt Platin, so dauert dieselbe etwas länger und man läuft ausserdem noch Gefahr, dass es durch zu rasches Erhitzen oder Abkühlen springt. Bei Kontrolbestimmungen darf der Unterschied wenig mehr als 0,005 % betragen. Gebrauchte man zur Verbrennung 3 g Spähne, so findet man den Procentgehalt des Kohlenstoffs, indem man das Gewicht der CO_2 durch 11 dividirt und mit 100 multiplicirt.

Statt des durchlochten Schiffchens nebst Halter kann man zum Filtriren des kohlehaltigen Rückstandes auch ein kleines Platinrohr,

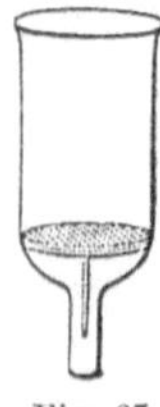

Fig. 67.

welches in das Verbrennungsrohr hineinpasst, anwenden. Fig. 67 zeigt die Anordnung eines solchen Filtrirapparats. In dem Röhrchen ist eine kleine durchlöcherte Platinscheibe angebracht, auf welcher der Asbest liegt. Nach dem Trocknen des Rückstandes wird die Scheibe ein wenig gehoben, damit während der Verbrennung der Gasstrom durch die Filtrirröhre, welche man in das Verbrennungsrohr hineingelegt hat, gelangen kann. Das Schiffchen hat aber vor

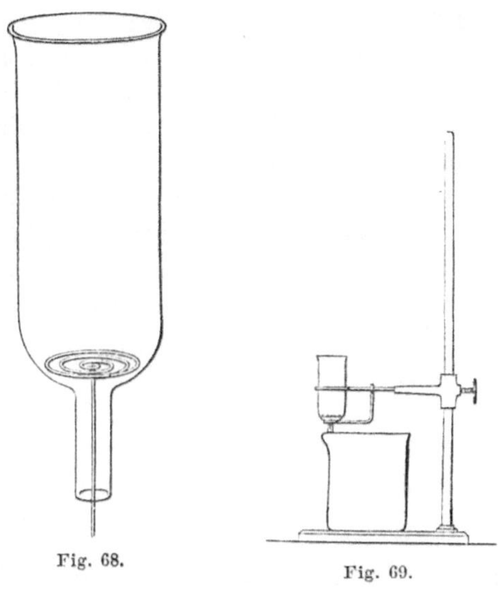

Fig. 68. Fig. 69.

diesem Apparat den Vortheil, dass es eine grössere Filtriroberfläche hat, und dass man die Asbestlage mehrmals gebrauchen kann. Auch kann man zum Filtriren ein einfaches ausgezogenes Glasrohr, wie aus Fig. 68 zu ersehen, benutzen, in welches eine eng aufgewickelte Platinspirale hineingesteckt ist; man muss nur in diesem Falle die Asbestlage dicker machen. Zum Filtriren kann man das Rohr in

Fig. 70.

einen Ständer stellen (Fig. 69), man kann aber auch, wenn man nicht zu stark saugt, die Filtrirpumpe anwenden. Hat man den kohlenstoffhaltigen Rückstand gründlich ausgewaschen, so bringe man ihn in das Schiffchen, während er noch feucht ist (Fig. 70), indem man die Seitenwände auseinanderbiegt und Rückstand mit Filter und Spirale hineindrückt. Etwaige an den Wänden oder der Spirale haften gebliebene Partikelchen wische man mit einem kleinen Asbestpfropfen ab, lege diese Pfropfen auch in das Schiffchen, biege die Seiten wieder in ihre ursprüngliche Lage, trockne Schiffchen nebst Inhalt bei 100° C., schiebe sie in das Verbrennungsrohr und verfahre dann, wie früher angegeben. Dieses Schiffchen wird hergestellt, indem man ein Stück Platinblech nach der in Fig. 71 gezeichneten Form schneidet und dann über einem Messingkern zu der in Fig. 70 gezeichneten Gestalt biegt.

Anstatt im Sauerstoffstrom kann man den kohlehaltigen Rückstand auch mit H_2SO_4 und CrO_3 verbrennen. P′ (Fig. 72) ist eine leere U-Röhre, O enthält in konc. H_2SO_4 gelöstes schwefelsaures Silber, P ist mit wasserfreiem Kupfersulfat und Q mit gekörntem

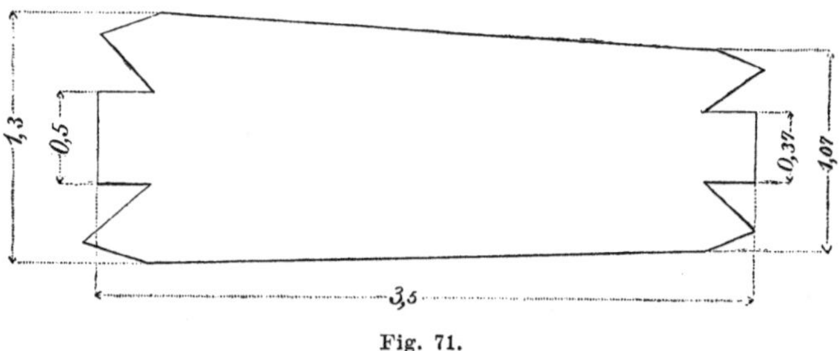

Fig. 71.

trocknen Chlorcalcium gefüllt; der Kaliapparat nebst Trockenröhre R dienen zur Absorption der CO_2, S ist ein Sicherheitsrohr und L, L bilden die Anordnung zum Durchsaugen der Luft durch den Apparat; dieselbe wird beim Durchstreichen der U-Röhre M, welche mit geschmolzenen Aetzkalistückchen gefüllt ist, von der CO_2 befreit. Man bringe den Rückstand nebst Asbest in die Flasche A, setze das Trichterrohr B auf, schliesse den Hahn C und bringe den Apparat durch die Verbindungen in Ordnung. Wenn er dicht ist, so giesse man in B 10 ccm gesättigte Chromsäurelösung, öffne den Hahn C und lasse sie in A einfliessen; darauf giesse man 100 ccm konc. H_2SO_4, welche mit ein wenig CrO_3 zum Kochen erhitzt war, nach. Man verbinde M mit B durch das Rohr N und drücke einen Luftstrom durch den Apparat; dann erhitze man den Kolben A nach und nach, bis die Flüssigkeit in demselben siedet. Während der Luftstrom noch durchstreicht, drehe man die Flammen kleiner und endlich ganz aus. Hat man 1 bis 2 Liter Luft durchgetrieben, so nehme man den Absorptionsapparat ab und wäge die Kohlensäure.

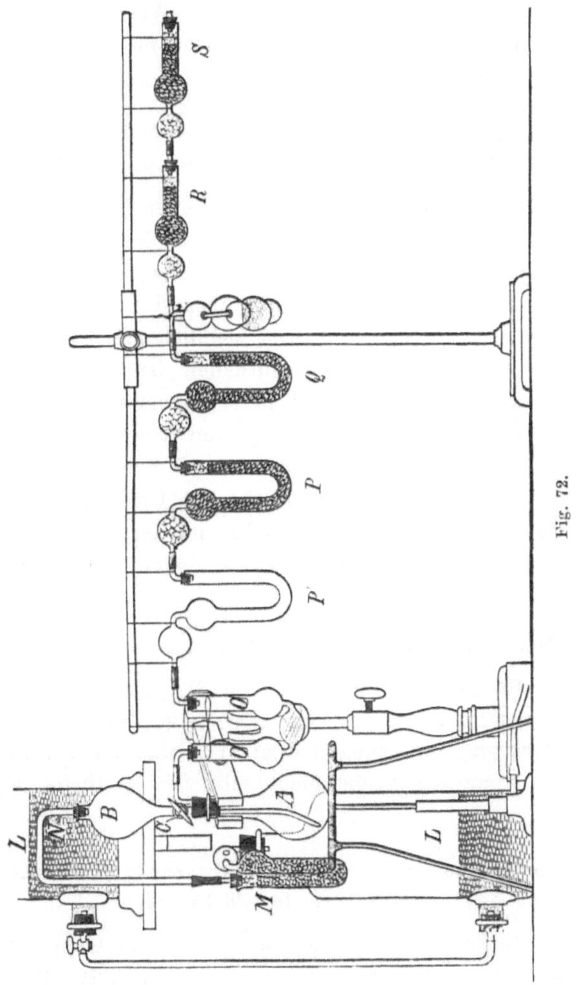

Fig. 72.

Anstatt den kohlenstoffhaltigen Rückstand zu verbrennen, kann man ihn auch direkt wägen. Zu dem Ende filtrire man ihn durch einen Gooch'schen Tiegel oder ein gewogenes Filter, trockne bei

100^0 C. und wäge; dann verbrenne man den Kohlenstoff und wäge den Rückstand. Die Differenz zwischen beiden Gewichten ist kohlenstoffhaltige Substanz, welche ungefähr 70 % Kohlenstoff in Stahl und Eisen enthält, welche frei von Graphit sind. Natürlich kann man diese Methode der direkten Wägung nur bei solchen Proben anwenden, welche den Kohlenstoff nur als sogenannten gebundenen Kohlenstoff enthalten.

2. Lösen in Kupferchloridchlorkalium, Filtriren und Verbrennung des Rückstandes in Sauerstoff.

Als Lösungsmittel hat dieses Salz keinen Vortheil vor dem des Ammoniums, da das letztere aber stets kohlenstoffhaltige Substanzen enthält, welche nur durch mehrmalige Umkrystallisation entfernt werden können, so hat man eben das Kalisalz angewendet. Das Lösen findet bei beiden Salzen ziemlich gleich rasch statt. Die Abwesenheit von flüchtigen Bestandtheilen ist ein anderer Vortheil des Kalisalzes, denn es ist wohl möglich, dass, wenn Ammoniumchlorid in dem kohlehaltigen Rückstand bleibt, es in dem rothglühenden Kupferoxyd zersetzt wird und eine Verbindung bildet, welche in dem Kaliapparat absorbirt wird. Der einzig richtige Weg, die Lösung des Doppelsalzes zu prüfen, ist der, dass man mit jeder frischen Sendung verschiedene Bestimmungen von einem Normalstahl macht.

3. Lösen in Kupferchlorid und Verbrennung des Rückstandes.

Dieses Reagens hat den einzigen Nachtheil, dass das Lösen der Stahlprobe in demselben eine sehr lange Zeit erfordert. Selbst in einer stark sauren Lösung und unter beständigem Rühren dauert das Lösen, wenn die Probe nicht sehr fein zertheilt ist, mehrere Tage.

4. Lösen in Jod oder Brom und Verbrennung mit Bleichromat, oder Wägen des Rückstandes.

Die Bestimmung nach dieser Methode (beim Gebrauch von Jod) wird gerade so ausgeführt, wie in dem Abschnitt „Schlacke und Oxyde“ angegeben wurde; der Rückstand wird durch Asbest filtrirt, getrocknet und mit Bleichromat oder Kupferoxyd, wie in A. 2. beschrieben, verbrannt. Auch kann man den Niederschlag durch ein gewogenes Filter oder einen Gooch'schen Tiegel filtriren, auswaschen, bei 100° C. trocknen, wägen, darauf den kohlehaltigen Rückstand verbrennen und wieder wägen. Die Differenz ist das Gewicht der kohlenstoffhaltigen Substanz, welche nach Eggertz 59% Kohlenstoff enthält. Ausserdem sind in derselben aber auch 16% Jod enthalten, sodass der Rückstand weder im Sauerstoffstrom, noch mit $Cr\,O_3$ und H_2SO_4 verbrannt werden kann.

Gebraucht man Brom statt Jod, so setze man zu 5 g Eisen oder Stahl 10 ccm zu; man muss aber hierbei sehr vorsichtig sein, da die Reaktion sehr heftig ist, und ausserdem findet, wenn das Brom nicht sehr langsam zugesetzt und die Lösung nicht so niedrig wie möglich (0° C.) gehalten wird, eine Oxydation und also auch ein Verlust an Kohlenstoff statt. Im Uebrigen sind die Einzelheiten der Methode genau so als wie beim Zusatz von Jod.

5. Lösen in geschmolzenem Chlorsilber und Verbrennung des Rückstandes.

Man schmelze 20 g Chlorsilber in einem Porzellantiegel und sehe zu, dass die Oberfläche der kalten Masse glatt und flach ist. Man lege die geschmolzene Masse in eine Porzellanschale (150 mm Durchmesser), schütte 3 g Spähne (welche in diesem Falle nicht fein zu sein brauchen) zu, füge 300 ccm kaltes destillirtes Wasser, welches mit einigen Tropfen HCl angesäuert ist, hinzu und stelle die Schale auf eine geschliffene Glasplatte; über dieselbe stülpe man eine Glasglocke, um während des Lösens der Spähne die Luft abzusperren. Das Silberchlorür muss mindestens 6 mal so viel reinigen, als die Eisen- oder Stahlprobe. Die Reaktion, welche durch die galvanische Einwirkung hervorgerufen wird, ist eine einfache Umsetzung: $Fe + 2\,AgCl = Fe\,Cl_2 + 2\,Ag$; es treten aber auch noch andere Reaktionen ein, da der Wasserstoff und Sauerstoff, welche sich durch die Zersetzung des Wassers bilden, im Augenblick von dem Kohlenstoff aufgenommen werden, in welchem er frei wird. Es wird etwas mehr Sauerstoff als zur Bildung von Wasser mit dem Wasserstoff nöthig ist, aufgenommen und von dem letzterem wird etwas frei. Da das Eisenchlorür die Neigung hat, sich sofort nach seiner Bildung zu oxydiren, so muss natürlich die Luft abgesperrt werden. Die Zersetzung erfordert mehrere Tage, und, wenn die Probe etwas dick und aus einem Stück ist, 10 bis 12 Tage. Das metallische Silber ist vollständig zusammenhängend und kann leicht von dem kohlenstoffhaltigen Rückstand getrennt werden. Ist die

Einwirkung beendigt, so nehme man die Masse des Silbers fort, wasche etwaige Partikelchen des kohlehaltigen Rückstandes, welche an derselben hängen mögen, ab, setze ein wenig HCl zu, um etwa gebildetes Eisenoxyd zu lösen, filtrire den kohlehaltigen Rückstand und verbrenne ihn nach einer der beschriebenen Methoden.

6. Lösen des Eisens in Kupfersulfat, Filtriren und Verbrennung des Rückstandes im Schiffchen im Sauerstoffstrom.

Man löse 3 g Spähne in einem Becherglase in 150 ccm Kupfersulfatlösung, welche dadurch hergestellt wird, dass man 200 g des Kupfersalzes in Wasser löst, etwas Kalilauge zusetzt, bis eben ein bleibender Niederschlag entsteht, denselben abfiltrirt (durch Asbest) und das Filtrat auf 1 Ltr. verdünnt. Von Roheisen, Spiegeleisen oder Ferromangan nehme man 1 g und setze 50 ccm Kupfersulfatlösung zu. Man erhitze die Lösung etwas und rühre bis zur völligen Zersetzung gut um, filtrire durch eine Glasröhre (Fig. 68), wasche mit Wasser aus, lege den Rückstand darauf in das Schiffchen, trockne und verbrenne in einem Porzellanrohr, wie in A. 1. angegeben. Die Resultate fallen gewöhnlich ein wenig niedrig aus, was von der Schwierigkeit der gründlichen Oxydation der mit dem kohlehaltigen Rückstand gemengten Kupfermasse herrührt.

Anstatt den kohlehaltigen Rückstand, die Kupfermasse etc. abzufiltriren, giesse man die klare überstehende Flüssigkeit durch das Glasrohr ab, wasche verschiedene Male durch Dekantation aus und löse das Kupfer in Kupferchloridchlorammon, Kupferchlorid oder Eisenchlorid; filtrire, wasche den Rückstand mit wenig verdünnter HCl, dann mit kaltem Wasser aus, bringe ihn in das Schiffchen und verbrenne ihn, wie in B. 1. angegeben.

7. Lösen des Eisens in Kupfersulfat und Oxydation des Rückstandes mit CrO_3 und H_2SO_4.

Man behandele die Probe mit Kupfersulfat wie in dem obigen Abschnitt angegeben wurde, lasse das gefällte Kupfer und die kohlehaltigen Substanzen absitzen, giesse die klare überstehende Flüssigkeit ab und bringe den Rückstand mit einem Platinspaten und durch demnächstiges Ausspülen des Glases in den Kolben A (Fig. 72). Der Apparat ist derselbe wie in Figur 72, nur enthält das U-Rohr O ein wenig konc. H_2SO_4. Die Verbrennung wird, wie dort angegeben, ausgeführt.

8. Lösen des Eisens in Kupfersulfat, Filtriren und Verbrennung des Rückstandes, welcher mit Kupferoxyd gemischt ist, im Vakuum unter der Sprengel-Pumpe; das Volumen der CO_2 wird gemessen.

Man behandele 1 bis 3 g Spähne genau so, wie unter C. 6. beschrieben ist, filtrire durch ein mit geglühtem Asbest beschicktes Glasrohr, trockne den aus Kupfer, kohlehaltigen Substanzen und Asbest bestehenden Rückstand, mische ihn mit ca. 50 g reinem Kupferoxyd und schiebe ihn in eine gläserne Verbrennungsröhre.

Fig. 73.

(cf. A. 2.) Das eine Ende des Verbrennungsrohrs darf nicht in einem Winkel ausgezogen sein, sondern es muss abgerundet und verstärkt werden (Fig. 73). Befindet sich der Rückstand im Rohr, so ziehe man das vordere Ende aus, biege im rechten Winkel um und schmelze, nachdem man das grössere Ende abgeschnitten, die Ecken

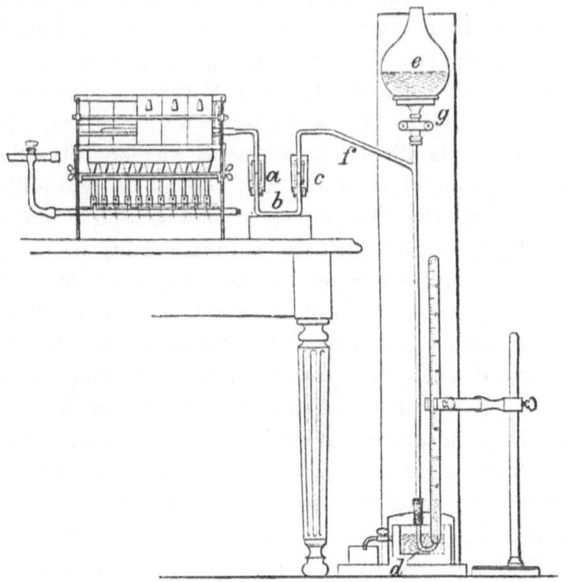

Fig. 74.

des kleineren und dünneren Rohres rund. Das Verbrennungsrohr muss ursprünglich 450 mm, und der ausgezogene Theil 100 mm lang sein und ca. 6 mm lichte Weite haben. Man lege das Rohr in den Ofen und verbinde es vermittelst des Rohres b (Fig. 74) mit der

Sprengel-Pumpe; die Verbindungen bei a und c werden dadurch hergestellt, dass man ein kurzes dickes Stück Gummischlauch über die Enden der Röhren streift und dieselben so nahe wie möglich aneinander drückt. Bevor man jedoch die Enden so verbindet, streife man bei a und c über diejenigen von b zwei grosse Gummistopfen, mit welchen, nach Verbindung der Röhren, zwei weite Glasröhren von unten her verschlossen werden. Letztere werden, die eine mit Wasser, die andere mit Glycerin gefüllt. Am unteren Ende der Pumpe ist ein Rohr d angebracht, dessen Enden nach aufwärts gebogen sind, und dessen einer Schenkel, wie aus der Figur zu ersehen, unter Quecksilber taucht. Ist der Apparat in Ordnung, so zünde man unter dem vorderen Theil des Verbrennungsrohrs, in welchem nur Kupferoxyd liegt, eine Flamme an und setze durch Oeffnen der Klemmschraube g die Pumpe in Bewegung. Man regulire den Quecksilberstrom, welcher aus dem Trichter e hinausfliesst, so, dass dasselbe nicht in die Verbindungsröhre f hinaufsteigen kann.

Nach hergestelltem Vakuum schliesse man die Klemmschraube g, stelle über d ein 100 ccm fassendes, in $^1/_{10}$ cm getheiltes, mit Quecksilber gefülltes Rohr und erhitze die Verbrennungsröhre in ihrer ganzen Länge allmählich zur Rothglut. Wird kein Gas mehr entwickelt, so drehe man die Flammen etwas kleiner, setze die Pumpe langsam in Bewegung und treibe das Gas in die graduirte Röhre; dann schliesse man die Pumpe, stelle das graduirte Rohr, indem man eine mit Hg gefüllte Schale darunter hält, in ein grösseres Quecksilbergefäss und tauche es so tief ein, dass das Quecksilber aussen und innen gleich hoch ist; darauf lese man das Volumen der CO_2, die Temperatur und den Barometerstand ab. Da der kohlehaltige Rückstand auch Wasserstoff enthält, welcher bei der Verbrennung zu H_2O oxydirt wird, so müssen wir an dem erhaltenen Volumen der CO_2 eine Korrektur vornehmen, um es auf das Volumen zu reduciren, welches es bei 0^0 C. und 760 mm Barometerstand im trocknen Zustande einnehmen würde. Es ist festgestellt, dass der Ausdehnungskoefficient der Gase von 0^0 bis 100^0 C. 0,3665 beträgt; von 0^0 bis 1^0 C. dehnen sie sich also um 0,003665 aus. Zur Reduktion eines Gasvolumens bei einer gegebenen Temperatur auf 0^0 C. haben wir die Gleichung $\frac{a.}{1 + (b \,.\, 0{,}003665)} = x$, in welcher a das Volumen bei der beobachteten Temperatur b und x das Volumen bei 0^0 C. ist. Die Ausdehnung des Wasserdampfs, oder sein Volumen bei einer bestimmten Temperatur, in Millimetern gemessen, ist in der Tabelle angegeben. Man lese aus derselben die Ausdehnung ab und ziehe sie von dem in derselben Zeit beobachteten Barometerstand ab, so erhält man den wirklichen Druck, unter dem das Gas in dem Augenblicke stand, in welchem das Volumen abgelesen wurde. Da nun das Volumen eines Gases dem Druck, welchem es ausgesetzt war, umgekehrt proportional ist, so ergibt sich: Wie sich 760 zum wirklichen Druck verhält, so verhält sich das korrigirte Volumen bei 0° C. zum wirklichen Volumen bei 760 mm und 0° C. Da 1 Ltr. CO_2 bei 760 mm Barometerstand und 0° C. 1,9663 g wiegt, so wiegt auch 1 ccm CO_2 unter denselben Bedingungen 0,0019663 g. Multiplicirt man das wirkliche Volumen, welches oben in ccm erhalten wurde, mit 0,0019663, so erhält man das Gewicht der CO_2 in Gramm.

9. Lösen in verdünnter Salzsäure mit Hülfe des elektrischen Stroms und Verbrennung des Rückstandes.

Die in Fig. 75 gezeichnete Anordnung dient zur Ausführung dieser Methode. Dieselbe besteht aus einem Becherglase, in welchem ein Platinblechcylinder steht, der durch einen angelötheten Draht mit

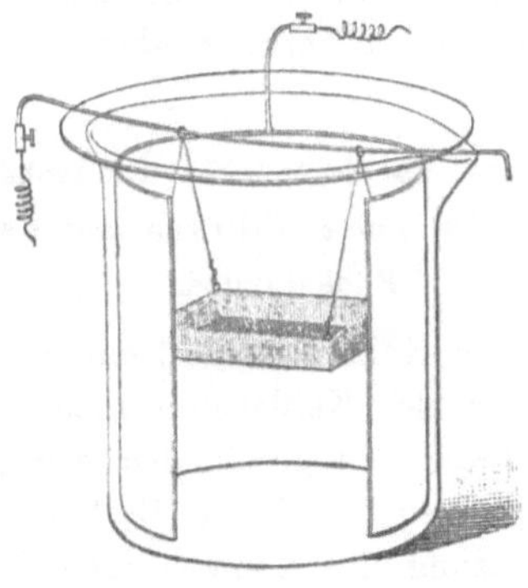

Fig. 75.

dem negativen Pole einer Batterie verbunden werden kann; ein kleiner Kasten von sehr feinem Platinnetz hängt an einem Platindraht, dessen eines Ende durch eine Klemmschraube mit dem positiven Pole der Batterie in Verbindung gebracht werden kann. Die Batterie besteht gewöhnlich aus einem einzigen Bunsen- oder Grove-Element, und die Stromstärke muss durch Veränderung der Entfernung zwischen Cylinder und Kasten oder durch Einschaltung einer Widerstandsrolle zwischen die Verbindungen so regulirt werden, dass aus dem Eisen kein Gas entwickelt wird. Auf der Oberfläche des Cylinders wird natürlich sehr viel Wasserstoff entwickelt, und das Eisen löst sich in der Säure als Eisenchlorür. Man wäge von der Probe, welche in Stücken und nicht in Pulverform angewandt werden muss, 1 bis 5 g ab und schütte dieselben in den Kasten. Man hänge alsdann den Kasten an den Draht, nachdem man vorher alle übrigen Theile des Apparates gut verbunden und eine Mischung von 200 ccm Wasser und 50 ccm HCl in das Becherglas gegossen hat, und regulire die Stromstärke wie oben angegeben. Beim Hineinsetzen in die Lösung bemerkt man, wie farbloses Eisenchlorür auf den Boden sinkt; ist der Strom aber zu stark, so wird das Eisen angegriffen und es entwickelt sich Chlor am positiven Pol, welches das Eisen oxydirt und den herunterfallenden Strom durch Eisenchlorid gelb färbt; ist die Probe aus einem Stück, so dauert das Auflösen 8 bis 10 Stunden. Der kohlenstoffhaltige Rückstand behält gewöhnlich die Form der Probe bei. Hat sich alles gelöst, so nehme man die Batterie ab und das Platinblech aus der Flüssigkeit, spüle mit kaltem Wasser den kohlehaltigen Rückstand aus dem Kasten auf ein Filter, wasche aus und bestimme die Menge des Kohlenstoffs nach einer der früheren Methoden.

10. Oxydation des Eisens durch feuchte atmosphärische Luft, Lösen des Eisenoxyds in Salzsäure, Filtriren und Verbrennung des Rückstandes.

Dies ist die einzige Kohlenstoffbestimmungsmethode im Eisen oder Stahl, bei welcher der Kohlenstoff nicht in Gegenwart einer Säure oder eines Metallsalzes abgeschieden wird, und die Einzelheiten sind hier angegeben, weil die Methode zu einem Studium über die Zusammensetzung des kohlehaltigen Rückstandes dienlich sein mag. Man behandele die abgewogene Probe in einer Porzellanschale mit flachem Boden mit wenig Wasser, so dass sie eben angefeuchtet ist, bedecke die Schale sorgfältig und lasse sie 24 Stunden stehen; dann setze man 20 bis 30 ccm Wasser zu, rühre gut um und giesse es darauf mit dem gebildeten Rost in ein Becherglas, breite das zurückbleibende Eisen gleichmässig über den Boden der Schale aus, um es soviel wie möglich der Einwirkung der feuchten

Luft auszusetzen, und bedecke Schale und Glas sorgfältig; man wiederhole diese Operation ein- oder zweimal täglich, bis das Eisen vollständig oxydirt ist. Von der Lösung im Becherglase hebere man soviel ab, wie klar ist, löse das Eisenoxyd in verdünnter Salzsäure, filtrire, wasche aus und bestimme den Kohlenstoff nach einer der früher angegebenen Methoden.

Bestimmung des Graphits.

Karsten wies zuerst die Existenz des Graphits im Roheisen nach. Er schlug vor, die Probe in HNO_3 unter Zusatz von wenigen Tropfen HCl, in HCl allein, oder in verdünnter H_2SO_4 zu lösen, den Rückstand in Kalilauge zu kochen, zu filtriren, wieder mit HCl und darauf mit Wasser auszuwaschen und den Rückstand als Graphit zu wägen. Ein sehr interessanter Vergleich von Resultaten, welche durch Anwendung verschiedener Lösungsmittel erhalten wurden, ist von Drown angegeben, und manche Untersuchungen scheinen zu zeigen, dass die Menge des gefundenen Graphits mit den Säuren variirt, welche zum Lösen der Probe angewandt wurden, und ausserdem noch von der verschiedenen Behandlung beim Gebrauch einer und derselben Säure. Gewöhnlich wird die Methode folgendermaassen ausgeführt: Man setze zu 1 g Roheisen oder 10 g Stahl einen Ueberschuss von HCl von 1,1 spec. Gew.; ist alles Eisen gelöst, so koche man einige Minuten lang, lasse den Graphit absitzen und giesse die überstehende Flüssigkeit durch ein Asbestfilter, indem man entweder das durchlochte Schiffchen (Fig. 63) oder die Glasröhre (Fig. 68) anwendet. Man dekantire verschiedene Mal mit heissem Wasser, giesse dann 30 ccm Kalilauge von 1,1 spec. Gew. über den Rückstand und erhitze die Lösung, wenn das Aufbrausen aufgehört hat, zum Sieden; man filtrire durch dasselbe Filter, spüle den Rückstand auch hinein, wasche zuerst mit heissem Wasser und darauf mit Alkohol und Aether aus. Man verbrenne den Graphit nach einer der im Abschnitt „Bestimmung des Gesammtkohlenstoffs“ angegebenen Methoden und berechne aus dem Gewicht der CO_2 den Gehalt des aus Graphit bestehenden Kohlenstoffs. Zuweilen kommt es vor, dass der Rückstand bei hochgekohlten Stahlen, wenn man ihn wie oben behandelt hat, schwarz erscheint und Kohlenstoff enthält, der aber kein krystallinisches Aussehen hat und dem Graphit nicht ähnlich ist. Dieselbe Probe löst sich aber vollständig in HNO_3 und lässt nach dem Filtriren keine Spur Kohlenstoff zurück. Graphithaltige Stahle haben bedeutend weniger Kohlenstoff, wenn man sie in HNO_3 löst als in HCl. Es ist natürlich möglich, dass eine kleine Menge von dem sehr fein zertheilten Graphit durch die HNO_3 oxydirt werden kann; zieht man aber alles in Betracht, so wird die folgende Methode die genauesten und übereinstimmendsten Resultate geben: Man löse die abgewogene Probe in HNO_3 von 1,2 spec. Gew. (für jedes Gramm 15 ccm), filtrire durch das durchlochte Schiffchen oder ein geglühtes Asbestfilter in einer Glasröhre, giesse den Rückstand auf das Filter und wasche tüchtig mit heissem Wasser aus. Man behandele den Rückstand auf dem Filter mit heisser Kalilauge von 1,1 spec. Gew. (da das Si vollständig zu SiO_2 oxydirt ist, so findet kein Aufbrausen statt) und wasche mit heissem Wasser, dann mit verdünnter HCl und darauf nochmals mit heissem Wasser gründlich aus. Alsdann verbrenne man den Rückstand nach einer der früher angegebenen Methoden und berechne aus der CO_2 den Graphitgehalt.

Bestimmung des gebundenen Kohlenstoffs.

Indirekte Methode.

Hat man den Gesammtkohlenstoff und den Graphit bestimmt, so erhält man den gebundenen Kohlenstoff, indem man den letzteren von dem ersteren abzieht.

Direkte Methode.

Diese Methode wurde 1862 zuerst von Eggertz eingeführt und wird bis jetzt fast auf jedem grösserem Stahlwerke angewandt. Sie beruht auf der Thatsache, dass, wenn man kohlenstoffhaltigen Stahl mit HNO_3 von 1,2 spec. Gew. behandelt, der Kohlenstoff, welcher sich zuerst in bräunlichen Flocken abscheidet, später gelöst wird und der Lösung eine Farbentiefe gibt, welche im direkten Verhältniss zu der Menge des gebundenen Kohlenstoffs im Stahl steht. Um dies in Wirklichkeit auszuführen, ist es nur nöthig, die Menge des in einem Stahl enthaltenen gebundenen Kohlenstoffs genau nach einer gewichtsanalytischen Methode zu bestimmen, denselben Stahl dann in HNO_3 von 1,2 spec. Gew. aufzulösen und den erhaltenen Farbenton mit dem eines unbekannten Stahls zu vergleichen; auf diese Art ergibt sich der Gehalt an gebundenem Kohlenstoff in dem letzteren Stahl. Der Anwendung dieser Methode ist jedoch eine Grenze gesteckt, welche zuerst ganz übersehen wurde und sogar jetzt nicht allgemein verstanden wird. Man nimmt, wie schon früher bemerkt worden, jetzt an, dass der gebundene Kohlenstoff in zwei Formen im Stahl vorkommt, oder besser, dass ein Theil des gebundenen Kohlenstoffs unter gewissen Umständen seine Form ändert, und dass er, vom chemischen Standpunkte aus betrachtet, obschon er noch gebundener Kohlenstoff ist, doch seine salpetersaure Lösung nicht so tief färbt, wie er in seiner ursprünglichen Form gethan haben würde. Die Umstände, unter welchen diese Veränderungen eintreten, sind wohl bekannt und sind nur in den mechanischen Behandlungen zu suchen, welchen der Stahl ausgesetzt wird, wie z. B. Schmieden, Walzen, Härten, Tempern etc. Im Allgemeinen kann man als Grundsatz hinstellen, dass der Normalstahl für die kolorimetrische Probe von derselben Art sein und dieselben physikalischen Eigenschaften haben muss, wie die zu untersuchenden Stahle.

Die besten Resultate erhält man, wenn man die Proben von den ursprünglichen Knüppeln nimmt, welche noch nicht wieder er-

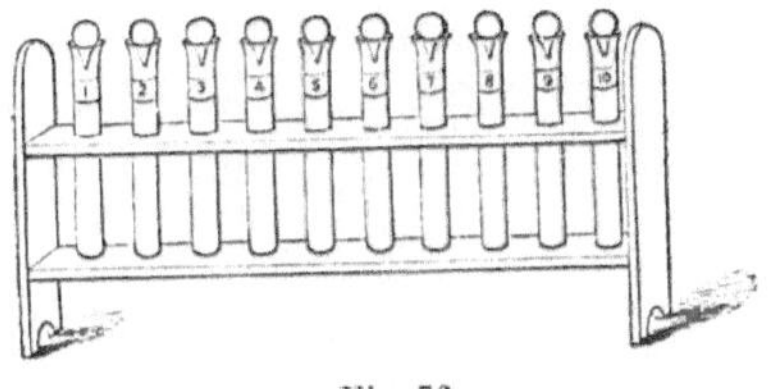

Fig. 76.

hitzt, gewalzt oder geschmiedet worden sind; es muss Bessemerstahl mit Bessemerstahl, Tiegelstahl mit Tiegelstahl und Heerdstahl mit Heerdstahl verglichen werden. Der Normalstahl muss nahezu denselben Kohlenstoffgehalt und möglichst dieselbe chemische Zusammensetzung haben wie die zu untersuchenden Proben. Die einzigen Elemente, welche die Färbung der salpetersauren Lösung bedeutend beeinflussen, sind Kupfer, Kobalt und Chrom.

Man wäge von den Proben und dem Normalstahl sorgfältig je 0,2 g ab und schütte dieselben in Probirröhrchen von 150 mm Länge und 16 mm Durchmesser. Die Röhren müssen vollkommen rein und trocken, und jede mit einem Etikett versehen sein, auf welches die Nummer der Probe geschrieben wird; sind die Röhrchen beschickt, so stelle man sie in ein passendes Gestell, wie in Fig. 76 skizzirt ist.

Sind sämmtliche Proben abgewogen, so stelle man die Probirröhrchen in das Gestell B (Fig. 77) und dieses dann in das Bad A,

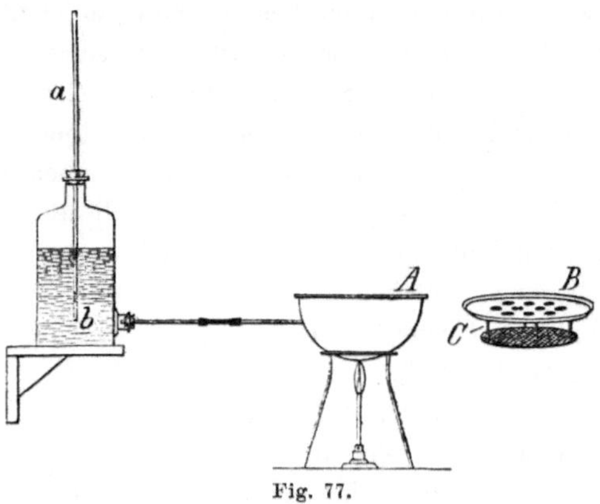

Fig. 77.

welches durch die in der Figur gezeichnete Anordnung auf konstantem Niveau erhalten werden kann. Man setze zu jeder Probe

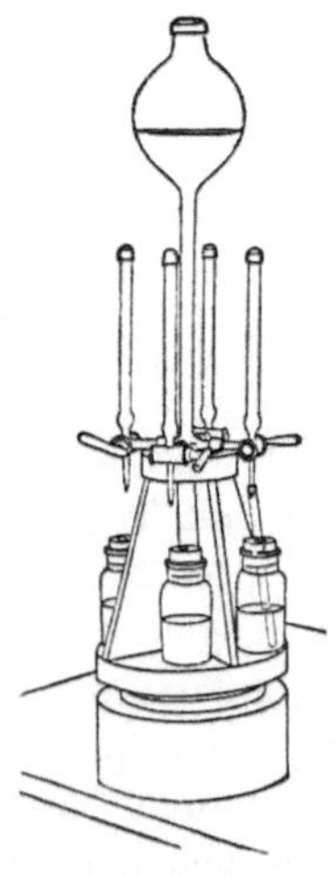

Fig. 78.

die geeignete Menge HNO_3 von 1,2 spec. Gew. und zwar: 3 ccm für Stahle unter 0,3 % C, 4 ccm für solche von 0,3 bis 0,5 % C, 5 ccm für Proben mit 0,5 bis 0,8 % C, 6 ccm für Stahle mit 0,8 bis 1 % C und 7 ccm für solche über 1 % C. Eine ungenügende Menge Salpetersäure färbt die Lösung etwas dunkler, als sie sein muss.

Der in Fig. 78 gezeichnete Apparat dient dazu, verschiedene abgemessene Mengen Säure schnell zusetzen zu können.

Er besteht aus einem gläsernen Behälter von 750 ccm Inhalt, welcher unten mit 4 graduirten, bis zu 10 ccm fassenden Büretten kommunicirt. Jede derselben ist durch einen lose sitzenden Glasstopfen verschlossen und mit einem Dreiweghahn versehen, so dass eine Vierteldrehung die Büretten mit dem Behälter in Verbindung setzt. Hat man nun die nöthige Menge Säure hineingelassen, so dreht man den Hahn wieder um 90°, wodurch die Bürette entleert wird; auf diese Weise kann man zu jeder Probe rasch die erforderliche Menge Säure zusetzen.

Wie aus der Zeichnung zu ersehen, steht jedes Probirrohr in einer mit kaltem Wasser gefüllten Flasche, um eine zu heftige Reaktion zu verhindern. Der ganze Apparat ruht auf einer Scheibe, welcher gedreht werden kann, so dass man besser zu den einzelnen Büretten gelangen kann.

Die HNO_3 wird hergestellt, indem man 1 Volumen HNO_3 von 1,4 spec. Gew. mit einem Volum Wasser mischt. Sie muss vollständig frei von Chlor oder Salzsäure sein, da nach Eggertz 0,0001 g Cl eine Lösung von 0,1 g Eisen in 2,5 ccm HNO_3 deutlich gelb färbt. Um eine heftige Reaktion zu verhüten, darf man die Säure nur langsam zusetzen und die Probespähne nicht zu fein nehmen. Man bedecke jedes Röhrchen mit einem kleinen Uhrglase, erhitze das Wasser in dem Bade zum Sieden und koche so lange, bis die kohlenstoffhaltigen Substanzen sich gelöst haben, indem man von Zeit zu Zeit die Röhrchen umschwenkt, um das Ansetzen von Spuren von Oxyd zu verhüten. Die zum Lösen erforderliche Zeit ist für niedrig gekohlte Stahle gegen 20 Minuten und für hoch gekohlte (über 1 %) ca. 45 Minuten. Erhitzt man nach der vollständigen Lösung noch weiter, so wird die Farbe leicht etwas heller; man muss desshalb, sobald sich die bräunlichen Flocken gelöst haben, das Gestell aus dem Bade herausnehmen und in eine Schale mit kaltem Wasser stellen. Die Schale muss ungefähr dieselben Dimensionen wie das Bad haben, so dass der Rand von dem des Gestells bedeckt wird; auf diese Weise sind die Lösungen nicht dem Lichte ausgesetzt, und die Farben halten sich längere Zeit. Unter allen Umständen aber dürfen die Lösungen dem Lichte und besonders dem direkten Sonnenlichte nicht ausgesetzt werden.

Hat man zu gleicher Zeit Stahle von sehr verschiedenem Kohlenstoffgehalt zu untersuchen, so muss man die einzelnen Röhrchen, sobald sich der Inhalt gelöst hat, herausnehmen, in kaltes Wasser stellen und an einem dunkeln Orte aufbewahren. An dem Aussehen der Spähne kann man schon annähernd den Kohlenstoffgehalt der Probe bestimmen; hat man aber überhaupt keine Ahnung, wie viel darin ist, so setze man zuerst 3 ccm HNO_3, und wenn die Farbe der Lösung oder die Menge der Flocken auf einen höheren Kohlenstoffgehalt schliessen lässt, so setze man nach und nach je 1 ccm HNO_3 weiter zu. Zum Vergleich der Farben spüle man das Probirrohr mit etwas kaltem Wasser in ein Kohlenstoffrohr (Fig. 79) hinein und verdünne, bis die Farben gleich der der Normallösung sind.

Am besten verdünnt man die Lösung des Normalstahls mit der doppelten Menge Wasser, um die vom salpetersauren Eisen herrührende Farbe zu zerstören; man setze aber nicht viel mehr Wasser zu, um die Farbe nicht unnöthiger Weise zu hell zu machen. Wenn z. B. ein Normalstahl 0,45 % C enthält, so verdünne man die Lösung in dem Kohlenstoffrohr auf 9 ccm, so dass jeder Kubikcentimeter = 0,05 % ist. Die Kohlenstoffröhrchen sollten am besten 12 mm Durchmesser haben, ca. 30 ccm fassen und in $^1/_{10}$ ccm getheilt sein. Sie müssen alle denselben Durchmesser haben, das Glas muss farblos und die Wände gleich dick sein; auch müssen sie sehr genau eingetheilt sein.

Fig. 79.

Hat man die Normallösung eingestellt, so giesse man die Lösung der zu untersuchenden Probe in ein anderes Kohlenstoffrohr, spüle das Probirrohr mit wenig kaltem Wasser aus, giesse dasselbe zur Hauptlösung, mische und vergleiche die Farben. Ist die Lösung der zu untersuchenden Probe dunkler als die des Normalstahls, so giesse man noch wenig Wasser zu und schüttele das Rohr, um die Lösung zu mischen, und thue dies so lange, bis die Farben gleich sind, lasse darauf das Rohr ein paar Minuten lang stehen, damit sich die Flüssigkeit sammeln kann, und lese ab. Ist die Normallösung auf 9 ccm verdünnt worden, so dass also jeder ccm 0,05 % C entspricht, und beträgt das Volumen der Probe 10,5 ccm, so hat sie 0,525 % C. Hat die Lösung der Probe zuerst eine hellere Farbe als die Normallösung, so muss man einen niedriger gekohlten Stahl zum Vergleich anwenden, oder aber den anderen verdünnen, z. B. auf 13,5 ccm, in welchem Falle die Anzahl ccm, durch 3 dividirt, den Kohlenstoffgehalt in Zehnteln angibt.

Man vergleicht die Proben am besten in einem Kasten (Fig. 80), welcher aus leichtem Holz gemacht und inwendig schwarz angestrichen ist. Figur 80 zeigt einen solchen Kasten; derselbe ist 90 mm hoch (innen), an einem Ende 38 mm und am anderen 127 mm breit; er ist 610 mm lang und ruht auf einem Gestell, welches hoch und niedrig geschraubt werden kann. Das schmalere Ende ist mit

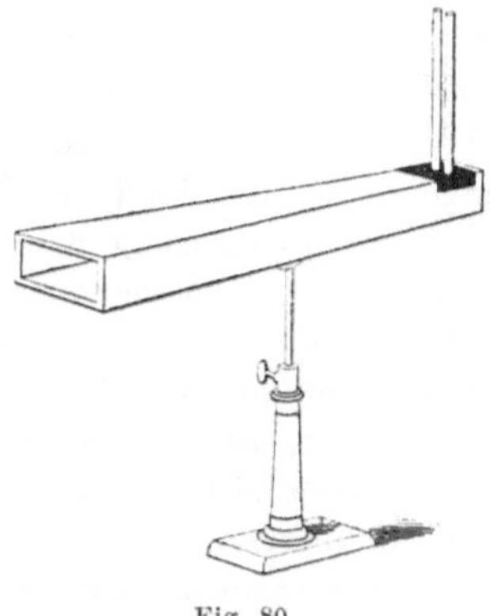

Fig. 80.

einer abgeschliffenen Glasplatte verschlossen, welche in einer Führung, 25 mm vom Ende entfernt, hineingeschoben werden kann. Gerade dahinter befindet sich eine andere Führung, in welche eine dünne, schwach blaue Glasplatte hineingeschoben wird, wenn man bei Nacht vergleichen muss; man stellt dann gleich hinter die Camera ein Licht. In manchen Stahlwerken werden in der That, um die Unterschiede der Farben bei Tages- und Lampenlicht zu vermeiden, alle Vergleiche in einem dunkeln Raum bei Lampenlicht gemacht. Zwei Löcher an dem schmalen Ende der Camera, welche gerade vor der Glasscheibe in den oberen Deckel eingebohrt sind, dienen zur Aufnahme der Kohlenstoffröhren, welche unten auf einem Stück schwarzen Tuch stehen. Nordlicht ist am besten zum Vergleich, und, da den meisten Beobachtern das links stehende Rohr etwas dunkler gefärbt erscheint, so sind die Farben gleich, wenn man die Röhrchen umgestellt hat, und das jetzt links stehende etwas dunkler gefärbt ist, als das, welches auf der rechten Seite steht.

Anstatt die Lösungen zu verdünnen, damit sie mit einem Normalstahl übereinstimmen, gebrauchen einige Chemiker ein Gestell mit konstanten Normallösungen, wie es von Britton vorgeschlagen wurde; aber die einzige Schwierigkeit hierbei ist die, dass diese Lösungen nicht lange ihre Farbe beibehalten. Nach Eggertz kann man aber Vergleichslösungen herstellen, welche sehr gut brauchbar sind und auch stets angewandt werden können und zwar auf folgende Weise: Man löse 3 g neutrales Eisenchlorid in 100 ccm Wasser, welches 1,5 ccm HCl enthält; ferner löse man 2,1 g Kobaltchlorid in 100 ccm Wasser, welches 5 ccm HCl enthält und auch noch 2,1 g Kupferchlorid in 100 ccm Wasser mit 5 ccm HCl. (Kobaltchlorid und Kupferchlorid müssen auch neutral sein.) Diese Lösungen enthalten ungefähr 0,01 g Metall im Kubikcentimeter, und fügt man nun zu 8 ccm der Eisenlösung 6 ccm Kobaltlösung und 3 ccm Kupferlösung, sowie 5 ccm Wasser, welches 5% HCl enthält, so erhält man eine Flüssigkeit, welche annähernd dieselbe Farbe hat, als wenn man 0,2 g Stahl von 1% Kohlenstoffgehalt in HNO_3 löst und auf 10 ccm verdünnt, sodass also jeder Kubikcentimeter = 0,1% C enthält. Man bereite sich eine Anzahl Probirröhren von der angegebenen Grösse; in diesem Falle ist es aber von äusserster Wichtigkeit, dass sie genau denselben Durchmesser haben, und dass das Glas möglichst vollständig farblos ist. Durch successive Verdünnung mit 5% HCl-haltigem Wasser kann man diese Normallösungen in den Farben herstellen, wie man sie bei den verschiedenen Proben zum Vergleich nöthig hat.

Man mache die Farbentöne in den Serienröhren am besten so, dass sie stets um 0,02% verschieden sind, welche z. B. den gleichen Hundertsteln in den Stahlen entsprechen. Man fülle jede bis ca. 10 ccm an und vergleiche dann die Farben der einzelnen Röhrchen mit einem Normalstahl, welcher genau so verdünnt wird, wie es die konstante Normallösung erfordert. z. B. wenn der Normalstahl 0,4% C enthält, und man wünscht die genaue Farbe für die 0,32proc. Kohlenstoffröhre zu erhalten, so löse man 0,2 g dieses Normalstahls genau nach gegebener Vorschrift auf, giesse die Lösung in ein

Kohlenstoffröhrchen und verdünne sie gemäss folgender Proportion: Der gesuchte Kohlenstoff verhält sich zum Normalkohlenstoff wie 10 ccm zu der Anzahl der gesuchten Kubikcentimeter, in diesem Falle also: 32 : 40 = 10 ccm : 12,5 ccm. Desshalb verdünne man die Lösung in dem Kohlenstoffröhrchen auf 12,5 ccm, giesse 10 ccm in ein Probirrohr, genau wie die, welche für die konstanten Normallösungen gebraucht werden, und vergleiche es mit der 0,32proc. Kohlenstoffröhre. Ist die Farbe der konstanten Lösung nicht dieselbe, so setze man wenig Eisen-, Kobalt- oder Kupferlösung, oder aber 5% HCl-haltiges Wasser zu. Das Eisensalz oder HCl allein färbt die Lösung gelblich, Kobalt bräunlich und Kupfer grünlich. Nun kann man diese Normallösungen, wie in Fig. 81 gezeichnet, sämmtlich in ein Gestell hineinstellen. Sind die Farben dieser konstanten Normallösungen einmal bestimmt, dann löse man die zu untersuchenden Stahlproben nach der gegebenen Vorschrift, indem

Fig. 81.

man Probirröhrchen anwendet, welche genau dieselbe Form haben, wie diejenigen, welche die konstanten Normallösungen enthalten und von denen jedes sorgfältig graduirt ist. Sind die Proben (jede 0,2 g) gelöst, so lasse man sie abkühlen, verdünne dann jede Lösung mit kaltem Wasser auf 10 ccm, mische gründlich und vergleiche sie mit den konstanten Normallösungen in dem Gestell, wonach der Kohlenstoff auf $^1/_{100}$ genau bestimmt werden kann.

Bei der Untersuchung von weissem Roheisen wäge man nur 0,5 g ab, löse in 7 ccm HNO_3 und verdünne die Lösung auf annähernd 20 ccm; dann vergleiche man so schnell wie möglich, um das Ausfallen von kohlenstoffhaltigen Substanzen, welches unter diesen Umständen einzutreten pflegt, zu verhüten. Im gewöhnlichen grauen Roheisen, zuweilen auch im Stahl, macht der Graphit eine Filtration nöthig. In diesem Falle setze man zu der kalten Lösung die Hälfte ihres Volums Wasser, filtrire durch ein kleines trockenes, aschenfreies Filter in das Kohlenstoffrohr hinein, wasche mit möglichst wenig Wasser aus und vergleiche wie gewöhnlich.

Für Stahle mit sehr niedrigem Kohlenstoffgehalt wird die oben beschriebene kolorimetrische Probe zu unsicher, aber Stead hat eine Methode vorgeschlagen und ausgearbeitet, welche sehr gute Resultate gibt. Sie beruht auf der Thatsache, dass der kohlenstoffhaltige Rückstand in Stahl und Eisen sich sowohl in kaustischen Alkalien als auch in HNO_3 löst, und dass die alkalische Lösung $2^1/_2$ mal soviel gefärbt wird als die saure. Zu dieser Methode ist ausser der HNO_3 von 1,2 spec. Gew. noch eine Aetznatronlösung von 1,27 spec. Gew. nöthig. Man wäge 1 g von jeder Probe, Normalstahl mit eingeschlossen, ab, löse sie in einem Becherglase in 12 ccm HNO_3 und erhitze in dem Bade bis zur vollständigen Lösung, welche bei Puddeleisen oder Stahl 5 bis 10 Minuten dauert. Dann setze man zu jeder 30 ccm siedendes Wasser und 30 ccm der Natronlösung und rühre gut um. Man giesse jede Lösung für sich in einen Messcylinder, verdünne auf 60 ccm, mische gründlich, lasse die Lösung sich setzen, filtrire durch ein trockenes Filter und fülle von jeder Probe 15 ccm in ein Kohlenstoffröhrchen. Diejenigen Proben, deren Lösungen dunkler sind als die Normale, enthalten natürlich mehr Kohlenstoff als der Normalstahl. Man verdünne dieselben, bis sie mit der Normallösung übereinstimmen. Der Kohlenstoffgehalt wird aus der Gleichung $\frac{a}{15} \times b = x$ gefunden, in welcher a den Procentgehalt des Kohlenstoffs im Normalstahl, 15 die Zahl der von jeder Probe genommenen Kubikcentimeter, b die Anzahl Kubikcentimeter in der verdünnten Probe und x den Kohlenstoffgehalt in der Probe bedeutet. Man nehme die Proben, deren Lösungen heller sind, als die des Normalstahls, und verdünne die Lösung derselben so, dass sie dieselbe Farbe hat wie die dunkelste der Proben, und lese ihr Volum ab; dann verdünne man sie, bis sie der nächst dunkelsten gleich ist u. s. f., bis diese Serie durch ist. Der Kohlenstoffgehalt in jeder Probe wird dann bestimmt nach der Gleichung: $\frac{a}{b} \times 15 = x$. Die Proben können auch so verglichen werden, dass man in die Messcylinder solange nachgiesst, bis die Proben, von oben gesehen, gleich gefärbt erscheinen. Der Kohlenstoff ist in diesem Falle der Länge der Säule umgekehrt proportional. Um die Vergleiche zu erleichtern, hat Stead einen sehr einfachen Apparat konstruirt, welcher auf diesem Grundsatz beruht. Er besteht (Fig. 82) aus 2 parallelen Röhren von gleichem Durchmesser, welche an einem

Gestell befestigt sind. Die Röhre b ist an beiden Enden offen, bei c aber ausgezogen. Das ausgezogene Ende geht durch den Stopfen der Flasche d und reicht fast bis auf den Boden derselben. Ein kleines Rohr e, welches bis gerade unterhalb des Stopfens reicht, ist mit der Ballspritze f verbunden. Die Röhre a ist am unteren Ende verschlossen und enthält einen kleinen, massiven glasirten Porzellancylinder, welcher auf dem Boden aufliegt. Ein ähnlicher Cylinder befindet sich gerade über der Stelle, an welcher das Rohr b ausgezogen ist, und die Röhren sind so angeordnet, dass die oberen

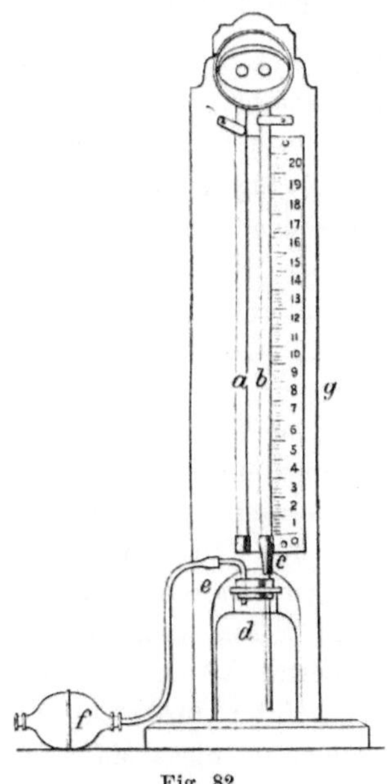

Fig. 82.

Flächen der beiden Cylinder gleich hoch sind und die gleiche Entfernung von den oberen Rändern der Röhren haben. Die Skala g ist von der oberen Fläche der Cylinder an, bis zu einem bezeichneten Punkte in der Röhre a (254 mm oberhalb), in 0,02 bis 0,2 Theile getheilt. Die Lösung eines Normalstahls von 0,2% C-Gehalt befindet sich in der Flasche d und eine ähnliche Lösung von einer der zu untersuchenden Proben wird in das Rohr a bis zur Marke gegossen. Drückt man nun auf den Ball f, so wird die Normallösung in das Rohr b hineingetrieben. Sieht man nun in den in einem Winkel von 45^0 gestellten Spiegel hinein und bemerkt, dass die Farben der beiden Säulen gleiche Intensität haben, so kann man den Kohlenstoffgehalt auf der Skala an dem dem Rande und der Säule gegenüberliegenden Punkte ablesen. Die alkalische Lösung soll ihre Farbe einen Monat lang unverändert halten, wenn man sie nicht dem direkten Sonnenlicht aussetzt.

Bestimmung von Titan.

Durch Fällung.

Im Stahl findet man nur Spuren oder sehr geringe Mengen Titan, in einigen Sorten Roheisen aber bedeutend mehr. Riley hat nachgewiesen, dass, wenn man titanhaltiges Roheisen in HCl löst, ein Theil des Titans in Lösung geht, während der Rest bei dem unlöslichen Rückstand gefunden wird; der unlösliche Theil enthält, wie schon früher angegeben, Phosphorsäure. Ebenso wie bei der Bestimmung der P_2O_5 in titanhaltigen Eisensorten sich eine unlösliche Phosphor-Titanverbindung, beim Eindampfen zur Trockne, bildet, so bewirkt die P_2O_5 bei der Bestimmung der TiO_2, dass ein Theil der TiO_2 aus der kochenden schwefelsauren Lösung nicht gefällt wird. Die beste Bestimmungsmethode des Titans ist daher die, welche bei der Phosphorbestimmung „Bei Gegenwart von Titan" angegeben wurde, bis man den Rückstand erhält, welcher nach dem Schmelzen mit kohlensaurem Natron und Ausziehen mit Wasser zurückbleibt. Man trockne diesen Rückstand, bringe ihn in einen grossen Platintiegel, am besten in den, in welchem aufgeschlossen worden ist, verbrenne das Filter für sich und gebe die Asche zu dem Rückstand; man schmelze diese Masse alsdann mit dem 15- bis 20-fachen Gewicht saurem schwefelsaurem Kalium, indem man die Flamme zuerst ganz klein macht und nach und nach vergrössert, bis der Tiegel eben rothglühend wird. Hebt man den Deckel des Tiegels, so steigen SO_3-Dämpfe auf, und das Schmelzen muss mehrere Stunden lang auf diesem Punkte gehalten werden, es sei denn, dass die Flüssigkeit vollständig klar wird, und das ganze Eisenoxyd sich gelöst hat. Man neige den Tiegel, während die geschmolzene Masse noch flüssig ist, so weit wie möglich nach einer Seite und lasse ihn in dieser Lage erkalten. Ist die Masse ganz kalt, so bildet sie einen harten Kuchen, welchen man leicht aus dem

Tiegel herausnehmen kann, ohne die Seiten desselben zu verbiegen. Man lege Tiegel nebst Deckel in ein Becherglas, hänge auch einen kleinen Kasten von Platindrahtnetz hinein, in welchen man die geschmolzene Masse legt, giesse 50 ccm konc. H_2SO_4 in das Glas und fülle bis zur oberen Fläche der geschmolzenen Masse mit kaltem Wasser nach. Unter diesen Umständen löst sich die geschmolzene Masse sehr schnell; die koncentrirte Lösung sinkt zu Boden und das Eisen wird in derselben Zeit desoxydirt. Wenn man keinen Kasten anwendet, so muss man beständig rühren, und das Lösen der Masse dauert viel länger. Ist alles aufgelöst, so nehme man Tiegel, Kasten und Deckel aus dem Becherglase heraus, spüle sie mit kaltem Wasser ab und filtrire die Lösung in ein anderes Becherglas hinein. Man setze eine Lösung von 20 g essigsaurem Natron und $^1/_6$ des Volums der Lösung Essigsäure von 1,04 spec. Gew. zu und erhitze zum Sieden, wobei die Titansäure fast sofort in Flockenform und vollständig eisenfrei niederfällt. Man koche einige Minuten lang, lasse die Titansäure absitzen, filtrire, wasche mit heissem, essigsäurehaltigem Wasser aus, trockne, glühe und wäge als TiO_2, welches 60,00 % Ti enthält. Anstatt den Rückstand, welchen man nach dem Lösen der mit Natriumkarbonat geschmolzenen Masse in Wasser erhalten hat, mit saurem schwefelsaurem Kalium zu schmelzen, kann man die Operation auf folgende Weise beschleunigen:

Man bringe den Rückstand in einen grossen Tiegel und schmelze mit 5 g Natriumkarbonat, lasse abkühlen und giesse vorsichtig konc. H_2SO_4 zu. Wenn das Aufbrausen nachlässt, so erwärme man den Tiegel gelinde und setze noch mehr H_2SO_4 zu, bis die Schmelze flüssig wird und das Eisenoxyd vollständig gelöst ist. Man erhitze sorgfältig weiter, bis massenhafte SO_3-Dämpfe entweichen, lasse den Tiegel erkalten und giesse den Inhalt, welcher noch flüssig sein muss, in ein Becherglas, welches 250 ccm kaltes Wasser enthält. Man setze 50 ccm einer starken wässerigen Lösung von schwefliger Säure, oder 2 bis 3 ccm Ammoniumbisulfid zu, filtrire nöthigenfalls, neutralisire nahezu mit H_4NOH, lasse bis zur vollständigen Entfärbung stehen, setze 20 g essigsaures Natron und den sechsten Theil vom eigenen Volumen an Essigsäure zu und fälle die TiO_2 wie oben.

Durch Verflüchtigung.

Drown bestimmte das Titan durch Verflüchtigung im Chlorstrom. Die Einzelheiten mit einigen Modifikationen sind folgende:

Man behandele die Probe genau so, wie bei der „Bestimmung des Siliciums durch Verflüchtigung im Chlorstrom“ angegeben wurde.

Zum Filtrat der Kieselsäure setze man einen geringen Ueberschuss von Ammoniak, säuere mit Essigsäure an, koche, filtrire, wasche und glühe den Niederschlag. Da dieser Niederschlag ein klein wenig Eisenoxyd, Phosphorsäure, Wolframsäure etc. enthalten kann, so schmelze man ihn mit wenig Natriumkarbonat, löse die geschmolzene Masse in heissem Wasser auf, filtrire, wasche, trockne und glühe den Rückstand, welcher die ganze Titansäure als titansaures Natrium enthält; etwaiges Eisen ist als Fe_2O_3 gegenwärtig. Das Filtrat enthält die P_2O_5 u. s. w. Den geglühten Rückstand schmelze man mit wenig Natriumkarbonat, behandele die Masse im Tiegel mit konc. H_2SO_4 und bestimme die TiO_2, wie vorhin beschrieben wurde.

Bestimmung von Kupfer.

Zur Bestimmung des Kupfers kann man den durch H_2S bei der Bestimmung des Phosphors nach der Acetatmethode erhaltenen Niederschlag anwenden; in diesem Falle muss man aber den Niederschlag, bevor man den überschüssigen H_2S vertreibt, abfiltriren, wonach man, wenn sich irgend ein bemerkenswerther Niederschlag von As_2S_3 bilden sollte, auch diesen abfiltrirt. Man trockne und glühe den CuS u. s. w. -Niederschlag in einem Porzellantiegel, bis das Filter verbrannt ist, lasse den Tiegel erkalten und digerire den Niederschlag bei gelinder Hitze mit HNO_3 und einigen Tropfen H_2SO_4, indem man den Tiegel mit einem kleinen Uhrglase bedeckt hält. Ist das CuS gelöst, so nehme man das Uhrglas ab und dampfe bis zum Entweichen der SO_3-Dämpfe ein, so dass also die HNO_3 verjagt ist; man lasse erkalten, setze genügend Wasser zu, um das $CuSO_4$ zu lösen, erwärme nöthigenfalls etwas und spüle die Lösung in einen Platintiegel. Man stelle den Tiegel in den kleinen Messinghalter (Fig. 83), setze den gewogenen Platincylinder ein und verbinde mit der Batterie. Letztere kann aus 3 Daniell'schen Elementen so angeordnet werden, wie in Fig. 84 gezeichnet ist. Die Verbindungsschrauben a und b führen durch die Seitenwand des Kastens (welchen man stets bedeckt halten sollte) und, wenn die Elemente so verbunden sind, wie in der Skizze, so kann man nach Belieben

2 oder 3 Elemente in Thätigkeit setzen, wenn man nur den Draht anders einschaltet (von a nach b). Zum Niederschlagen der geringen Mengen Kupfer, wie sie im Eisen oder Stahl gefunden werden, geben 2 Elemente einen genügend starken Strom. Der Platincylinder kann 3 bis 4 g wiegen; er wird so tief in die Flüssigkeit eingetaucht, dass er eben über dem Boden des Tiegels steht; letzterer wird mit einem kleinen Uhrgläschen bedeckt, damit keine Flüssigkeit verspritzen kann. Es ist viel besser, wenn man das Kupfer sich auf den Cylinder, als auf den Tiegel absetzen lässt, weil er weniger wiegt, leicht gereinigt und getrocknet werden kann, und weil man keine Gefahr läuft, dass irgendwelche Kieselsäure oder Schmutz aus der Lösung von dem sich abscheidenden Kupfer bedeckt wird. Hat

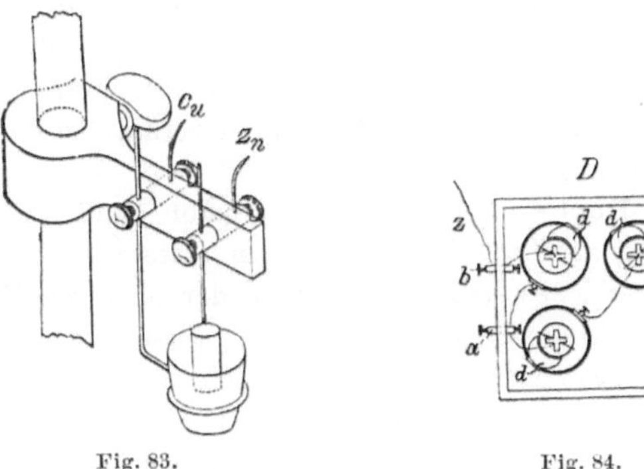

Fig. 83. Fig. 84.

sich dasselbe vollständig niedergeschlagen, was gewöhnlich 2 bis 3 Stunden dauert, so nehme man den Cylinder heraus, wasche ihn mit kaltem Wasser, dann mit Alkohol ab, trockne bei 100° C., lasse erkalten und wäge. Die Differenz ist Cu.

Bei titanhaltigen Roheisensorten muss man zur Bestimmung des Kupfers eine eigene Probe abwägen. Bei Stahl kann man die Lösung in der Flasche gebrauchen, welche von der Bestimmung des Schwefels herrührt (s. Best. von S durch eine alkalische Lösung von salpetersaurem Blei). In diesem Falle spüle man den Inhalt der Flasche in ein Becherglas, neutralisire nahezu mit Ammoniak, setze 5 ccm HCl zu, erhitze zum Sieden und leite 15 bis 20 Minuten lang H_2S durch die kochende Lösung, filtrire, wasche mit heissem Wasser aus und behandele den Niederschlag wie oben.

Bei Roheisensorten löse man am besten in Königswasser, dampfe zur Trockne, nehme mit HCl wieder auf, filtrire, reducire das Eisen im Filtrat mit $H_4N . HSO_3$, koche die überschüssige SO_2 weg und fälle mit H_2S. Anstatt mit H_2S kann man das Kupfer in schwefelsaurer Lösung auch mit Natriumhyposulfid fällen. Man löse 5 g in einem Gemenge von 150 ccm Wasser und 12 ccm konc. H_2SO_4, verdünne mit heissem Wasser bis auf ungefähr 500 ccm, erhitze zum Sieden und setze 3 g Natriumhyposulfid in 10 ccm Wasser gelöst zu, koche einige Minuten lang, lasse den Niederschlag sich absetzen, filtrire und wasche mit heissem Wasser aus. Man trockne den Niederschlag, welcher aus CuS, Graphit, Kieselsäure u. s. w. besteht, spüle ihn in ein Becherglas, verbrenne das Filter für sich und schütte die Asche auch in das Glas. Man behandele jetzt die Masse mit Königswasser, verdünne mit heissem Wasser, filtrire, wasche aus, setze ein paar Tropfen H_2SO_4 zu und dampfe ein, bis SO_3-Dämpfe entweichen, lasse erkalten, löse in Wasser, giesse die Lösung in einen Platintiegel und bestimme das Kupfer vermittelst der Batterie, wie oben angegeben.

Anstatt das Kupfer zu elektrolysiren, kann man es als Cu_2S, Kupfersulfür, oder als CuO bestimmen. Im ersteren Falle verdünne man das Sulfat, welches man nach einer der oben erwähnten Methoden erhalten hat, auf 50 ccm mit Wasser, setze einen Ueberschuss von Ammoniak zu, filtrire das Fe_2O_3 ab, wasche mit ammoniakalischem Wasser aus und leite H_2S durch die kalte Lösung; man filtrire, wasche mit H_2S-Wasser aus, trockne Filter und Niederschlag, pinsele den letzteren in einen kleinen Porzellantiegel, verbrenne das Filter für sich und thue die Asche auch in den Tiegel. Man setze zu dem Niederschlag im Tiegel ungefähr die doppelte Menge Schwefelblumen und verbrenne im Wasserstoffstrom, wie bei der Bestimmung des Mangans als MnS angegeben wurde; man wäge als Cu_2S mit 79,82 % Cu.

Anstatt den oben erhaltenen Niederschlag als Cu_2S zu glühen, kann man ihn auch als CuO bestimmen: Man löse das Schwefelkupfer in Königswasser in einer kleinen Porzellanschale, dampfe fast zur Trockne, verdünne mit heissem Wasser und erhitze zum Kochen; darauf setze man einen geringen Ueberschuss einer verdünnten Lösung von Aetznatron oder Kali zu. Man filtrire durch ein kleines aschenfreies Filter, wasche mit heissem Wasser aus, trockne, bringe den Niederschlag und die Asche des für sich verbrannten Filters in einen kleinen Platintiegel, befeuchte das Ganze mit HNO_3 und erhitze zuerst gelinde und allmählich zur Rothglut; man lasse erkalten und wäge als CuO mit 79,85 % Cu.

Bestimmung von Nickel und Kobalt.

Man behandele 3 g Spähne genau wie bei der Bestimmung des Mangans nach der Acetat-Methode angegeben wurde. Der H_2S-Niederschlag enthält das gesammte Nickel und Kobalt sowie einen Theil des Kupfers. Man filtrire durch ein kleines gewaschenes Filter, wasche mit H_2S-haltigem Wasser aus, welches wenig freie Essigsäure enthält, trockne und verbrenne das Filter und den Niederschlag; dann bringe man die Masse in ein Becherglas. Man löse in HCl unter Zusatz von einigen Tropfen HNO_3, dampfe zur Trockne, nehme mit 10 bis 20 Tropfen HCl wieder auf, verdünne mit heissem Wasser bis auf ungefähr 50 ccm, erhitze die Lösung zum Sieden und leite einen H_2S-Strom durch, um das etwa vorhandene Kupfer zu fällen; man filtrire, wasche mit heissem Wasser aus, dampfe das Filtrat zur Trockne, befeuchte die trockene Masse mit 4 bis 5 Tropfen HCl, setze 20 bis 30 Tropfen kaltes Wasser und darauf 2 bis 3 g Kaliumnitrit zu, welches in möglichst wenig Wasser gelöst und mit Essigsäure angesäuert ist. Die Gegenwart des Kobalts zeigt sich durch die Bildung eines hellgelben Niederschlags, welcher aus Kobalt-Kaliumnitrit $(KNO_2)_6Co_2(NO_2)_6 + Aq.$ besteht. Man rühre die Lösung gut um und lasse sie dann 24 Stunden stehen; man filtrire durch ein kleines aschenfreies Filter, wasche mit Wasser, welches essigsaures Kali und ein wenig freie Essigsäure enthält, aus, nehme das nickelhaltige Filtrat weg und wasche Niederschlag und Filter mit Alkohol so lange aus, bis sie frei von essigsaurem Kali sind. Man glühe Filter und Niederschlag vorsichtig im Porzellantiegel, indem man die Temperatur nicht so hoch steigen lässt, dass der Niederschlag schmilzt; man schütte denselben in ein kleines Becherglas und behandele ihn mit HCl und wenig $KClO_3$, dampfe zur Trockne, löse in 3 bis 5 Tropfen HCl wieder auf, verdünne mit kaltem Wasser, setze ungefähr 1 g Natriumacetat zu und koche eine Stunde lang, um die Spuren von Fe_2O_3 und Al_2O_3, welche stets anwesend sind, zu fällen. Man filtrire, setze zum Filtrat einen Ueberschuss von Ammoniak und Schwefelammon und erhitze zum Kochen. Sobald sich der Niederschlag von CoS

gesetzt hat, filtrire man ihn ab, wasche mit wenig schwefelammoniumhaltigem Wasser aus, trockne und verbrenne das Filter mit dem Niederschlag im Platintiegel. Ist der Kohlenstoff verbrannt, so lasse man den Tiegel erkalten, giesse etwas HNO_3 hinein, erwärme sorgfältig und dampfe schliesslich zur Trockne; dann setze man einige Tropfen H_2SO_4 zu, digerire, bis das Sulfid und Oxyd in Sulfat verwandelt sind, vertreibe die überschüssige H_2SO_4, erhitze endlich für einige Augenblicke bis zur Dunkelrothglut, lasse erkalten und wäge als $CoSO_4$, welches 38,05 % Co enthält. Man erhitze das Filtrat von dem Doppelsalz von Kobalt und Kalium zum Sieden, setze einen geringen Ueberschuss von Aetzkali zu, koche einige Minuten lang, filtrire und wasche den Nickeloxyd enthaltenden Niederschlag mit heissem Wasser aus, löse ihn darauf auf dem Filter mit HCl, lasse die Lösung in dasselbe Becherglas fliessen, in welchem sich der Nickeloxydniederschlag befand, und wasche das Filter mit heissem Wasser aus. Man dampfe die Lösung zur Trockne, nehme mit 3 bis 5 Tropfen HCl wieder auf, verdünne mit kaltem Wasser bis auf ca. 50 ccm, setze ungefähr 1 g essigsaures Natron zu, koche eine Stunde lang, filtrire etwa gefallenes Fe_2O_3 und Al_2O_3 ab und wasche mit heissem Wasser aus. Zum Filtrat setze man einen Ueberschuss von Schwefelammon (eine braune Farbe zeigt die Gegenwart von Nickel an), säuere mit Essigsäure an, erhitze zum Sieden und leite durch die kochende Lösung H_2S, bis sich der gebildete Schwefel sowie das Schwefelnickel zusammenballen; dann filtrire man, wasche mit H_2S-Wasser aus, trockne und verbrenne das Filter und den Niederschlag. Man lasse den Tiegel erkalten, setze ein wenig Ammoniumkarbonat zu dem Niederschlage, erhitze zur Dunkelrothglut und verflüchtige so jedwede Schwefelsäure, welche sich als Ammoniumsulfat gebildet haben kann, lasse erkalten und wäge als Ni_2S oder NiO mit 78,55 % Ni. Nickel und Kobalt können auch als Metalle gewogen werden, indem man sie aus den ammoniakalischen Lösungen der Sulfate vermittelst einer Batterie fällt. Braucht man sie nicht zu trennen, so dampfe man das Filtrat vom Schwefelkupfer mit einem Ueberschuss von H_2SO_4 ein, bis die Salzsäure vollständig vertrieben ist und SO_3-Dämpfe entweichen, lasse das Becherglas kalt werden, setze gegen 5 ccm Wasser, darauf einen Ueberschuss von Ammoniak zu, filtrire nöthigenfalls, giesse das Filtrat in den kleinen Platintiegel und schlage in stark ammoniakalischer Lösung die Metalle vermittelst der Batterie auf den kleinen Cylinder nieder. Man wasche denselben mit kaltem Wasser, dann mit Alkohol aus, trockne bei 100° C. und wäge als Ni + Co. Um Nickel und Kobalt getrennt zu bestimmen, schlage man letzteres als Doppelnitrit von Kobalt und Kalium nieder, behandele den geglühten Niederschlag mit einem Ueberschuss von H_2SO_4, erhitze, bis SO_3-Dämpfe entweichen, verdünne ein wenig, mache die Lösung stark ammoniakalisch und fälle das Kobalt wie oben; im Filtrat vom Kobalt fälle man das NiO mit KOH-Lösung, filtrire, wasche aus, löse auf dem Filter in HCl, dampfe die Lösung mit H_2SO_4 ein, setze einen Ueberschuss von Ammoniak zu und elektrolysire das Ni.

Zur Untersuchung von Nickelstahl mit 2 bis 3 % Nickel wäge man 1 g Substanz ab und verbrenne, nachdem man den NiS-Niederschlag wie oben angegeben erhalten hat, denselben mit dem Filter in einem Porzellantiegel, lasse erkalten, setze ein wenig Schwefelblumen zu und glühe im Wasserstoffstrom, worauf man nach dem Erkalten als Ni_2S wägt.

Bestimmung von Chrom und Aluminium.

Man löse 5 g Spähne in einem 500 ccm-Kolben in 20 ccm HCl, welche mit der 3 bis 4 fachen Menge Wasser verdünnt sind, und schliesse die Flasche mit einem Gummistopfen, welcher mit einem Bunsen-Ventil versehen ist, wodurch das Gas wohl aus der Flasche entweichen, aber keine Luft hineingelangen kann, sodass das Eisen nicht oxydirt wird, sondern als Eisenchlorür gelöst bleibt. Man erhitze nöthigenfalls den Kolbeninhalt, und nach vollständiger Auflösung des Eisens nehme man den mit dem Ventil versehenen Stopfen ab, setze einige Tropfen Na_2CO_3 zu und verschliesse die Flasche mit einem massiven Gummistopfen. Man kühle so schnell als möglich ab und verdünne die Lösung mit kaltem Wasser, bis die Flasche $^3/_4$ gefüllt ist, setze unter beständigem Umschwenken $BaCO_3$ zu, bis die Lösung durch den Ueberschuss desselben milchig wird, nehme den Stopfen ab, damit die CO_2 entweichen kann, schüttele die Flasche von Zeit zu Zeit verschiedene Stunden lang und lasse sie über Nacht stehen, nachdem man sie vorher mit dem Gummistopfen verschlossen hat. Der Niederschlag enthält das gesammte Al_2O_3, Cr_2O_3, Fe_2O_3 sowie die P_2O_5 und den Graphit nebst der Kieselsäure, welche in der verdünnten Lösung nicht löslich war; der Niederschlag muss durch das überschüssige $BaCO_3$ ganz weiss aussehen. Man filtrire so rasch wie möglich, wasche mit kaltem Wasser aus, löse auf dem Filter in verdünnter HCl, lasse die Flüssigkeit in ein kleines Becherglas laufen, spüle die Flasche mit derselben Säure aus und wasche sie und das Filter mit heissem Wasser nach. Der auf dem Filter zurückbleibende unlösliche Rückstand kann etwas Chrom und Aluminium enthalten, welches in verdünnter HCl unlöslich ist und gewöhnlich in Form von Schlacke oder als Oxyde bei Puddeleisen vorkommt. Der Rückstand kann geglüht, mit HFl und H_2SO_4 behandelt werden, dann dampfe man ihn zur Trockne, schmelze mit Na_2CO_3 und KNO_3, bestimme die Cr_2O_3 und Al_2O_3, oder aber man löse die geschmolzene Masse in verdünnter HCl und setze sie zum Filtrat des unlöslichen Rückstandes. Man koche das Filtrat, setze einen geringen Ueberschuss von H_2SO_4 zu, um das Barium zu fällen, lasse das $BaSO_4$ absitzen, filtrire und wasche mit heissem Wasser aus; man dampfe das Filtrat ein, um die überschüssige Säure zu vertreiben, verdünne mit kaltem Wasser, setze genügend Weinsteinsäure oder Citronensäure zu, um das Eisen in Lösung zu erhalten, setze einen Ueberschuss von Ammoniak und zu der Lösung, welche vollständig klar sein muss, einen Ueberschuss von H_4NSH zu; lasse das gebildete FeS absitzen, filtrire, wasche mit H_4NSH - haltigem Wasser aus, dampfe das Filtrat in einem grossen Platintiegel zur Trockne, erhitze zur Rothglut, um die Ammoniaksalze zu verflüchtigen, und verbrenne den durch Zersetzung der Weinsteinsäure gebildeten Kohlenstoff. Man schmelze den Rückstand mit 6 Theilen Na_2CO_3 und einem Theil KNO_3, ziehe mit Wasser aus, schütte in ein Becherglas, setze 2 bis 3 g $KClO_3$ zu, spüle den Tiegel mit HCl aus, füge dieselbe zur Hauptlösung und setze dann einen geringen Ueberschuss von HCl zu; man dampfe auf dem Wasserbade bis zur Syrupkonsistenz ein und setze von Zeit zu Zeit etwas $KClO_3$ zu, um den Ueberschuss der HCl zu zersetzen, nehme wieder mit Wasser auf, setze einen Ueberschuss von Ammoniumkarbonat zu, um die Al_2O_3 zu fällen, und koche, bis der Geruch nach Ammoniak verschwunden ist. Enthält die Probe Phosphor, so wird die Thonerde ganz oder zum Theil als Phosphat gefällt, während das Chrom als Kalium- oder Natriumchromat in Lösung ist. Man filtrire, wasche mit heissem Wasser aus, hebe das Filtrat auf, löse den Niederschlag auf dem Filter in

HCl, lasse die Lösung in ein kleines Becherglas fliessen, dampfe zur Trockne, um die Kieselsäure unlöslich zu machen, nehme wieder mit HCl auf, filtrire, setze zum Filtrat einen Ueberschuss von Ammoniak und Schwefelammonium, koche, filtrire durch ein kleines aschenfreies Filter, wasche mit heissem Wasser aus, glühe und wäge als Al_2O_3 mit 53,01% Al. Die das Cr enthaltende Lösung säuere man mit HCl an, erhitze, um den Ueberschuss des $KClO_3$ zu zersetzen, setze wenig Alkohol zu und dampfe zum Unlöslichmachen der SiO_2 zur Trockne. Das Chrom ist jetzt als Cr_2O_3 vorhanden; man löse wieder in HCl, verdünne, filtrire etwaige Kieselsäure ab, setze H_4NOH im Ueberschuss zum Filtrat, koche, filtrire durch ein kleines aschenfreies Filter, wasche gründlich mit heissem Wasser aus, glühe und wäge als Cr_2O_3 mit 68,48% Cr. Da sowohl der Al_2O_3- wie auch der Cr_2O_3-Niederschlag P_2O_5 enthalten können, so schmelze man jeden derselben nach dem Wägen mit etwas Na_2CO_3, löse in Wasser, filtrire, säuere mit HNO_3 an und bestimme die Phosphorsäure nach der Molybdatmethode; oder man säuere mit HCl an, setze wenig Citronensäure und Magnesiamixtur zu und bestimme die P_2O_5 als $Mg_2P_2O_7$. Man berechne die Menge der P_2O_5 und ziehe sie von den erhaltenen Gewichten ab, so ist das übrig bleibende Gewicht Al_2O_3 resp. Cr_2O_3, welche man dann auf Al und Cr umrechnet.

Statt mit HCl und $KClO_3$ kann man das Cr und Al auch auf folgende Weise trennen: Man löse die Schmelze des Rückstandes von der Verflüchtigung der Ammonsalze und der Zersetzung der Weinsteinsäure in Wasser, giesse diese Lösung in eine Platinschale, setze ein paar Gramm salpetersaures Ammon zu und dampfe auf dem Wasserbade bis zur Syrupkonsistenz ein, indem man von Zeit zu Zeit noch H_4NNO_3 zusetzt, bis kein H_4NOH mehr entwickelt wird. Gegen Ende der Operation setze man ein wenig kohlensaures Ammon zu, und wenn die Lösung die Syrupkonsistenz hat und ganz schwach nach Ammoniak riecht, so filtrire man die Al_2O_3 ab, welche man, wie oben, behandelt. Zum Filtrat füge man eine stark wässerige Lösung von schwefliger Säure, koche den Ueberschuss der SO_2 weg und setze Ammoniak bis zur alkalischen Reaktion zu; man koche, filtrire, wasche aus, glühe und wäge die Cr_2O_3, welche man, wie oben, auf P_2O_5 untersuchen muss. Um Chrom allein in Eisen und Stahl zu bestimmen, behandele man 5 g Substanz mit HCl, fälle mit $BaCO_3$, filtrire und wasche den unlöslichen Rückstand, wie oben angegeben, aus. Man stelle ein reines Becherglas unter den Trichter, durchstosse das Filter und spüle den Inhalt in das Becherglas. Man reinige Kolben nebst Filter mit heisser verdünnter HCl und wasche sie dann gründlich mit heissem Wasser aus, indem man die Säure und das Waschwasser auch in das Becherglas fliessen lässt. Man setze genügend HCl zu, um den löslichen Theil des Niederschlags ($Fe_2O_3, Cr_2O_3, Al_2O_3, BaCO_3$) in Lösung zu bringen, verdünne, koche und fälle die Cr_2O_3 etc. mit H_4NOH; koche den Ammoniakgeruch weg, lasse den Niederschlag absitzen und wasche nach dem Filtriren gründlich mit heissem Wasser aus; dann trockne man ihn und pinsele ihn in einen Platintiegel, verbrenne das Filter für sich und gebe die Asche zum Niederschlag. Vor dem Erhitzen setze man 3 bis 6 g Na_2CO_3 und $^1/_2$ g KNO_3 (bei Roheisen muss man zur Oxydation des Graphits 2 bis 3 g KNO_3 zusetzen) zu, mische gründlich und erhitze die Schmelze, bis das KNO_3 vollständig zersetzt ist; man lasse erkalten, behandele die geschmolzene Masse mit heissem Wasser, filtrire das Fe_2O_3 ab, wasche mit heissem Wasser gut aus, säuere das Filtrat mit HCl an und dampfe mit wenig Alkohol zur Trockne. Dann löse man wieder in HCl, verdünne, filtrire die SiO_2 ab und fälle die Cr_2O_3 im Filtrat mit H_4NOH. Man filtrire, wasche gründlich aus, trockne, glühe und wäge als Cr_2O_3. Dieser Niederschlag kann auch geringe Mengen Al_2O_3 und P_2O_5 enthalten, welche bei sehr genauen Bestimmungen von demselben geschieden, und deren Mengen von dem ersten Gewicht des Cr_2O_3-Niederschlages abgezogen werden müssen.

Stead's Methode.

Man wäge 6, 12 oder 24 g Stahl ab und löse in einem 600 ccm fassenden Becherglas in konc. HCl, dampfe zur Trockne, nehme mit HCl auf, filtrire durch ein aschenfreies Filter in ein 1000 ccm fassendes Becherglas, wasche das die SiO_2 enthaltende Filter aus, neutralisire das Filtrat nahezu mit verdünntem Ammoniak und koche es; dann setze man 1 bis 2 ccm Ammoniumphosphatlösung und einen grossen Ueberschuss von Natriumhyposulfid zu, und koche bis die SO_2 verjagt ist; gerade vor dem Filtriren setze man 20 ccm einer gesättigten Lösung von essigsaurem Ammon zu, rühre gut um, filtrire durch ein aschenfreies Filter und wasche den Niederschlag nebst Filter 5 bis 6 mal aus; man giesse 10 ccm HCl in das Becherglas, in dem die Fällung vorgenommen wurde, erhitze zum Kochen, nehme das Becherglas mit dem Filtrat unter dem Trichter fort, stelle statt dessen eine Platinschale darunter und giesse die kochende Säure über das Filter; man spüle Becherglas nebst Filter mit Wasser aus, dampfe die Lösung in der Platinschale zur Trockne und erhitze auf 300 bis 400° auf dem Sandbade, um den Ueberschuss der Säure zu vertreiben.

Man setze 2 bis 5 g reines Natronhydrat, welches aus thonerdefreiem Natrium hergestellt wurde, und ca. 2 ccm Wasser zu, und erhitze gelinde während 10 Minuten, indem man die Masse in der ganzen Zeit in flüssigem Zustand hält. Alsdann lasse man erkalten, setze Wasser zu und koche, bis sich alles gelöst hat. Man verdünne die Lösung auf 300 ccm, schwenke gut um, filtrire durch ein aschenfreies Filter und messe 250 ccm bei der ursprünglichen Temperatur ab, welche also 5, 10 oder 20 g Stahl entsprechen. Eine gelbliche Färbung zeigt die Gegenwart des Chroms an. In diesem Falle muss die phosphorsaure Thonerde mit HCl neutralisirt und mit Ammoniumkarbonat gefällt werden, indem man die Lösung ordentlich kochen lässt, um den Ueberschuss von Ammoniak zu vertreiben, bevor man filtrirt. Man filtrire durch ein aschenfreies Filter, trockne, glühe und wäge; löse den Rückstand in HCl und bestimme die P_2O_5 in demselben, deren Gewicht man von dem Gewicht des Niederschlages abziehen muss. Bei Abwesenheit von Chrom neutralisire man die Lösung, wie beschrieben, koche, setze einen Ueberschuss von Natriumhyposulfid zu und koche eine halbe Stunde lang weiter, filtrire den Niederschlag ab, verbrenne und wäge als reines Aluminiumphosphat, welches 22,18 % Al enthält.

Carnot's Methode.

Diese Methode beruht auf der Thatsache, dass Aluminium als neutrales Phosphat aus kochender Lösung, welche mit Essigsäure schwach sauer gemacht ist, ausfällt. Die Fällung findet ebenso wohl statt, wenn die Lösung Eisen enthält, vorausgesetzt, dass das Eisenoxydsalz durch Natriumhyposulfid vorher zu Oxydul reducirt wurde. Die Methode ist im Allgemeinen der von Stead sehr ähnlich.

Man behandele 10 g Eisen oder Stahl in einer mit einem Platinblech bedeckten Platinschale mit HCl; hat sich alles gelöst, so verdünne man und filtrire in einen Kolben hinein, indem man den auf dem Filter befindlichen Niederschlag von SiO_2 etc. gründlich mit Wasser auswäscht; man neutralisire die Lösung mit Ammoniak und

Natriumkarbonat, achte aber darauf, dass kein bleibender Niederschlag gebildet wird, setze dann Natriumhyposulfid zu und, wenn die zuerst violette Lösung farblos wird, 2 bis 3 ccm einer gesättigten Lösung von Natriumphosphat und 5 bis 6 g in wenig Wasser gelöstes Natriumacetat. Man koche die Lösung ca. $^3/_4$ Stunden lang, oder bis der Geruch nach schwefliger Säure verschwunden ist. Dann filtrire man und wasche den Niederschlag von Aluminiumphosphat, welcher wenig Kieselsäure und Eisenphosphat enthält, mit heissem Wasser aus; behandele ihn auf dem Filter mit heisser verdünnter HCl, lasse die Lösung in eine Platinschale fliessen, dampfe zur Trockne und erhitze eine Stunde lang auf 100° C., um die Kieselsäure unlöslich zu machen. Man löse wieder in heisser verdünnter HCl, filtrire die SiO_2 ab, verdünne mit kaltem Wasser auf 100 ccm, neutralisire wie zuvor, setze etwas Natriumhyposulfid in der Kälte zu, darauf eine Mischung von 2 g Natriumhyposulfid und 2 g Natriumacetat, wasche aus und wäge als $AlPO_4$, welche 22,18 % Al enthält.

Volumetrische Methode zur Bestimmung von Chrom.

Galbraith hat eine schnelle Methode zur Bestimmung des Chroms vorgeschlagen, wenn es in grösseren Mengen wie z. B. im Chromstahl oder chromhaltigen Roheisen vorkommt. Man löse 1 bis 3 g Substanz in verdünnter H_2SO_4 (1 : 6), setze Kaliumpermanganat in Krystallform zu, bis das Eisen vollständig oxydirt und die Lösung ganz roth gefärbt ist, und darauf noch einmal so viel, um das Cr zu CrO_3 zu oxydiren. Man erhitze die Lösung zum Kochen und koche so lange, bis das Kaliumpermanganat vollkommen zersetzt ist und ein Niederschlag von Manganoxyd zurückbleibt; man filtrire, wasche mit heissem Wasser aus, füge zu dem Filtrat ein gemessenes Volumen von eingestelltem Ferrosulfat und bestimme den Ueberschuss dieses letzteren durch eine eingestellte Chamäleonlösung. Aus der durch die CrO_3 oxydirten Menge Ferrosulfat berechne man dann die Menge des Cr. Die Reaktion ist:

$$6\,FeSO_4 + 2\,CrO_3 + 6\,H_2SO_4 = 3\,Fe_2(SO_4)_3 + Cr_2(SO_4)_3 + 6\,H_2O$$

oder: ein Aequivalent Chromsäure oxydirt 3 Aequivalente Ferrosulfat zu Ferrisulfat. Kennt man daher den Titer des Chamäleons in Bezug auf metallisches Eisen und also auch den Werth des Ferrosulfats in Bezug auf metallisches Eisen (wenn es mit Permanganat eingestellt ist), so wird die Menge des Chroms folgendermassen berechnet: 3 Aequiv. Fe = 168 : 1 Aequiv. Cr = 52,14 wie der Werth des durch die CrO_3 oxydirten Ferrosulfats in Bezug auf Eisen: zu seinem Werth in Bezug auf Cr; oder, man multiplicirt den Titer des oxydirten Ferrosulfats auf Eisen mit $\frac{52,14}{168} = 0,3103$. Die Titration wird gerade so ausgeführt, wie bei der Bestimmung des Eisens in den Eisenerzen angegeben ist.

Bestimmung des Arsens.

Durch Fällung mit H_2S.

Löst man Eisen oder Stahl in verdünnter HCl, so entwickelt sich, nach Wöhler, nicht AsH_3, wenn As zugegen ist, sondern dasselbe wird als $AsCl_5$ gelöst, und wenn die Lösung nicht sehr sauer ist, so bildet sich beim Erhitzen ein weisser flockiger Niederschlag von arsensaurem Eisenoxyd. Desshalb kann man die Lösung in dem Kolben, welche von der Bestimmung des Schwefels herrührt, auch zur Bestimmung des Arsens gebrauchen. Wenn dies bei Stahl oder Roheisen aber nicht angeht, so löse man Spähne in 40 ccm HCl und 100 ccm Wasser in einem Kolben, verdünne mit heissem Wasser auf 750 ccm und leite 30 Minuten lang H_2S durch, fülle den Kolben bis zum Hals mit Wasser, bedecke ihn mit einem Uhrglase und lasse über Nacht an einem warmen Orte stehen. Hat sich der Niederschlag gesetzt, und riecht die Lösung nur schwach nach H_2S, so filtrire man, am besten durch einen Gooch'schen Tiegel, und wasche mit kaltem Wasser aus. Man lege das Filter oder den Asbest mit dem Niederschlage in ein kleines Becherglas, spüle den Kolben mit 10 bis 20 ccm KSH-Lösung aus, um Theilchen des Niederschlages, welche an den Wänden haften, zu lösen, und giesse sie zu dem Niederschlage in das Becherglas; man erhitze einige Zeit lang gelinde, filtrire, wasche mit wenig KSH-haltigem Wasser aus, säuere das Filtrat eben mit HCl an und stelle es an einen warmen Ort, bis der Geruch nach H_2S fast verschwunden ist, filtrire durch einen Gooch'schen Tiegel, wasche mit Wasser aus, trockne den Niederschlag (oder wasche mit Alkohol aus), ziehe mit Schwefelkohlenstoff aus, bringe Filter nebst Niederschlag in ein kleines Becherglas und digerire mit HCl und $KClO_3$. Man filtrire, wasche mit möglichst wenig Wasser aus, setze einen kleinen Krystall Weinsteinsäure und einen geringen Ueberschuss von Ammoniak zu und lasse die Lösung erkalten. Wenn sie klar bleibt (bei Abwesenheit von Zinn), so setze man 5 ccm Magnesiamixtur und die Hälfte des Volums der Lösung Ammoniak zu. Man rühre von Zeit zu Zeit tüchtig um, indem man die Lösung dadurch kühl hält, dass man das Becherglas in Eiswasser stellt, und lasse 12 Stunden stehen; filtrire dann durch einen Gooch'schen Tiegel, wasche den $Mg_2(H_4N)_2As_2O_8 + Aq$. Niederschlag mit ammoniumnitrathaltigem Ammoniakwasser aus, wie es auch zum Auswaschen des $Mg_2(H_4N)_2P_2O_8$-Niederschlags gebraucht wurde, trockne $\frac{1}{2}$ Stunde lang bei 103° C., erhöhe dann die Temperatur allmählich bis zur Rothglut und glühe einige Minuten lang stark; man wäge als $Mg_2As_2O_7$ mit 48,30 % As. Enthält die Probe Zinn, so wird die Lösung nach Zusatz des Ammoniaks trübe. In diesem Falle muss man so lange H_2S durch die ammoniakalische Lösung leiten, bis das ausgefallene Zinnoxyd gelöst ist, dann setze man Magnesiamixtur und Ammoniak zu und fälle das As, wie oben angegeben.

Durch Destillation.

Lundin hat folgende Methode zur Bestimmung des Arsens vorgeschlagen, welche auch gute Resultate gibt: Man löse in einem grossen Becherglase 10 g Spähne in HNO_3 von 1,2 spec. Gew., giesse die Lösung in eine Platin- oder Porzellanschale, setze 50 ccm H_2SO_4 zu und dampfe ein, bis SO_3-Dämpfe entweichen; dann lasse man die Schale erkalten, setze 50 ccm Wasser zu und dampfe wiederum ein, bis der Ueberschuss der H_2SO_4 vertrieben und das schwefelsaure Eisenoxyd so trocken ist, dass man es gut in einen 500 ccm-Kolben bringen kann. Man setze zu der Masse in dem Kolben 15 g fein gepulvertes schwefelsaures Eisenoxydul, giesse 150 ccm konc. HCl zu und verschliesse den Kolben mit einem Gummistopfen, welcher durchbohrt ist und durch den ein zweimal rechtwinkelig gebogenes Glasrohr geht, welches vermittelst eines Gummischlauchs mit einer 50 ccm-Pipette verbunden ist. Die Spitze der letzteren taucht ungefähr 12 mm tief in ca. 300 ccm Wasser ein, wie in Fig. 85 ersichtlich ist. Man erhitze die Flüssigkeit im Kolben allmählich zum Kochen und setze die Destillation so lange fort, bis der weite Theil der Bürette warm wird. Die Arsensäure, welche sich in der Lösung befindet, wird durch das Ferrosulfat reducirt und destillirt in der stark salzsauren Lösung als $AsCl_3$ über, was ungefähr eine halbe Stunde dauert. Ist der weite Theil der Pipette heiss, so drehe man die Flamme aus, nehme die Pipette ab, erhitze die Lösung in dem Becherglas auf ca. 70° und leite so lange H_2S durch, bis sie vollständig gesättigt ist; dann vertreibe man den überschüssigen H_2S durch einen Kohlensäurestrom und filtrire, wenn die Lösung nur noch ganz schwach nach H_2S riecht, den gelben Niederschlag von As_2S_3 durch einen Gooch'schen Tiegel

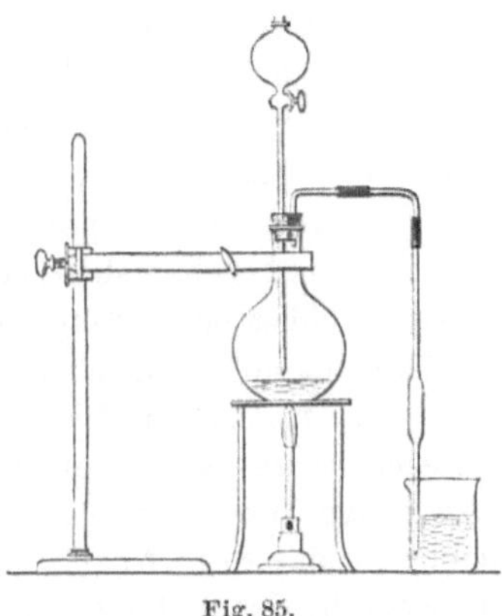

Fig. 85.

oder ein gewogenes Filter, wasche mit Wasser, dann mit Alkohol und schliesslich mit reinem Schwefelkohlenstoff aus, trockne bei 100° C. und wäge als As_2S_3, welches 60,93 % As enthält.

Bestimmung von Antimon.

Antimon ist im Stahl und Eisen sehr selten anwesend, es sind aber doch kleine Mengen im Spiegeleisen gefunden worden. Um es zu bestimmen, behandele man 10 g Spähne in derselben Weise, wie bei der Bestimmung von As durch Fällung mit H_2S angegeben wurde. Man dampfe das überschüssige Ammoniak aus dem Filtrat von dem $Mg_2(H_4N)_2As_2O_8 + Aq.$-Niederschlag weg, setze einen geringen Ueberschuss von HCl zu, verdünne mit Wasser auf ungefähr 300 ccm und leite H_2S durch die Lösung; vertreibe den überschüssigen H_2S durch CO_2, filtrire durch ein ganz kleines aschenfreies Filter, oder eine Papierscheibe, welche auf dem Boden eines Gooch'schen Tiegels liegt, wasche mit Wasser aus und trockne Filter nebst

Niederschlag. Man trenne den Niederschlag vom Filter und behandele letzteres in einem kleinen gewogenen Porzellantiegel mit rauchender HNO_3. Wenn es sich aufgelöst hat, dampfe man ein, setze nöthigenfalls mehr HNO_3 zu, dampfe zur Trockne und erhitze, um die organischen Substanzen zu zerstören. Ist der Rückstand im Tiegel rein weiss, so lasse man denselben erkalten, setze den Niederschlag zu und behandele ihn mit rauchender HNO_3, dampfe zur Trockne und glühe, um die gebildete Schwefelsäure zu vertreiben, lasse erkalten und wäge als Sb_2O_4, welches 78,95 % Sb enthält. Ist Zinn zugegen, und ist das As aus einer Schwefelammoniumlösung ausgefällt, so säuere man das Filtrat des $Mg_2(H_4N)_2As_2O_8 + Aq$.-Niederschlags mit HCl an und filtrire, wenn die Lösung nur noch schwach nach H_2S riecht, durch ein kleines aschenfreies Filter, wasche mit Wasser, Alkohol und schliesslich mit Schwefelkohlenstoff aus, trockne den Niederschlag nebst Filter und behandele sie mit rauchender Salpetersäure, dampfe ein, aber nicht zur Trockne, setze einen Ueberschuss von trockenem Na_2CO_3 zu, bringe die Masse in einen Silbertiegel, setze wenig geschmolzenes NaOH zu und schmelze das Ganze einige Minuten lang; lasse den Tiegel erkalten, löse die geschmolzene Masse in Wasser, giesse diese Lösung in ein Becherglas und setze $^1/_3$ des Volums an Alkohol von 0,83 spec. Gew. zu. Man rühre verschiedene Mal um, lasse den Niederschlag von metaantimonsaurem Natron absitzen, filtrire und wasche mit einer Flüssigkeit, welche aus gleichen Volumen Alkohol und Wasser und wenig Na_2CO_3 besteht, aus. Das Filtrat enthält das Zinn resp. auch Arsen. Man löse den Niederschlag von metaantimonsaurem Natron auf dem Filter mit HCl, welche etwas Weinsteinsäure enthält, lasse Lösung und Waschflüssigkeit in ein kleines Becherglas fliessen, verdünne auf ca. 300 ccm, fälle das Sb durch H_2S als Schwefelantimon, filtrire ab und bestimme das Sb als Sb_2O_4 wie oben angegeben.

Bestimmung von Zinn.

Zinn ist ein höchst ungewöhnlicher Bestandtheil im Eisen oder Stahl, es wurde aber früher in der Charge gefunden, wenn Abfälle von verzinntem Eisen, von welchem das Zinn durch einen chemischen Process entfernt war, im Heerdofen geschmolzen worden waren. Zu seiner Bestimmung verfahre man wie beim Antimon, bis die Sulfide von dem Ansäuern der KSH-Lösung durch ein kleines aschenfreies Filter abfiltrirt und mit einer Lösung von essigsaurem Ammon, welches eben mit Essigsäure angesäuert ist, ausgewaschen sind. Mit Wasser darf man nicht auswaschen, da sonst das Zinnsulfid durch das Filter geht. Man trockne Niederschlag nebst Filter, pinsele den ersteren in einen gewogenen Porzellantiegel, verbrenne letzteres für sich und thue die Asche auch in den Tiegel, setze etwas Schwefel zu und glühe im H_2S-Strom. Etwa vorhandenes Arsen verflüchtigt sich, aber es ist nicht möglich, das Zinn als Schwefelzinn zu wägen, da seine Verbindung nicht konstant ist. Man erhitze den Tiegel sorgfältig und röste den Niederschlag unter Luftzutritt, erhitze darauf stärker und setze 2 bis 3mal Ammoniumkarbonat zu, um etwa gebildete Schwefelsäure zu vertreiben, lasse erkalten und wäge als SnO_2 mit 78,81 % Sn.

Bestimmung von Wolfram.

Man löse 1 bis 10 g Spähne in HNO_3 von 1,2 spec. Gew., dampfe auf dem Luftbade zur Trockne, nehme mit HCl auf, verdünne etwas und koche eine Zeit lang. Die Wolframsäure setzt sich als gelbliches Pulver ab; man verdünne, filtrire, wasche mit heissem, wenig HCl-haltigem Wasser und darauf mit Alkohol und Wasser aus. Der Niederschlag besteht aus WoO_3, mit mehr oder weniger SiO_2, Graphit und vielleicht auch etwas Fe_2O_3, TiO_2 etc. gemischt. Man trockne und glühe Filter und Niederschlag und verbrenne den Kohlenstoff. Darauf lasse man den Tiegel erkalten, befeuchte den Niederschlag mit Wasser, setze ein wenig H_2SO_4 und einen Ueberschuss von HFl zu; man dampfe unter dem Abzug zur Trockne und glühe, um die H_2SO_4 zu vertreiben, schmelze den Rückstand mit dem fünffachen Gewichte Na_2CO_3, lasse erkalten, löse in Wasser, filtrire das Unlösliche ab und wasche mit wenig Na_2CO_3-haltigem Wasser aus. Das Filtrat enthält das gesammte Wolfram als wolframsaures Natrium. Man neutralisire nahezu mit HNO_3 und koche die CO_2 weg, lasse die Lösung etwas erkalten und setze einen geringen aber deutlichen Ueberschuss von Salpetersäure zu; darauf füge man Quecksilbernitrat im Ueberschuss und dann in Wasser geschlämmtes Quecksilberoxyd zu, bis die freie Säure fast vollständig neutralisirt ist. Das Wolfram wird ganz als wolframsaures Quecksilberoxydul gefällt und kann mit heissem Wasser von allen Natriumsalzen frei gewaschen werden. Die Methode zum Neutralisiren der Lösung mit Quecksilberoxyd rührt von Dr. Gibbs her und macht dieselbe sehr brauchbar. Man lasse den Niederschlag absitzen, filtrire durch ein kleines aschenfreies Filter, wasche mit heissem Wasser aus und trockne Filter und Niederschlag; dann trenne man ihn vom Filter, verbrenne letzteres für sich in einem Platintiegel, setze den Niederschlag zu und erhitze unter einem guten Abzug, indem man die Temperatur allmählich zur hellen Rothglut steigert. Das Quecksilber verflüchtigt sich und die Wolframsäure bleibt allein zurück. Man lasse darauf erkalten und wäge als WoO_3, welche 79,31 % Wo enthält.

Schöffer schlug vor, das Eisen in Kupferammoniumchlorid zu lösen. Das Wolfram bleibt im unlöslichen Rückstand, den er abfiltrirt, glüht, mit Na_2CO_3 schmilzt und schliesslich mit Quecksilbernitrat als WoO_3 fällt. Diese Methode hat jedoch nicht nur keinen Vortheil vor der ersteren, sondern im Gegentheil den Nachtheil, dass die WoO_3 mit P_2O_5, etwas Chrom und Arsenik verunreinigt ist.

Bestimmung von Vanadin.

Vanadin wird zuweilen im Roheisen gefunden und kann nach folgender Methode sehr genau bestimmt werden. Man löse in einem Becherglase 5 g Spähne in 50 ccm HNO_3 von 1,2 spec. Gew. Wenn die Reaktion vorüber ist, so giesse man die Flüssigkeit in eine Porzellanschale, dampfe zur Trockne und steigere die Temperatur allmählich so, dass die Nitrate fast alle zersetzt werden, und die Masse sich leicht vom Boden und den Wänden der Schale löst. Die erkaltete Masse schütte man in einen Porzellan- oder Achat-Mörser und zerreibe sie tüchtig mit 30 g trockenem Na_2CO_3 und 3 g $NaNO_3$; dann schmelze man sie ungefähr 1 Stunde lang bei hoher Temperatur in einem grossen Platintiegel. Man stoche die geschmolzene Masse an den Seiten gut auf, lasse erkalten, löse in Wasser und filtrire, verdünne das Filtrat auf 600 ccm und setze zur Vertreibung der Kohlensäure sorgfältig HNO_3 zu. Man koche die CO_2 weg, trage aber Sorge, dass die Lösung stets schwach alkalisch bleibt; man setze tropfenweise HNO_3 zu, bis die Lösung eben sauer ist, dann füge man ein paar Tropfen einer Natriumkarbonatlösung hinzu, um die Flüssigkeit schwach, aber deutlich alkalisch zu machen, koche einige Minuten lang und filtrire. Wenn die gelbliche Färbung des Filtrats die Gegenwart der Vanadinsäure anzeigt, so setze man einige Tropfen HNO_3 zu, um schwach sauer zu machen; darauf füge man einige Kubikcentimeter Quecksilbernitrat und einen Ueberschuss von Quecksilberoxyd in Wasser hinzu zum Neutralisiren der Lösung; das Vanadin fällt vollständig als vanadinsaures Quecksilberoxydul; ausserdem fallen noch als Quecksilberoxydulsalze die Phosphorsäure, Chromsäure, Wolframsäure und Molybdänsäure. Man erhitze zum Sieden, filtrire und wasche den Niederschlag aus, trockne, trenne ihn vom Filter, welches man für sich im Platintiegel verbrennt, darauf verbrenne man den Niederschlag in demselben Tiegel, erhitze sorgsam zur Vertreibung des Quecksilbers und schliesslich zur vollen Rothglut.

Man schmelze die zurückbleibende bräunlichrothe Masse mit wenig Na_2CO_3 und einer Spur $NaNO_3$, löse nach dem Erkalten in wenig Wasser und filtrire in ein kleines Becherglas. Zum Filtrat setze man einen Ueberschuss von reinem Ammoniumchlorid (gegen 3,5 g zu jeden 10 ccm der Lösung) und lasse dann unter zeitweiligem Umrühren eine Zeit lang stehen. Es scheidet sich vanadinsaures Ammon, welches in einer gesättigten Lösung von Chlorammonium unlöslich ist, als ein weisses Pulver aus. Man muss die Flüssigkeit stets alkalisch halten und von Zeit zu Zeit ein paar Tropfen Ammoniak zusetzen; wird sie auch nur im geringsten gelblich, so ist das ein Zeichen, dass die Lösung sauer geworden ist, in welchem Falle das Resultat zu niedrig ausfallen würde. Man filtrire durch ein kleines aschenfreies Filter, wasche zuerst mit einer gesättigten Lösung von Chlorammon, welche einige Tropfen Ammoniak enthält, und dann mit Alkohol aus. Man trockne, glühe, befeuchte mit 1 bis 2 Tropfen HNO_3, glühe wieder und wäge als V_2O_5 mit 56,22% V.

Bestimmung von Stickstoff.

Diese Methode beruht darauf, dass der Stickstoff im Stahl durch Lösen in HCl in Ammoniak verwandelt wird.

Die Methode wurde zuerst von A. H. Allen ausgeführt und später von Prof. S. W. Langley in Pittsburg modificirt. Diese Modifikation besteht hauptsächlich in der Anwendung von Aetznatron, welches durch eine Kupfer-Zink-Verbindung (das Kupfer wird auf dem Zink niedergeschlagen) von Nitraten und Nitriten vollständig befreit ist, und darauf folgende Destillation des gebildeten Ammoniaks, sowie in den Einzelheiten der Ausführung.

Die nöthigen Reagentien sind folgende:

1. Salzsäure von 1,1 spec. Gew., vollständig frei von Ammoniak, welche dadurch hergestellt werden kann, dass man HCl-Gas in ammoniakfreies destillirtes Wasser leitet. Zu diesem Zweck fülle man einen grossen Kolben, welcher mit Trichterrohr und Entwicklungsrohr versehen ist, mit konc. HCl zur Hälfte voll, verbinde das Leitungsrohr mit einer Waschflasche und diese mit einem, destillirtes Wasser enthaltenden, Kolben. Man setze durch das Trichterrohr konc. H_2SO_4 zu, welche frei von HNO_2 ist, und destillire das Gas durch Erhitzen des säurehaltigen Kolbens über.

2. Die Aetznatron-Lösung wird dadurch hergestellt, dass man 300 g geschmolzenes Aetznatron in 500 ccm Wasser löst und dasselbe 24 Stunden lang über einer Kupfer-Zink-Schicht bei 50^{0} C. digerirt. Diese Kupfer-Zink-Schicht wird folgendermassen gemacht: Man bringe 25 bis 30 g dünnes Zinkblech in einen Kolben und schütte eine mässig koncentrirte, gelinde erwärmte Kupfersulfatlösung über dieselbe; es schlägt sich dann eine poröse Schicht Kupfer auf dem Zink nieder; man giesse die Lösung in 10 Minuten ab und spüle gründlich mit destillirtem Wasser nach.

3. Nessler's Reagens. Man löse 35 g Jodkalium in wenig destillirtem Wasser und setze portionsweise eine konc. Lösung von Quecksilberchlorid hinzu, bis der gebildete rothe Niederschlag noch wieder verschwindet; schliesslich bleibt derselbe aber, dann höre man mit dem Zusatz von Quecksilberchlorid auf und filtrire. Zum Filtrat setze man 120 g in wenig Wasser gelöstes Aetznatron und verdünne bis auf 1 Ltr.; dazu setze man 5 ccm einer gesättigten wässerigen Lösung von Quecksilberchlorid, mische tüchtig, lasse den gebildeten Niederschlag absitzen und dekantire oder hebere die klare überstehende Flüssigkeit ab, welche man in einer mit Glasstopfen zu verschliessenden Flasche aufbewahrt.

4. Eingestellte Ammoniaklösung. Man löse 0,0382 g Chlorammonium in 1 Ltr. Wasser; 1 ccm dieser Lösung entspricht dann 0,01 mg Stickstoff.

5. Von Ammoniak freies destillirtes Wasser. Wenn das gewöhnliche destillirte Wasser Ammoniak enthält, so destillire man es

noch einmal, werfe das zuerst übergehende fort und gebrauche das später destillirende, welches kein Ammoniak mehr enthält. Man gebraucht hierzu auch verschiedene, 160 ccm fassende Glascylinder von farblosem Glase.

Der beste Destillirapparat besteht aus einem 1500 ccm - Erlenmeyerkolben, welcher mit einem doppelt durchbohrten Gummistopfen verschlossen wird; durch die eine Bohrung führt ein Scheidetrichterrohr, durch die andere ein Gasleitungsrohr, welch letzteres mit einem Kühlrohr verbunden ist; das Leitungsrohr muss lang genug sein, dass es in die auf dem Arbeitstisch stehenden Glascylinder eintauchen kann.

Die Stickstoffbestimmung wird auf folgende Weise ausgeführt: Man schütte 30 ccm Aetznatron, welches mit der Kupfer-Zink-Schicht behandelt worden ist, in den Erlenmeyerkolben, setze 500 ccm Wasser zu und destillire, bis das Destillat keine Reaktion mit dem Nessler'schen Reagens gibt. Inzwischen löse man 3 g rein gewaschener Spähne in 30 ccm der bereiteten HCl und erhitze nöthigenfalls; diese Lösung giesse man in die Kugel des Trichterrohrs und lasse sie, sobald die Natronlösung frei von Ammoniak ist, zu der kochenden Flüssigkeit in den Kolben tropfen. Das gebildete Eisenoxydulhydrat bleibt leicht auf dem Boden und an den Seiten des Kolbens hängen und verursacht ein Zerspringen. Befinden sich ca. 50 ccm Wasser in dem Cylinder, so ersetze man ihn durch einen anderen. Man verdünne das Destillat im Cylinder mit dem bereiteten destillirten Wasser auf 100 ccm und setze $1^1/_2$ ccm des Nessler'schen Reagens zu; dann giesse man in einen anderen Cylinder 100 ccm von dem bereiteten destillirten Wasser, setze 1 ccm Chlorammonlösung und $1^1/_2$ ccm Nessler's Reagens zu. Man vergleiche die Farben in den beiden Cylindern und setze zu dem Inhalt des letzteren so lange von der eingestellten Chlorammonlösung zu, bis die Farben nach einige Minuten langem Stehen übereinstimmen. Sind in den zweiten Cylinder ca. 100 ccm überdestillirt, so ersetze man ihn durch einen dritten und prüfe ihn wie zuvor. Man setze diese Destillation so lange fort, bis das überdestillirte Wasser frei von Ammoniak ist; dann zähle man die gebrauchten Kubikcentimer der Chlorammonlösung zusammen, dividire die Summe durch 3, und es entspricht dann jedes 0,01 mg 0,001% N im Stahl.

Bestimmung des Eisens.

Will man das metallische Eisen direkt durch Lösen in HCl oder H_2SO_4 und darauffolgende Titration bestimmen, so erhält man wegen des darin enthaltenen gebundenen Kohlenstoffs unrichtige Resultate. Es ist immer nöthig, das Eisen und die kohlehaltigen Substanzen in der Lösung zu oxydiren, und der Process wird folgendermassen ausgeführt:

Man löse in einem kleinen Kolben 5 g Spähne in HCl, setze $KClO_3$ in kleinen Krystallen zu, bis das Eisen oxydirt und $KClO_3$ im Ueberschuss da ist, koche, bis die gelben Dämpfe verschwunden sind und verfahre so, wie bei der Bestimmung des Eisens in den Eisenerzen angegeben ist. Anstatt $KClO_3$, kann man zur Oxydation des Eisens und zur Zerstörung der kohlehaltigen Substanzen auch Kaliumpermanganat oder Chromsäure anwenden. Bei Roheisensorten ist die beste Methode, 0,5 g Spähne in einen grossen Platintiegel mit 10 g Na_2CO_3 und 2 g KNO_3 zu schmelzen, in heissem Wasser zu lösen, in ein kleines Becherglas zu giessen, den Eisenoxydniederschlag absitzen zu lassen, durch ein kleines Filter zu dekantiren und verschiedene Mal durch Dekantation auszuwaschen. Nach der letzten Dekantation nehme man das Becherglas, welches das Filtrat enthält, weg und setze das, in welchem sich das Eisenoxyd befindet, unter den Trichter. Das etwa noch am Tiegel haftende Oxyd löse man in HCl, verdünne etwas und giesse die Lösung auf das Filter, um die kleinen Mengen Oxyd, welche sich auf demselben befinden, zu lösen; man wasche das Filter nöthigenfalls, setze zu der Lösung im Becherglas noch mehr HCl, dampfe ein, giesse sie in einen kleinen Kolben, desoxydire und titrire wie zuvor. Bei Puddeleisen muss man das in der „Schlacke und den Oxyden" befindliche Eisen von dem nach obiger Weise erhaltenen Gesammt-Eisen abziehen, um die Menge des metallischen Eisens zu erhalten, welche sich in der Probe befindet.

Methoden zur Untersuchung der Eisenerze.

Es dürften einige Worte über das geeignete Probenehmen der Eisenerze hier angebracht sein, denn wenn die genommene Probe nicht einen guten Durchschnitt der erhaltenen Sendung vorstellt, so sind die weiteren Arbeiten des Analytikers zwecklos und unrichtig.

Bei Probenahmen merke man sich das ungefähre Verhältniss zwischen den Stücken und den feinen Theilen des zu untersuchenden Haufens und übertrage dasselbe auf die genommene Probe. Man nehme von beiden Arten entsprechend viel und zwar sowohl von der Oberfläche, wie auch aus dem Innern. Hat man auf diese Weise mehrere Schaufeln von dem Haufen entnommen, so mische man gut, theile durch 2 Kreuzschnitte in 4 Theile und nehme einen derselben. Diesen breite man aus, zerkleinere die Stücke und theile wieder in 4 Theile, nachdem man vorher die Probe gut durcheinandergemengt hat. Den 4. Theil dieser Probe zerkleinere man weiter, breite aus, mische, theile wiederum und fahre so fort, bis man ungefähr 2 bis 3 kg im Ganzen hat. Diese stampfe man im Mörser und bewahre sie in zinnernen Kästen auf, welche dicht verschlossen werden können.

Bestimmung des hygroskopischen Wassers.

Von der zerkleinerten Probe wäge man $^1/_2$ bis 1 kg ab und schütte sie in einen kupfernen Kasten von ungefähr 114 mm Länge, 95 mm Breite und 38 mm Tiefe, breite sie gut aus und trockne sie auf dem Luft- oder Wasserbade mindestens 12 Stunden bei 100° C.

oder bis zur Gewichtskonstanz. Das in Fig. 86 abgebildete Wasserbad ist sehr zweckmässig. Um das Wägen der Proben zu erleichtern, sind die einzelnen Kästen numerirt und abgewogen. Anstatt des in der Figur gezeichneten Hahnes kann man auch die in Fig. 77 gezeichnete Flasche benutzen, um das Wasser auf konstantem Niveau zu halten.

Eine Waage mit 0,1 g Empfindlichkeit ist zum Abwägen dieser Proben genau genug. Hat man $^1/_2$ kg Erz eingewogen, so gibt der

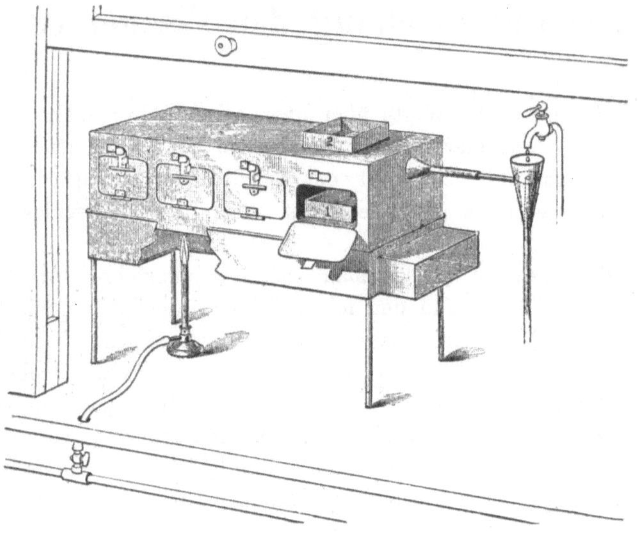

Fig. 86.

Gewichtsverlust in Gramm, dividirt durch 5, den Procentgehalt an hygroskopischem Wasser an. Die so getrocknete Probe mahle man sehr fein, mische gut, erhitze soviel, wie man gebraucht, auf dem Wasserbade und fülle sie, noch warm, in ein vollkommen trockenes, mit Glasstopfen versehenes Pulverglas.

Bestimmung des gesammten Eisens.

Von Salzsäure werden sehr wenige Eisenerze vollständig zersetzt, da der unlösliche Rückstand gewöhnlich mehr oder weniger

Eisen als kieselsaures, titanhaltiges Eisen etc. enthält. Die Vernachlässigung dieser Thatsache zieht schwere Irrthümer bei der Bestimmung des Eisens nach sich. Ist nicht durch eine vorhergehende Untersuchung bewiesen, dass der unlösliche Rückstand völlig eisenfrei ist, so verfährt man am besten folgendermassen: Man löse 1 g der fein gemahlenen Probe in 10 ccm HCl und digerire sie auf dem Sandbade, bis der Rückstand vollständig weiss ist und obenauf schwimmt, oder bis die Säure nicht mehr einzuwirken scheint; enthält das Erz kohlehaltige Substanzen, so setze man etwas $KClO_3$ zu und dampfe auf dem Luftbade zur Trockne. Man nehme mit ca. 5 ccm HCl auf, verdünne mit 10 ccm Wasser, lasse absitzen und giesse die klare Lösung in eine Flasche (siehe weiter unten in Fig. 88 B), welche ungefähr 50 bis 75 ccm Inhalt hat. Man stecke einen mit einem kleinen Filter versehenen Trichter in den Hals dieser Flasche, spüle mit möglichst wenig Wasser den Rückstand auf dieses Filter und wasche mit kaltem Wasser nach. Man verbrenne das Filter dann in einem kleinen Platintiegel, lasse erkalten und setze 20 bis 30 Tropfen H_2SO_4 und noch einmal soviel HFl zu; man erwärme sorgfältig und dampfe, wenn sich der Niederschlag gelöst hat, die HFl weg, lasse die Flüssigkeit erkalten und verdünne etwas; dann kann man sie zu der Lösung in der Flasche giessen, welche inzwischen nach einer der unten angegebenen Methoden desoxydirt worden ist.

Es kommt vor, dass auch durch diese Behandlung der unlösliche Rückstand nicht zersetzt wird, in welchem Falle man dann den Tiegel so lange erhitzen muss, bis der grössere Theil der H_2SO_4 verjagt ist; dann setze man ca. 0,5 g $HKSO_4$ zu und erhitze, bis dasselbe vollständig flüssig ist, und beim Aufheben des Tiegeldeckels SO_3-Dämpfe entweichen. Wenn alle schwarzen Flecken verschwunden sind, so lasse man den Tiegel erkalten und löse das Salz in demselben mit heissem Wasser und einigen Tropfen HCl auf.

Zur Desoxydation des Eisenchlorids wird im Allgemeinen metallisches Zink zur Lösung gesetzt. Das Eisen wird gemäss folgender Reaktion desoxydirt: $Fe_2Cl_6 + Zn = 2\,FeCl_2 + ZnCl_2$, während die überschüssige Salzsäure zersetzt und Wasserstoff frei wird: $2\,HCl + Zn = ZnCl_2 + 2\,H$. Da das Zink stets Spuren Eisen enthält, so muss man die zur Lösung zugesetzte Menge abwägen. Man setze zu der in der Flasche befindlichen Lösung 3 g granulirtes Zink und erhitze dieselbe etwas, wenn die Wasserstoffentwicklung nachgelassen hat. Der Hals der Flasche ist durch einen kleinen Trichter verschlossen, wodurch der H entweichen kann, während die Flüssigkeit stets wieder in die Flasche zurücktropft. Es ereignet sich zuweilen, dass, wenn die Flüssigkeit neutral wird, sich ein basisches Salz von Eisenoxyd niederschlägt, welches die Lösung röthlich färbt; in diesem Falle setze man einige Tropfen HCl und, wenn die Flüssigkeit schliesslich farblos wird, noch etwas mehr HCl zu; tritt keine röthliche Färbung mehr ein, so kann man die Lösung als desoxydirt betrachten. Man giesse jetzt durch den Trichter die Lösung des in HCl unlöslichen Rückstandes zu und darauf nach und nach ein Gemenge von 10 ccm H_2SO_4 und 20 ccm H_2O. Dieser H_2SO_4-Zusatz ist nothwendig, denn er dient nicht nur dazu, das nach vollständiger Desoxydation der Flüssigkeit übrigbleibende Zink zu lösen, sondern er liefert die geeignete Menge schwefelsaures Zink und Eisensulfat, wodurch die Endreaktion mit Kaliumpermanganat ebenso scharf wird, als wenn keine HCl in der Lösung wäre. Sobald sich das Zink ganz gelöst hat, spüle man die Innen- und Aussenseite des Trichters sowie den Hals der Flasche mit Wasser ab, und fülle sie fast ganz mit Wasser an, lasse erkalten und giesse dann die Lösung in eine grosse weite Schale von ungefähr 1500 ccm Inhalt (siehe weiter unter Fig. 88 A). Man wasche Flasche und Trichter mit kaltem Wasser gründlich aus, giesse dasselbe in die Schale und fülle bis ca. 1000 ccm auf; darauf lasse man aus einer Bürette eine eingestellte Chamäleonlösung zufliessen, deren Titer nach einer der unten beschriebenen Methoden sorgfältig bestimmt ist. Zuerst verschwindet die Farbe der Chamäleonlösung, sobald sie mit der Flüssigkeit, welche stets mit einem Glasstabe umgerührt werden muss, in Berührung kommt; man setze immer mehr zu, endlich tropfenweise; die Flüssigkeit wird gelblich gefärbt, und zwar um so tiefer, je mehr Eisen darin ist; endlich wird durch einen Tropfen Chamäleon diese gelbe Farbe zerstört, und der nächste Tropfen ruft eine schwache rosa Färbung hervor; sobald dies eintritt, ist die Reaktion beendet. Man lese an der Bürette die gebrauchten Kubikcentimeter ab und setze dann noch einen Tropfen zu, wodurch die Lösung deutlich rosa gefärbt werden wird.

Die Anzahl der gebrauchten Kubikcentimeter, minus einer kleiner Korrektion für Zink etc., multiplicirt mit dem Titer von einem Kubikcentimeter geben die Menge des im Erz enthaltenen metallischen Eisens an.

Der in Figur 87 gezeichnete Reduktor ist ebenso praktisch zur Reduktion der Eisenoxyd- zu Eisenoxydulsalzen; der einzige Nachtheil bei demselben ist der, dass das Eisen als Sulfat vorhanden sein muss, was ein Abdampfen der zum Lösen der Erze gebrauchten HCl nothwendig macht.

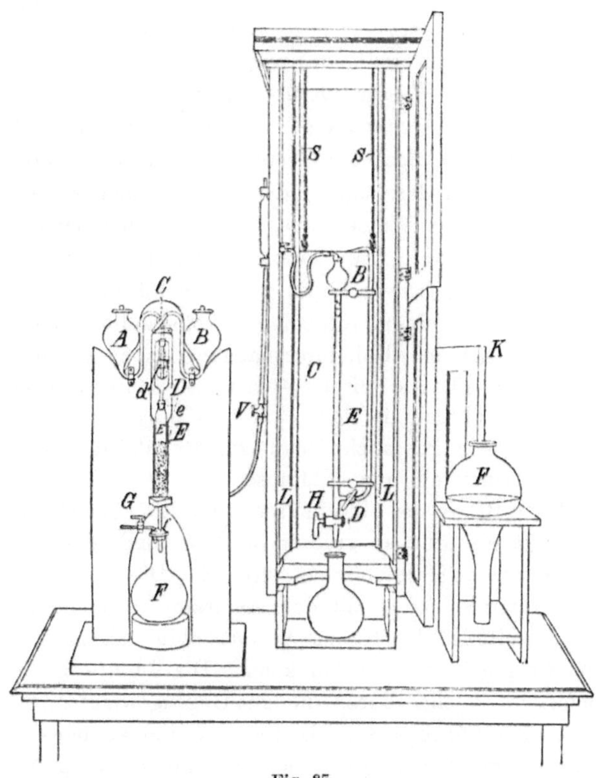

Fig. 87.

Die wesentlichen Bedingungen für eine genaue Bestimmung des Eisens nach dieser Methode sind folgende: Das Eisen muss als schwefelsaures Eisenoxyd da sein; die Lösung desselben muss verdünnt sein; es dürfen nicht die geringsten Spuren HCl und HNO_3 gegenwärtig sein, und in 300 ccm der zu reducirenden Eisenoxydlösung dürfen nicht über 50 ccm H_2SO_4 von 1,32 spec. Gew. sein. Bei Eisenerzen und in fast allen Fällen bietet das gewöhnlich keine

Schwierigkeiten; wurde die Lösung durch konc. H_2SO_4 hergestellt, so muss sie so wie sie ist reducirt, oder aber so sehr verdünnt werden, dass durch Zink keine heftige Reaktion entsteht. Das Volumen der Flüssigkeit darf nicht mehr als 350 ccm betragen.

Der Reduktor muss jetzt mit Zink gefüllt und gründlich ausgewaschen werden; ist von früheren Reduktionen her noch genug Zink in der Röhre, so genügt ein einmaliges Auswaschen. Die Eisenoxydlösung wird jetzt in einen der Behälter A oder B gegossen (nöthigenfalls auch in beide) und der Kolben oder das Becherglas 3 oder 4 mal mit Wasser ausgewaschen.

Der Hahn G wird (zum Saugen mit der Pumpe) geöffnet und der Hahn C so gedreht, dass die Behälter A und B entleert werden, und die Lösung durch das Zink filtrirt wird; man spüle die Behälter 4 bis 5 mal mit Wasser aus, schliesse den Hahn G und nehme die Flasche F ab. Die Flüssigkeit hat jetzt ein Volum von ca. 400 bis 500 ccm; auf diese Weise wird die Lösung von schwefelsaurem Eisenoxyd in einem Augenblick vollständig reducirt. Die Bürette wird darauf mit Kaliumpermanganatlösung gefüllt und die Eisenlösung in der Flasche direkt titrirt. Letztere schwenkt man praktischerweise während der Titration beständig um.

Im Durchschnitt gebraucht man zur Reduktion und genauen Titration der Eisenoxydlösung 4 Minuten.

Die Bürette B, welche 50 ccm fasst und in $^1/_{10}$ ccm getheilt ist, besteht aus dem eigentlichen graduirten Rohr und einem unterhalb der 50 ccm-Marke angeschmolzenen Arm E. Die Spitze von B ist durch einen Gummischlauch mit dem Aspirator verbunden, während der Arm E vermittelst des Hahns D mit dem gläsernen Reservoir F in Verbindung gebracht werden kann. Die Bürette ist auf einem Brett C befestigt, welches durch die mit Gegengewichten versehenen Seile S, S in den Führungen L, L frei auf und ab bewegt werden kann. Beim Gebrauch wird der Behälter F mit Kaliumpermanganatlösung gefüllt, mit E in Verbindung gebracht und dann wird vermittelst des Aspirators die Bürette bis zur Nullmarke gefüllt.

Figur 88 zeigt eine andere Bürettenform, welche den grossen Vortheil hat, dass bei derselben der Glasstopfen, welcher sich leicht festsetzt oder auch, wenn man nicht ganz vorsichtig ist, abbricht, wegfällt.

Die Bürette ist vermittelst Neusilber- oder Nickelband an einem hölzernen Gestell befestigt; sie ist oben durch einen durchbohrten

Gummistopfen, in welchem sich ein enges Glasrohr befindet, verschlossen. Dieses Rohr ist durch ein kurzes Stück Gummischlauch mit einem anderen Glasrohr verbunden, welches an der hinteren

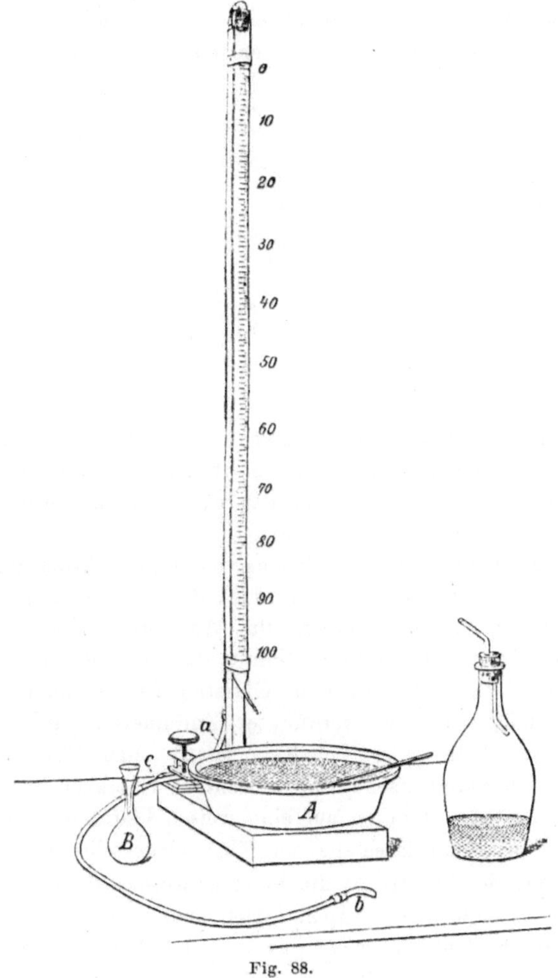

Fig. 88.

Seite des hölzernen Gestells angebracht ist und bis ungefähr auf den Boden desselben reicht; unten ist dieses Rohr mit einem dickwandigen Stück Gummischlauch verbunden, welch' letzterer durch einen Quetschhahn führt (Fig. 89). Saugt man an dem Ende bei b, so kann man die Bürette bis zur Nullmarke mit der eingestellten Lösung füllen, worauf man dann den Quetschhahn schliesst. Die Bürette bleibt so lange gefüllt, bis man durch a Luft eintreten lässt. Auf diese Weise kann man durch den Quetschhahn den Ausfluss aus der Bürette vollständig reguliren. Gegen Ende der Operation lässt man die Flüssigkeit nur tropfenweise zutreten, was man da-

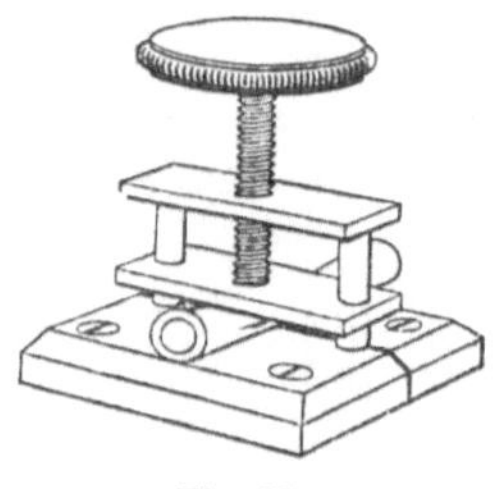

Fig. 89.

durch erreicht, dass man den Quetschhahn fast ganz schliesst und mit dem Daumen den Gummischlauch bei C zusammendrückt; auf diese Art kann man den Austritt der eingestellten Lösung aus der Bürette auf das Genaueste reguliren.

Gebraucht man eine Normallösung von doppeltchromsaurem Kali, so wird das Ende der Reaktion nicht durch einen Farbenwechsel der Lösung verdeutlicht, sondern die An- oder Abwesenheit von Eisenoxydulsalz wird dadurch bestimmt, dass man gegen Ende einen Tropfen aus der Schale mit dem Glasstab herausnimmt und denselben zu einigen Tropfen verdünnter Kaliumeisencyanidlösung auf einer weissen Platte oder Schale zusetzt. Man löse einen sehr kleinen Krystall Kaliumeisencyanid in wenigen Kubikcentimern Wasser und bringe ein paar Tropfen auf eine weisse Platte oder Schale mit flachem Boden. Man lasse die sorgfältig eingestellte Kaliumbichromatlösung aus der Bürette in die in einer weissen Schale befindliche desoxydirte Eisenlösung fliessen. Die zuerst farblose Flüssigkeit wird allmählich deutlich grün, was von der Reaktion der Chromsäure herrührt. Man prüfe von Zeit zu Zeit, wie weit die Oxydation der Eisenlösung vorgeschritten, dadurch dass man einen Tropfen derselben zu einigen Tropfen Kaliumeisencyanid setzt. Sobald die entstehende blaue Farbe nicht mehr so intensiv ist wie zuerst, setze man das Kaliumbichromat langsamer zu und prüfe häufiger, schliesslich nach Zusatz von jedem Tropfen Bichromat. Erscheint bei dem Prüfen die blaue Farbe nicht mehr, selbst nicht nach Verlauf einiger Sekunden, so ist das Eisenoxydul vollständig oxydirt, und man kann aus der gebrauchten Anzahl Kubikcentimeter der Kaliumbichromatlösung (nach Abzug einer kleinen Korrektion für Zink) die Menge des im Erz enthaltenen Eisens berechnen. Das angewandte Kaliumeisencyanid muss natürlich vollkommen frei von Eisencyanür sein: man prüfe es daraufhin durch Zusatz von einem Tropfen Eisenchloridlösung zu einigen Tropfen des Kaliumeisencyanids; erscheint keine blaue Farbe, so ist es rein. Will man sich das zeitraubende öftere Prüfen ersparen, so kann man zwei Bestimmungen ausführen; bei der ersten lässt man z. B. stets 2 ccm zulaufen und prüft dann nach jedem Zusatz, bis man endlich ein annäherndes Resultat erreicht hat, bei der zweiten lässt man bis auf 1 oder 2 ccm gleich so viel Kubikcentimeter zulaufen, wie man nöthig hat und prüft dann erst. z. B. Angenommen die Oxydation sei nach Zusatz von 16 ccm vollendet, so lässt man bei der zweiten Bestimmung gleich 14 oder 15 ccm auf einmal zulaufen und setzt dann tropfenweise zu.

Wird das Erz durch HCl vollständig zersetzt, so braucht der Rückstand für sich nicht behandelt zu werden, sondern man kann das abgewogene Erz sogleich in den Kolben schütten und mit 10 ccm HCl und bei Gegenwart organischer Substanzen wenig $KClO_3$ behandeln. Nach vollkommener Zersetzung des Erzes und nach Verjagung des Cl setze man 30 ccm Wasser zu und desoxydire wie angegeben.

Statt durch Zink kann man die Eisenchloridlösung auch durch saures schwefligsaures Ammon desoxydiren. Die Reduktion vermittelst Zink ist für solche Erze, welche viel TiO_2 enthalten, unpraktisch, denn die TiO_2 wird durch metallisches Zink zu Ti_2O_3 reducirt, wodurch die Lösung purpurn oder bläulich gefärbt wird, und welche auf die eingestellte Permanganatlösung dieselbe Wirkung ausübt, wie die Lösung eines Eisenoxydulsalzes.

Will man nach dieser Methode desoxydiren, so giesse man das Eisenchlorid in einen 120 ccm-Kolben und lege auch 2 oder 3 Platindrahtspiralen hinein, um das nachfolgende Kochen zu erleichtern. Man setze zu der Lösung (welche ca. 40 ccm betragen muss) vorsichtig soviel Ammoniak, bis eben ein bleibender Niederschlag von

Eisenoxydhydrat entsteht, welcher auch nach dem heftigsten Schütteln nicht verschwindet. Darauf setze man 5 ccm konc. H_4NHSO_3-Lösung zu, schüttele tüchtig und erwärme die Flasche gelinde. Sobald die Farbe der Lösung, welche zuerst tief roth ist, schwächer wird, erwärme man stärker und erhitze endlich zum Sieden; ist die Lösung ganz farblos, so füge man die des Rückstandes, sowie 100 ccm H_2SO_4, mit 20 ccm H_2O gemischt, hinzu, dann erhitze man solange weiter, bis die schweflige Säure ausgetrieben ist; damit keine Luft zutreten und keine Flüssigkeit verloren gehen kann, hänge man einen kleinen Trichter in den Hals der Flasche. Wenn die Lösung nicht mehr nach SO_2 riecht, so stelle man die Flasche in kaltes Wasser, spüle den Trichter und den Hals der Flasche gut ab und fülle letztere mit Wasser voll; ist die Lösung vollständig kalt, so giesse man sie in eine Schale und titrire.

Eine dritte Methode zum Reduciren der Eisenchloridlösung, welche auch zuweilen angewandt wird, ist die mit Zinnchlorür. Die Einzelheiten sind folgende: Man löse 1 g Erz in 30 ccm konc. HCl (wenn nöthig, filtrire, verbrenne und schmelze man den Rückstand mit etwas Na_2CO_3, löse in Wasser und HCl und setze diese Lösung zur Hauptlösung), giesse die Lösung in einen Kolben, verdünne auf 500 ccm und erhitze zum Sieden. Zu der kochenden Flüssigkeit setze man sehr vorsichtig eine klare saure Lösung von $SnCl_2$, welche im Liter ungefähr 10 g Sn enthält. Wird die gelbe Farbe der Eisenchloridlösung schwächer, so setze man das $SnCl_2$ tropfenweise zu und prüfe auf Oxyd dadurch, dass man einen Tropfen zu einer frisch bereiteten verdünnten Lösung Kaliumsulfocyanat hinzufügt. Nach jedem $SnCl_2$-Zusatz muss man den Inhalt des Kolbens etwas kochen lassen, und dann schnell wieder einen Tropfen zu einigen Tropfen des Sulfocyanats zusetzen. Wenn die in dem letzteren hervorgebrachte Färbung eben ganz schwach rosa ist, so kann man die Desoxydation als beendet betrachten. Man kann aber auch einen Ueberschuss von $SnCl_2$ zugesetzt haben, und muss desshalb zwei oder drei Tropfen Kaliumbichromatlösung zu der Flüssigkeit setzen (Kaliumpermanganat darf man nicht anwenden) und die Wirkung derselben beobachten. Nachdem man an der Bürette abgelesen hat, setze man zwei oder drei Tropfen Kaliumbichromat zu der Lösung in der Flasche und prüfe dann wieder mit Kaliumsulfocyanat. Wird die Färbung viel intensiver, so giesse man die Flüssigkeit aus dem Kolben in eine Schale und beendige die Titration mit Kaliumbichromatlösung. Die Reduktion des Eisenchlorids findet gemäss folgender Gleichung statt:

$$Fe_2 Cl_6 + Sn Cl_2 = 2 Fe Cl_2 + Sn Cl_4.$$

Methoden zum Einstellen der Lösungen.

Der Titer der angewandten Normallösungen muss mit der grössten Genauigkeit bestimmt werden, wenn die durch sie erhaltenen Resultate mehr als annähernd sein sollen. Zu diesem Ende müssen nicht nur die angewandten Reagentien chemisch rein sein, sondern die Bedingungen, unter denen die Normallösung eingestellt wird, müssen möglichst denen entsprechen, unter welchen sie wirklich angewandt wird. Diese Bedingungen beziehen sich nicht nur auf Temperatur, Verdünnung etc., sondern auf die wirkliche chemische Zusammensetzung der Flüssigkeit, auf welche die Normallösung, durch welche ihr Werth bestimmt wird, einwirkt.

Am besten wendet man als Reagens eine Eisenchloridlösung von bekannter Stärke an. Um dieselbe herzustellen, löse man 100 g Stabeisen (frei von Mangan und Arsen, und in welchem der Phosphor genau bestimmt worden ist) in HNO_3, dampfe in einer Schale zur Trockne und erhitze, bis das salpetersaure Eisen grösstentheils zersetzt ist und die Masse leicht vom Boden und den Seiten der Schale losgelöst werden kann; man schütte sie dann auf ein Platinblech, dessen Ecken nach oben gebogen sind, und erhitze sie eine Zeit lang bei sehr hoher Temperatur in der Muffel, oder aber portionsweise im Tiegel über dem Gebläse. Die ganze Masse zerreibe man darauf in einem Achatmörser so fein wie möglich, löse sie in HCl, dampfe in einer Schale zur Trockne, nehme mit verdünnter HCl wieder auf, filtrire die SiO_2 ab und verdünne die Lösung auf ungefähr 4 Liter. Zwanzig Kubikcentimeter dieser Lösung enthalten 0,5 g Eisen; man kann sie in einer mit Glasstopfen verschlossenen und mit Paraffin gedichteten Flasche, oder aber auch in mehreren kleineren Flaschen, nachdem man vorher gut durcheinandergemischt hat, aufbewahren.

Man wasche und trockne drei von den kleinen Kolben, welche zur Desoxydation der Erzlösung gebraucht wurden, wäge sie bis auf 1 mg genau ab und messe in jeden ein bestimmtes Quantum der Eisenchloridlösung z. B. 15 bis 25 ccm ab; dann wäge man die Kolben nebst Inhalt, sodass man also die Gewichte der genommenen

Eisenchloridlösung kennt. Man giesse jetzt die Lösungen aus den 3 Kolben in 3 Platinschalen, verdünne, koche, fälle mit Ammoniak, filtrire, wasche, trockne, glühe und wäge den Niederschlag, welcher aus $Fe_2O_3 + P_2O_5$ besteht, mit den unten angegebenen Vorsichtsmassregeln. Man ziehe von diesem Gewichte die Menge der P_2O_5 ab, welche in demselben enthalten ist, so ist der Rest das Gewicht des in der angewandten Menge der Lösung enthaltenen Fe_2O_3. z. B. Angenommen im Eisen wäre ursprünglich 0,1% P, so würde das = 0,229% P_2O_5 sein, da aber das Eisen zu Fe_2O_3 oxydirt worden ist, so würde der Procentgehalt an P_2O_5 im Eisenoxyd nur $^7/_{10}$ so gross sein, als im Eisen selbst, da das Gewicht als Oxyd $^{10}/_7$ mal so gross ist, wie als Fe. Desshalb multiplicire man 0,229% mit 0,7, um den Procentgehalt an P_2O_5 im Fe_2O_3 zu erhalten, was 0,16% P_2O_5 ergibt. Nehmen wir ferner an, dass das Gewicht des erhaltenen $Fe_2O_3 + P_2O_5$-Niederschlags 0,8131 g betrüge, so würden 0,16% desselben 0,0013 g entsprechen, oder, mit anderen Worten, das Gewicht der im Gesammtniederschlage enthaltenen P_2O_5 betrüge 0,0013 g. Das Gewicht des in der angewandten Lösung enthaltenen Fe_2O_3 ist also 0,8131 — 0,0013 = 0,8118 g. Dividirt man dieses Gewicht durch das der Lösung, so erhält man das Gewicht des Fe_2O_3, welches in 1 g der Eisenchloridlösung enthalten ist. Man nehme von den drei auf diese Weise erhaltenen Resultaten das Mittel und nenne das Resultat den Titer der Eisenchloridlösung in Bezug auf Fe_2O_3, oder man multiplicire es mit 0,7 und man erhält den Titer in Bezug auf Fe.

Zum Einstellen der Chamäleon- oder Kaliumbichromatlösung wäge man 3 Portionen Eisenchloridlösung in die Kolben, reducire sie und titrire die reducirten Lösungen genau nach Angabe. Bevor man die Stärke der Normallösung ausrechnet, muss man eine kleine Korrektur vornehmen, weil eine bestimmte Menge der oxydirenden Lösung nöthig ist, um in allen Fällen, in denen Chamäleon angewendet wird, die Endreaktion hervorzubringen, und bei Anwendung von Kaliumbichromatlösung in den Fällen, wo Zink als Reduktionsmittel gebraucht wurde.

Man behandele in einem kleinen Kolben 3 g Zink mit 5 ccm HCl und 20 ccm H_2O und setze nach und nach 10 ccm H_2SO_4 und 20 ccm H_2O zu. Wenn sich das Zink vollständig gelöst hat, stelle man den Kolben in kaltes Wasser, bis der Inhalt kalt ist; dann spüle man den letzteren in eine Schale, verdünne auf 1 Liter, setze

20 ccm Eisenchloridlösung zu (frei von Oxydul) und tropfe die Normallösung zu, bis die Endreaktion eintritt. Die so erhaltene Korrektur ziehe man jedesmal beim Ablesen an der Bürette ab, um den wirklichen Titer der Normallösung zu erhalten. Der Rest ist das absolute Volumen, welches zur Oxydation des Eisenoxydulsalzes nöthig ist. Da man nun das Gewicht der angewandten Eisenchloridlösung, die Menge des in jedem Gramm derselben enthaltenen Eisens und das Volumen der Normallösung kennt, welches nöthig ist, um diese Menge zu oxydiren, so findet man den Titer von jedem Kubikcentimeter der Normallösung, indem man das Gewicht der angewandten Eisenchloridlösung mit dem Titer von einem Gramm auf Fe multiplicirt und diese Menge durch die Anzahl der gebrauchten Kubikcentimeter der Normallösung dividirt. Das Mittel von den drei Portionen kann man dann als den Titer der Normallösung annehmen. Die Art der Berechnung wird an einem Beispiel klar werden, und da die Logarithmen diese Berechnungen sehr vereinfachen, so sind auch sie in dem Beispiel angegeben:

Gewicht der leeren Flasche	22,8817	
Gewicht der Flasche + Eisenchloridlös.	40,0640	
Gewicht d. angewandt. Eisenchloridlös.	17,1823	= log 1,2350813
Titer der Eisenchloridlösung wie oben bestimmt	1 g = 0,03227 g Fe	= log 8,5087990 — 10
Fe in der angew. Eisenchloridlös.	= 0,55448 g	= log 9,7438803 — 10
Gebrauchte Kubikcentimeter (beim Titriren)	= 82,0 ccm	
Nach der Korrektur abzuziehen	0,25 -	
Zum Oxydiren gebrauchte ccm	81,75 ccm	= log 1,9124878
1 ccm Normallösung	0,0067826 g Fe	= log 7,8313925 — 10

Zur Berechnung der Menge des Eisens im Erz braucht man natürlich nur den Logarithmus der nach der Korrektur übrig bleibenden Anzahl Kubikcentimeter zu dem Logarithmus der Normallösung zuzuzählen, dann gibt der der Summe dieser beiden Logarithmen entsprechende Numerus das Gewicht des im Erz enthaltenen Eisens in Grammen an; multiplicirt man dieses mit 100, so erhält man den Procentgehalt.

Zur Einstellung der Normallösungen kann man statt Eisenchlorid auch sehr feinen Eisendraht benutzen. Man wäge 0,4 bis

0,6 g feinen Eisendraht ab, welcher mit Schmirgelpapier gut abgerieben und mit einem leinenen Tuch abgeputzt worden ist; man löse denselben in 10 ccm HCl und 20 ccm H_2O und setze einige Krystalle $KClO_3$ zu, desoxydire sorgfältig und titrire, wie oben angegeben. Man multiplicire das Gewicht des Eisendrahtes mit 0,998, um die absolute Menge des angewandten Eisens zu erhalten, nehme beim Ablesen an der Bürette die geeignete Korrektur vor und berechne den Titer der Normallösung.

Ausserdem kann man zum Einstellen der Normalen auch schwefelsaures Eisenoxydul, $FeSO_4 . 7\,H_2O$ oder auch schwefelsaures Eisenoxydul-Ammoniak anwenden. Ersteres enthält 20,1439 % Fe, während das letztere 14,2857 % oder fast genau $^1/_7$ seines Gewichtes an metallischem Eisen hat. Die reinen Salze werden nach dem Abwägen gewöhnlich in Wasser unter Zusatz von 10 ccm H_2SO_4 gelöst und direkt titrirt. Man erhält bei ihrer Anwendung aber nicht so genaue Resultate als wie bei den beiden ersten Methoden. Es ist von Wichtigkeit, dass die Normallösungen die geeignete Koncentration haben; d. h. sie dürfen weder zu verdünnt, noch zu koncentrirt sein. Da die Eisenerze ca. 60 % metallisches Eisen enthalten, so ist eine Normallösung, von welcher 100 ccm 0,66 g Fe entsprechen, gerade koncentrirt genug, dass man für eine Bestimmung die Bürette nicht zweimal zu füllen braucht. Sind die Erze bedeutend ärmer an Eisen, so kann man die Normallösung dementsprechend verdünnen.

Setzt man Kaliumpermanganat zu einer Lösung von schwefelsaurem Eisenoxydul, so findet folgende Reaktion statt:

$$10\,FeSO_4 + 2\,KMnO_4 + 8\,H_2SO_4 = 5\,Fe_2(SO_4)_3 + K_2SO_4 + 2\,MnSO_4 + 8\,H_2O,$$

oder 316,2 Gewichtstheile $KMnO_4$ oxydiren 560 Gewichtstheile Fe, oder 3,727 g $KMnO_4$ auf 1 Liter gibt eine Lösung von geforderter Stärke.

Bei Kaliumbichromatzusatz findet die Reaktion statt:

$$6\,FeSO_4 + K_2Cr_2O_7 + 7\,H_2SO_4 = 3\,Fe_2(SO_4)_3 + K_2SO_4 + Cr_2(SO_4)_3 + 7\,H_2O,$$

oder 294,5 Gewichtstheile $K_2Cr_2O_7$ oxydiren 366 Theile Fe, oder 5,785 g Kaliumbichromat in 1 Ltr. Wasser gelöst geben eine Lösung, von der 100 ccm 0,66 g Fe entsprechen.

Um daher diese Flüssigkeiten zu bereiten, löse man die angegebenen Gewichte oder Vielfache derselben in reinem, destillirtem Wasser auf, lasse einige Zeit stehen, filtrire durch Asbest und verdünne auf das geeignete Volumen; dann schwenke man die Flasche gut um und stelle die Lösung, wie oben beschrieben, ein. Die Lösungen müssen in mit Glasstopfen verschlossenen Flaschen aufbewahrt und in einen dunklen Raum gestellt werden. Vor dem jedesmaligen Gebrauch der Lösungen schüttele man die Flasche tüchtig.

Bestimmung des als Eisenoxydul vorkommenden Eisens.

Manche Eisenerze enthalten das Eisen als Oxydul, und dieses Eisenoxydul ist in Salzsäure entweder löslich oder unlöslich. Zur

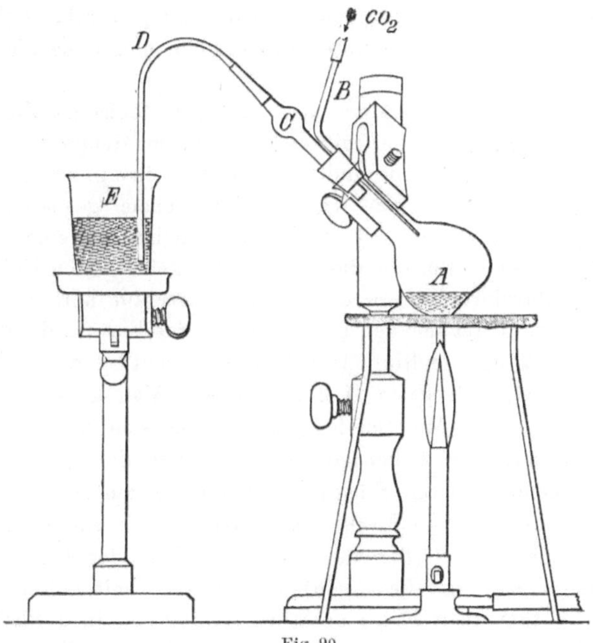

Fig. 90.

Bestimmung des in HCl löslichen FeO wäge man 1 g des fein gepulverten Erzes ab und schütte es in die in Fig. 90 gezeichnete

Flasche A, welche ca. 100 ccm Inhalt hat. Man verschliesse dann die Flasche mit einem 2mal durchbohrten Gummistopfen, durch den die beiden Glasröhren B und C führen, und stelle sie in eine solche Lage, wie sie in der Skizze gezeichnet ist. Das Rohr C verbinde man durch ein Stück Gummischlauch mit der gebogenen Röhre D, welche in das im Becherglase E befindliche Wasser eintaucht. Durch B leite man so lange Kohlensäure ein, bis alle Luft vertrieben ist, dann nehme man für einen Augenblick den Gummischlauch, welcher B mit dem CO_2-Entwicklungsapparat verbindet, ab, giesse durch B vermittelst eines kleinen Trichters 10 bis 12 ccm konc. HCl in die Flasche A, verbinde B wieder mit dem CO_2-Apparat und leite weiter CO_2 durch. Man erhitze die Flasche vorsichtig, bis das Erz vollständig zersetzt ist, oder die Salzsäure nicht mehr auf dasselbe einwirkt, alsdann entferne man die Lampe, sperre den Kohlensäurestrom für einen Augenblick ab und kühle die Flasche etwas. Durch das so entstehende Vakuum in A wird aus dem Becherglase Wasser hineingetrieben. Jetzt leite man wieder CO_2 durch, stelle eine Schale mit kaltem Wasser unter die Flasche und lasse die Lösung erkalten.

Man löse in einem kleinen Kolben 3 g metallisches Zink in 10 bis 15 ccm H_2SO_4, welche mit der geeigneten Menge Wasser verdünnt ist, lasse erkalten und füge diese Lösung zu der in der Zwischenzeit erkalteten und in eine Titrirschale gegossenen Erzlösung hinzu, verdünne auf 1 Ltr. und titrire mit einer Normallösung; lese an der Bürette die Anzahl der gebrauchten Kubikcentimeter ab, subtrahire hiervon die für die Korrektur nöthigen Kubikcentimeter und berechne den Procentgehalt des Eisens; dividirt man diesen durch 7 und multiplicirt mit 9, so erhält man den Procentgehalt des FeO, welches in HCl löslich ist. Man lasse die Lösung in der Schale einige Minuten lang stehen, bis sich die unzersetzten Erztheilchen abgesetzt haben; dann hebere man den grösseren Theil der überstehenden klaren Flüssigkeit ab, spüle den Satz vermittelst einer Spritzflasche in ein Becherglas, filtrire durch ein dünnes Filter im Gooch'schen Tiegel (der Asbest, aus welchem das Filter gemacht wurde, muss frei von FeO sein) und wasche mit kaltem Wasser aus, darauf thue man Filter nebst Rückstand in einen Platintiegel, giesse 5 bis 10 ccm HCl und ungefähr die Hälfte HFl zu, bedecke den Tiegel und stelle ihn in ein Wasserbad, wie es in Fig. 91 gezeichnet ist. Der Tiegel ruht in einem Platindreieck, welches über einer Oeffnung in der Mitte des Deckels angebracht ist. Rund um diese Oeffnung geht eine Rinne, in welcher ein Trichter steht und die mit Wasser gefüllt ist. Man leite von der Seite her durch das aus der Figur zu ersehende Rohr CO_2 oder Leuchtgas in das Bad,

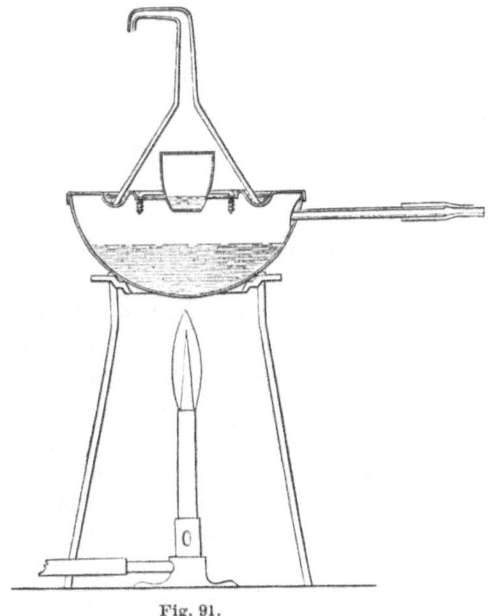

Fig. 91.

um die Luft zu vertreiben und erhitze das Bad so lange, bis der Rückstand im Tiegel vollständig aufgelöst ist. Man spüle den Inhalt des Tiegels in eine Schale, in welche man kurz vorher eine Lösung von 3 g Zink in H_2SO_4 und soviel kaltes Wasser gegossen hat, dass die Flüssigkeitsmenge ungefähr 1 Liter beträgt; man titrire alsdann und berechne die FeO-Menge wie zuvor.

Man kann natürlich das in HCl lösliche und unlösliche FeO auch in verschiedenen Erzmengen bestimmen; es ist aber langwieriger, und die Erfahrung hat gezeigt, dass die Bestimmung nicht nur nicht genauer, sondern in manchen Fällen sogar ungenauer wird, als nach der oben beschriebenen Methode.

Die gesammte FeO-Menge kann man auch auf einmal bestimmen, indem man 1 g Erz im Tiegel direkt mit 20 ccm HCl und 20 ccm HFl behandelt, aber es ist manchmal schwierig, das Erz selbst nach längerem Erwärmen im Bade in Lösung zu erhalten, und ausserdem muss das Erz im Achatmörser auch sehr fein zerrieben sein. Von Zeit zu Zeit muss man den Tiegel abnehmen, den Deckel desselben aufheben, und den Inhalt mit einem Platinstab aufrühren.

Wenn das Erz durch HCl vollständig zersetzt ist, oder wenn der unzersetzte Rückstand kein FeO enthält, so braucht derselbe natürlich nicht für sich behandelt zu werden.

Enthält ein Erz viel organische Substanz, so ist eine genaue Bestimmung des FeO oftmals unmöglich, da die Lösung des Erzes in Salzsäure etwas von dem Eisenoxydsalz reducirt.

Bestimmung von Schwefel.

Der Schwefel existirt in zweierlei Modifikationen in Eisenerzen, als Schwefel in Form von Sulfiden und als Schwefelsäure in Form von Sulfaten. Zur Bestimmung des Gesammtschwefels wäge man 1 g des feingemahlenen Erzes ab und schütte dasselbe in einen grossen Platintiegel, setze 10 g Na_2CO_3 und weniger als 1 g KNO_3 zu. Man mische gründlich mit einem Platindraht und erhitze sorgfältig über einem grossen Bunsenbrenner oder der Gebläselampe, bis die Masse vollständig flüssig ist und ruhig fliesst, stoche die Masse an den Wänden des Tiegels gut auf, lasse erkalten und behandele sie mit kochend heissem Wasser. Man giesse die Flüssigkeit in ein enges hohes Becherglas, behandele den Tiegel wieder mit kochendem Wasser und wiederhole diese Operationen so lange, bis die Natriumsalze gelöst sind, und ausser den unvermeidlichen Flecken nichts mehr im Tiegel ist. Man rühre die Flüssigkeit im Becherglase gut um und lasse das Eisenoxyd absitzen. Wenn die Flüssigkeit roth oder grün gefärbt ist, so ist Mangan im Erz enthalten; dann setze man einige Tropfen Alkohol zu, wodurch das Mangan als Oxyd gefällt und die Flüssigkeit klar wird, es sei denn, dass sie Chrom enthält, in welchem Falle sie gelblich gefärbt wird. Man dekantire die überstehende Flüssigkeit durch ein kleines Filter, lasse das Filtrat in ein anderes Becherglas fliessen, giesse das kleine Becherglas mit heissem Wasser ungefähr voll, rühre gut um, lasse absitzen, dekantire wieder durch das Filter und wiederhole die Operation noch einmal. Die gesammelten Filtrate säuere man mit HCl an (gegen 20 ccm sind nöthig), dampfe auf dem Luftbade zur Trockne, nehme mit Wasser und einigen Tropfen HCl auf, filtrire, erhitze das Filtrat zum Sieden und setze 10 ccm Chlorbariumlösung zu. Man lasse einige Stunden stehen, filtrire durch einen Gooch'schen Tiegel oder ein kleines aschenfreies Filter, glühe und wäge als $BaSO_4$; das Gewicht desselben mit 0,1376 multiplicirt gibt das Gewicht des S an. Der unlösliche Theil der wässerigen Lösung der Schmelze kann zur Bestimmung des Gesammteisengehalts im Erz benutzt werden, was bei schwer löslichen Erzen besonders vortheilhaft ist. Man giesse 10 ccm HCl in den Tiegel, in welchem geschmolzen wurde, bedecke ihn und erhitze ihn, bis die anhaftenden Oxyde sich gelöst haben, verdünne mit ungefähr der gleichen Menge Wasser und giesse dasselbe durch das kleine Filter, durch welches auch die wässerige Lösung filtrirt wurde, und lasse es in das Becherglas fliessen, welches den Eisenoxydrückstand enthält. Man spüle den Tiegel aus, giesse das Waschwasser auch durch das Filter und wasche das letztere so lange mit kaltem Wasser aus, bis es eisenfrei ist, dampfe die Lösung im Becherglase zur Trockne, nehme mit 10 ccm HCl wieder auf und giesse die Lösung, welche das Eisenchlorid, Kieselsäure etc. enthält, in einen kleinen Kolben, desoxydire und titrire wie angegeben.

Der Schwefel, welcher im Eisenerz als Schwefelsäure vorhanden ist, ist gewöhnlich an Calcium oder Barium gebunden: als Sulfat des Calciums oder irgend einer der anderen alkalischen Erden, mit Ausnahme von Barium, der Alkalien, der Metalle ist er in HCl löslich; als Bariumsulfat ist er dagegen vollständig unlöslich. Die löslichen Sulfate kann man daher auf folgende Weise bestimmen: Man koche 10 g Erz mit 30 ccm HCl und 60 ccm Wasser, filtrire das ungelöste Erz ab, dampfe das Filtrat zur Trockne, nehme mit HCl und Wasser (1 : 2) auf, filtrire in ein Becherglas hinein, neutralisire nahezu mit Ammoniak, erhitze zum Sieden und fälle mit Chlorbariumlösung; man filtrire, wasche den Niederschlag aus, glühe und wäge als $BaSO_4$ mit 34,352 % SO_3.

Zur Bestimmung der Schwefelsäure, welche als Bariumsulfat vorhanden ist, behandele man 10 g Erz mit 50 ccm HCl, bis dasselbe zersetzt zu sein scheint. Man dampfe zur Trockne, nehme mit verdünnter HCl (1 : 3) auf, filtrire und wasche den unlöslichen Satz gründlich aus; man glühe und schmelze denselben mit Na_2CO_3, behandele die geschmolzene Masse mit heissem Wasser und filtrire. Die Schwefelsäure befindet sich als Natriumsulfat im Filtrat, während das Barium als Bariumkarbonat auf dem Filter zurückbleibt. Es ist sicherer, wenn man das Bariumsulfat aus der Menge des Bariums berechnet, als aus der Menge der Schwefelsäure, da das Erz Sulfide (Pyrite etc.) enthalten kann, welche durch HCl nicht zersetzt, wohl aber durch Schmelzen mit Na_2CO_3 zum Theil oxydirt und aufgeschlossen werden. Das Bariumsilikat und Bariumkarbonat werden durch HCl leicht zersetzt; man findet dieselben aber auch nicht mit dem Barium in dem unlöslichen Rückstand. Es ist natürlich auch möglich, dass Bariumsilikat oder -karbonat und Calciumsulfat zugleich in einem Erz vorkommen, und dass das Bariumsulfat sich durch die Zersetzung des Erzes mit HCl bildet; da man aber die lösliche Schwefelsäure einerseits und die unlösliche andererseits bestimmt hat, so hat man also die Gesammtmenge der Schwefelsäure im Erz bestimmt, und der Zweck der Analyse ist erreicht. Zur Bestimmung des Bariums behandele man den durch Filtration der wässerigen Lösung der Schmelze erhaltenen Rückstand mit HCl (verdünnt), dampfe zur Trockne, um die Kieselsäure unlöslich zu machen, nehme mit Wasser und einigen Tropfen HCl wieder auf, filtrire in ein Becherglas hinein, erhitze das Filtrat zum Sieden und setze einige Tropfen H_2SO_4 zu, welche mit wenig Wasser verdünnt ist. Man lasse den Niederschlag absitzen, filtrire, wasche aus, glühe und wäge als $BaSO_4$, aus dessen Gewicht man die Menge der SO_3 berechnet, welche in HCl unlöslich ist. Um die Menge des Schwefels, welcher als Sulfid vorkommt, zu finden, subtrahire man von dem Gesammtschwefel die Menge Schwefel, welche als Sulfat gefunden wurde.

Bestimmung der Phosphorsäure.

Man behandele 5 oder 10 g des fein zerriebenen Erzes mit 30 oder 60 ccm HCl. (Bei wenig Phosphor haltigen Erzen nehme man 10 g, bei anderen 5 g.) Nach vollständiger Zersetzung des Erzes dampfe man zur Trockne, nehme mit 20 bis 40 ccm HCl wieder auf, verdünne, filtrire und verfahre genau so, wie bei der Bestimmung des Phosphors in Eisen und Stahl angegeben wurde. Multiplicirt man das Gewicht der $Mg_2P_2O_7$ mit 0,63976, so erhält man das Gewicht der P_2O_5. Aus dem Phosphorammoniummolybdat-

Niederschlage erhält man die P_2O_5, indem man das Gewicht desselben mit 0,03735 multiplicirt.

In Eisenerzen findet man allgemein Titansäure, und man kann sie als einen der gewöhnlichen Bestandtheile betrachten. Wie schon früher mitgetheilt wurde, führt ihre Anwesenheit im Erz, wenn man sie unberücksichtigt lässt, zu schweren Irrthümern bei der Bestimmung der Phosphorsäure. Die Gegenwart von viel Titansäure im Erz lässt sich erkennen aus dem eigenthümlichen milchigen Aussehen der Lösung, wenn man sie verdünnt, um den unlöslichen Rückstand abzufiltriren, und aus der Neigung trübe durchzulaufen, wenn man den unlöslichen Rückstand auf dem Filter mit Wasser auswaschen will. Die Gegenwart kleinerer Mengen Titansäure erkennt man daran, dass sich die Flüssigkeit bei dem Desoxydiren mit saurem schwefligsaurem Ammon trübt. (cf. Best. des P nach der Acetatmethode „bei Gegenwart von Ti.") Im letzteren Falle kann die Trübung jedoch auch durch Bildung von Bariumsulfat verursacht werden, wenn das Erz dieses Element in Form von Karbonat oder Silikat enthält. Auch Kieselsäure kann unter diesen Umständen eine Trübung verursachen, welche der durch Titansäure hervorgerufenen sehr ähnlich ist, während sich das Bariumsulfat von beiden durch sein gekörntes Aussehen und seine Neigung, sich rasch zu Boden zu setzen, leicht unterscheidet.

Der Rückstand, welcher nach dem Lösen des Erzes in HCl bleibt, muss desshalb auf P_2O_5 untersucht werden, da dieselbe in Verbindung mit TiO_2 unlöslich geblieben sein kann*). Eine Prüfung auf die Gegenwart von Titansäure und zwar eine, die fast stets die kleinsten Mengen anzeigt, ist die, dass man den unlöslichen Rückstand der wässerigen Lösung der Schmelze nach dem Behandeln mit HFl und H_2SO_4 in verdünnter HCl löst und metallisches Zink zusetzt. Bei Gegenwart von Tintansäure wird die Lösung zuerst farblos, dann rosenfarbig oder purpurn und endlich blau wegen der

*) Wenn HFl nichts nützt, so schmelze man den Rückstand mit Na_2CO_3, behandele die geschmolzene Masse mit heissem Wasser, filtrire, säuere mit HCl an und dampfe zur Unlöslichmachung der SiO_2 zur Trockne. Man nehme mit Wasser und wenig HCl auf, filtrire und setze das Filtrat zur Hauptlösung; oder man setze wenig Fe_2Cl_6 zu und mache eine getrennte essigsaure Fällung in diesem Theile und füge dann die Lösung zu der von der Haupt- essigsauren Fällung.

Bildung von Ti_2O_3. Der einfachste Weg ist aber der, wie bei der Phosphorbestimmung „bei Gegenwart von Titan“ bei der Acetatmethode oder der kombinirten Methode angegeben worden ist. Diese Methoden sind dagegen unpraktisch, wenn das Erz grosse Mengen von TiO_2 enthält; man muss dann die Schmelze des essigsauren Niederschlags und den Rückstand von der Behandlung des Unlöslichen mit HFl und H_2SO_4 mit Na_2CO_3 und etwas $NaNO_3$ behandeln. Am besten verfährt man nach dieser Methode, wenn man auch die TiO_2 bestimmen will, da man die angewandte Menge sowohl zur Bestimmung der TiO_2 als auch der P_2O_5 anwenden kann, und dadurch eine Arbeitsersparniss herbeigeführt wird.

Bestimmung von Titansäure.

Die Bestimmung der Titansäure hat immer viele Schwierigkeiten geboten, und ihre Trennung von einer grossen Menge Eisenoxyd und Thonerde ist immer sehr unvollkommen und höchst zeitraubend gewesen. Die Hauptfehlerquellen bei der Bestimmung der Titansäure in den Eisenerzen sind: einmal, dass bei Anwesenheit von P_2O_5 und schwefelsaurem Eisenoxydul in schwefelsaurer Lösung die Titansäure beim Kochen nicht gefällt wird, und dann auch, dass die Al_2O_3 sich gern mit der TiO_2 abscheidet, wenn die letztere unter den oben angegebenen Umständen gefällt wird. Oftmals haftet die gefällte TiO_2 auch so fest an dem Boden und den Wänden des Becherglases, dass sie nur durch Kochen mit einer konc. Lösung von Aetzkali davon entfernt werden kann. In einer Reihe von Versuchen über die Trennung von Aluminium und Titan, hat Dr. Gooch eine Methode vorgeschlagen, durch welche die Bestimmung der TiO_2 in den Eisenerzen erleichtert wird, und die Resultate viel genauer werden, als es bisher der Fall war. Zu dem Ende löse man 5 oder 10 g Erz in HCl und verfahre genau so, wie bei der Bestimmung der P_2O_5 angegeben wurde, indem man den Rückstand nach der Behandlung der unlöslichen Substanzen mit HFl und H_2SO_4, sowie den essigsauren Niederschlag mit Na_2CO_3 und wenig $NaNO_3$ schmilzt, und dann die Operation, genau wie bei der Bestimmung des Ti im Roheisen angegeben, vollendet.

Die wichtigsten Punkte bei dieser Methode sind: **1.** Trennung der TiO_2 von der Masse des F_2O_3 in der desoxydirten Lösung durch essigsaures Ammon. 2. Trennung von der gesammten P_2O_5 und dem grösseren Theile der Al_2O_3 durch Schmelzen mit Na_2CO_3, wodurch einerseits ein in Wasser unlösliches Natriumtitanat und andererseits lösliches Natriumphosphat und Natriumaluminat gebildet wird. 3. Trennung von den letzten Spuren Al_2O_3, vom Eisen, Calcium etc. durch Fällen der TiO_2 in der gründlich desoxydirten Lösung in Gegenwart von einem grossen Ueberschuss von Essigsäure und etwas SO_2, indem die gesammte Schwefelsäure in der Form von Natriumsulfat vorhanden ist. Die Hinzufügung eines grossen Ueberschusses von essigsaurem Natron, durch welches diese letztere Bedingung erfüllt wird, verwandelt die Sulfate vom Eisen, Calcium etc. in essigsaure Verbindungen und schlägt die TiO_2 fast augenblicklich als Hydrat nieder, welches flockig ist, sich schnell absetzt, nicht durch das Filter läuft und mit der grössten Leichtigkeit ausgewaschen werden kann. Zuweilen ereignet es sich, dass etwas FeO mit der TiO_2 fällt, welche dann nach dem Glühen entfärbt erscheint; in diesem Falle schmelze man mit etwas Na_2CO_3, setze nach dem Erkalten der geschmolzenen Masse H_2SO_4 zu, löse auf und wiederhole die Fällung mit essigsaurem Natron in Gegenwart von schwefliger Säure und Essigsäure genau so wie oben.

Eine Anzahl von Versuchen, bei denen alle oben angeführten Punkte innegehalten wurden, haben gezeigt, dass diese Methode vollständig genaue und verlässliche Resultate ergibt.

Bestimmung von Mangan.

Will man das Mangan allein im Erz bestimmen, so kann man eine der Methoden anwenden, welche bei der Bestimmung des Mangans im Eisen und Stahl angegeben wurden. Die bequemste aber ist die Ford'sche Methode mit der bei der Untersuchung des Roheisens nöthigen Modifikation; nur muss man die salzsaure Lösung zur Unlöslichmachung der Kieselsäure zur Trockne dampfen, bevor man die unlöslichen Substanzen abfiltrirt.

Bei Anwendung der Acetatmethode muss das Eisen natürlich in Form von Fe_2Cl_6 und ausserdem darf kein Oxydationsmittel in der Lösung vorhanden sein. Selbst die geringste Menge $FeCl_2$ verursacht die Bildung eines ziegelmehlartigen Niederschlags, der durch das Filter geht, während etwas von dem Eisen in der essigsauren

Flüssigkeit gelöst bleibt. Enthält das Erz also FeO, so muss dasselbe durch HNO_3 oder $KClO_3$ oxydirt und der Ueberschuss des Oxydationsmittels durch Eindampfen mit HCl entfernt werden.

Wenn das Erz viel organische Substanz enthält, so muss dieselbe abfiltrirt werden, bevor man das Eisenoxydulsalz oxydirt, da es in manchen Fällen ganz unmöglich ist, die organische Substanz zu zerstören, und das Wiederauflösen der eingedampften Masse in HCl eine Reduktion eines Theils des Eisenoxydsalzes verursacht.

Viele manganhaltige Eisenerze enthalten dasselbe in einem höheren Oxydationsgrade als in dem des Oxyduls, man muss dann oft den überschüssigen Sauerstoff bestimmen. Alle Erze dieser Gattung entwickeln beim Behandeln mit HCl Chlor, welches an seiner gelblichgrünen Farbe sowie an dem eigenthümlich stechenden Geruch leicht erkennbar ist. Die Reaktion, gemäss welcher das Chlor frei wird, ist folgende:

$$MnO_2 + 4\,HCl = MnCl_2 + 2\,H_2O + 2\,Cl;$$

oder ein Molekül $MnO_2 = 87$ entspricht 2 Molekülen Chlor = 70,90. Diese Reaktion bildet die Grundlage der Bunsen'schen Methode zur MnO_2-Bestimmung in Manganerzen; dieselbe besteht darin, dass das freigewordene Chlor in eine Jodkaliumlösung geleitet und die Menge des frei gewordenen Jods durch Stärke- und Natriumhyposulfidlösung bestimmt wird. Man kann zu der Bestimmung des Mangans nach dieser Methode dieselben Reagentien gebrauchen, wie sie bei der Bestimmung des Schwefels in Eisen und Stahl unter dem Abschnitt „Schnell ausführbare Methoden“ angegeben wurden.

Man wäge 0,5 bis 1 g des fein gepulverten Erzes ab und schütte dasselbe in die Flasche a (Fig. 92); giesse 10 ccm konc. HCl hinein und verbinde den Hals der Flasche schnell durch ein Stück Gummischlauch mit der gebogenen Röhre b, erhitze sie allmählich bis zum Sieden, um das gesammte Chlor in die Röhre c hinüberzutreiben; c enthält eine konc. Lösung von reinem Jodkalium und steht in Eiswasser. Wenn das Chlor vollständig aus a vertrieben und in c absorbirt ist, so nehme man letzteres Rohr ab, spüle den Inhalt in eine grosse Schale, setze ein wenig Stärkelösung zu und lasse die Natriumhyposulfidlösung zufliessen, bis die blaue Farbe gerade verschwindet. Wenn z. B. 1 ccm der Natriumhyposulfidlösung 0,01267 g Jod entspricht und 1 Aequivalent Chlor

$= 35{,}45$ 1 Aequivalent Jod $= 126{,}85$ im Jodkalium vertritt, so würde 1 ccm des Natriumhyposulfids

$$(126{,}85 : 35{,}45 = 0{,}01267 : 0{,}003541)$$

0,003541 g Chlor entsprechen; und da 1 Aequivalent $MnO_2 = 87$ gleich 2 Aequivalenten Chlor $= 70{,}90$ ist, so würde 1 ccm der Hyposulfidlösung

$$(70{,}90 : 87 = 0{,}003541 : 0{,}004345)$$

0,004345 g MnO_2 entsprechen.

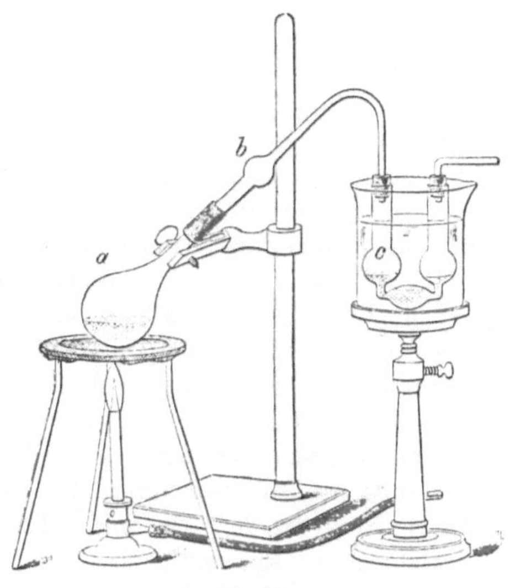

Fig. 92.

In den meisten Laboratorien dagegen wird im Allgemeinen die im Erz enthaltene Menge MnO_2 dadurch bestimmt, dass man sein Oxydationsvermögen auf eine Lösung eines Eisenoxydulsalzes feststellt. Die Reaktion ist folgende:

$$2\,FeSO_4 + MnO_2 + 2\,H_2SO_4 = Fe_2(SO_4)_3 + MnSO_4 + 2\,H_2O;$$

oder 2 Aequivalente $Fe = 112$ entsprechen 1 Aequivalent $MnO_2 = 87$. Man zerreibe in einem Achatmörser ungefähr 10 bis 15 g schwefelsaures Eisenoxydul oder schwefelsaures Eisenoxydul-Ammoniak und wäge 2 Portionen aus, eine von 2 g und eine andere von 3 bis 8 g, gemäss der Beschaffenheit des Manganerzes. Ein Gramm reines MnO_2 oxydirt 1,2874 g Fe = ca. 6,5 g schwefelsaures Eisenoxydul oder mehr als 9 g schwefelsaures Eisenoxydul-Ammoniak. Man schütte die 2 g-Portion in die Schale, füge eine grosse Menge Wasser und ca. 5 ccm HCl hinzu und giesse eine Lösung von 3 g Zink in 10 ccm H_2SO_4 hinein, welche mit so viel Wasser verdünnt wurde, dass das schwefelsaure Zink vollständig gelöst ist. Man titrire wie gewöhnlich mit der Chamäleon- oder Kaliumbichromatlösung und berechne die Eisenmenge in 1 g des angewandten Eisenoxydulsalzes. Man schütte in die Flasche A (cf. Fig. 90) 1 g des fein gepulverten Erzes und setze die vorher abgewogene grössere Portion des Eisenoxydulsalzes zu, verbinde die Flasche, wie in Fig. 90 angegeben ist, und leite so lange CO_2 durch, bis die Luft vollständig vertrieben ist; darauf giesse man durch B in A 10 ccm HCl und 30 ccm Wasser, verbinde die Flasche wieder mit dem CO_2-Apparat, erhitze sie während der CO_2-Strom hindurchgeht und schüttele sie von Zeit zu Zeit. Wenn das Erz vollständig zersetzt ist, sperre man die CO_2 für einen Augenblick ab, nehme die Lampe fort und lasse das in dem Becherglase E befindliche Wasser in die Flasche A zurücksteigen. Man giesse die Lösung in die Schale, setze 3 g Zink in H_2SO_4 gelöst hinzu und titrire mit der Normallösung. Aus der Titration des Eisenoxydulsalzes berechne man die Menge Fe auf die, welche in der Erzlösung angewandt war und subtrahire hiervon die durch diese letzte Titration gefundene Menge; die Differenz gibt das Gewicht desjenigen Eisens an, welches durch das aus dem MnO_2 freigewordene Chlor oxydirt wurde. Da nun 112 Theile Eisen 87 Theilen MnO_2 entsprechen, so multiplicire man das oben gefundene Gewicht des Eisens mit 87 und dividire durch 112, so erhält man das Gewicht des im Erz enthaltenen MnO_2.

Hat man nach einer der früher angegebenen Methoden das gesammte Mangan bestimmt, so subtrahire man davon die als MnO_2 vorkommende Menge Mn (indem man das Gewicht des MnO_2 mit 0,63218 multiplicirt) und berechne die Differenz auf MnO, indem man mit 1,2909 multiplicirt.

Bestimmung von Kieselsäure, Thonerde, Kalk, Magnesia, Manganoxyd und Bariumoxyd.

Nach der Behandlung der Eisenerze mit HCl bleibt ein Rückstand, welcher in den seltensten Fällen aus Kieselsäure allein besteht, sondern welcher gewöhnlich Aluminium- Calcium- und Magnesiumsilikat, mit einer grösseren Menge Kieselsäure gemengt, enthält. Ausser den aufgezählten Bestandtheilen enthalten diese Silikate manchmal noch Eisenoxydul, Manganoxyd und Alkalien; auch findet man gewöhnlich Titansäure, titanhaltiges Eisen, Chromeisenerz und Bariumsulfat, nebenbei noch organische Substanzen und manchmal auch Graphit. Da der Rückstand behufs Aufschliessung mit Na_2CO_3 geschmolzen werden muss, und man auch nicht gern soviel Natriumsalze in der Hauptlösung hat, so untersucht man die 2 Theile des Erzes (den in HCl löslichen und unlöslichen) am besten getrennt.

Man wäge 1 g Erz ab und übergiesse dasselbe in einem Becherglase mit 15 ccm HCl, bedecke mit einem Uhrglase und digerire bei gelinder Wärme, bis das Erz vollständig zersetzt zu sein scheint, setze einige Tropfen HNO_3 zu, erhitze, bis die Reaktion aufgehört hat, spüle darauf das Uhrglas ab und dampfe zur Trockne. Man nehme mit HCl auf und dampfe zur Unlöslichmachung der Kieselsäure zum zweiten Mal zur Trockne. Man löse wiederum in 10 ccm HCl und 30 ccm Wasser, filtrire, spüle den gesammten Rückstand auf ein kleines aschenfreies Filter, wasche das Becherglas gut aus und darauf das Filter mit Wasser und wenig HCl nach. Das Filtrat und Waschwasser lasse man in ein Becherglas fliessen und glühe und wäge den Rückstand als „unlösliche kieselsäurehaltige Substanzen“.

Zu diesem unlöslichen Rückstand setze man ungefähr sein 10faches Gewicht reines trocknes Na_2CO_3 und schmelze ihn dann im Platintiegel. Man stoche die Schmelze an den Wänden des Tiegels gut auf und behandele sie mit heissem Wasser, spüle sie dann in eine Platinschale, löse die am Tiegel haftenden Theilchen mit HCl und setze sie zur Hauptlösung in der Schale. Man säuere mit HCl an, dampfe zur Trockne, befeuchte mit HCl und Wasser, dampfe wiederum zur Trockne, giesse darauf 5 ccm HCl und 15 ccm

Wasser in die Schale und lasse dieselbe eine Zeit lang an einem warmen Orte stehen; man verdünne alsdann mit 20 ccm Wasser, filtrire die Kieselsäure ab, wasche das Filter gründlich mit heissem Wasser aus, sammle Filtrat und Waschwasser in einem kleinen Becherglase, trockne, glühe und wäge den Rückstand, behandele ihn darauf mit HFl und einem oder zwei Tropfen H_2SO_4, dampfe zur Trockne, glühe und wäge. Die Differenz zwischen den beiden Wägungen ist das Gewicht der SiO_2. Wenn die Differenz zwischen dem letzten Gewichte und dem des leeren Tiegels mehr als 1 oder 2 mg beträgt, so muss der Rückstand geprüft und seine Natur bestimmt werden. Derselbe kann Titansäure, Bariumsulfat, Thonerde oder Natriumsulfat (vom unvollkommenen Auswaschen herrührend) enthalten; wenn er aus Titansäure oder Thonerde besteht, so muss man das Gewicht derselben zu dem der gefundenen TiO_2 oder Al_2O_3 zuzählen.

Man giesse das Filtrat von der SiO_2 wieder in die Schale, in welcher es vorher war, erhitze zum Sieden, setze einige Tropfen Bromwasser und einen Ueberschuss von Ammoniak zu, koche, bis es nur noch schwach nach NH_3 riecht, filtrire durch ein kleines aschenfreies Filter, wasche gründlich mit heissem Wasser aus, trockne, glühe und wäge als Al_2O_3 etc. Ausser Thonerde kann der Niederschlag noch Titansäure, Chromoxyd, Eisenoxyd, Manganoxyd und Phosphorsäure enthalten.

Zu dem Filtrat setze man, nachdem man bis auf ca. 100 ccm eingedampft hat, oxalsaures Ammon und Ammoniak zu, koche einige Minuten, lasse den Niederschlag absitzen, filtrire durch ein kleines aschenfreies Filter, trockne und glühe schliesslich 5 Minuten lang über der Gebläselampe und wäge als CaO. Zum Filtrat setze man Ammonium-Natriumphosphat und ungefähr $^1/_3$ des Volums der Flüssigkeit Ammoniak zu, kühle in Eiswasser ab, rühre mehrmals um und lasse über Nacht stehen, so dass sich der $Mg_2(H_4N)_2P_2O_8$-Niederschlag vollständig absetzen kann, wasche mit Wasser aus, welches $^1/_3$ seines Volums Ammoniak und 100 g Ammoniumnitrat auf 1 Ltr. enthält, glühe sorgfältig und wäge. Man löse den Niederschlag im Tiegel in wenig Wasser und 5 bis 10 Tropfen HCl auf, filtrire durch ein kleines aschenfreies Filter, trockne, glühe und wäge. Die Differenz zwischen den zwei Wägungen ist $Mg_2P_2O_7$; multiplicirt man das Gewicht derselben mit 0,36212, so erhält man das von MgO.

Ist Barium im Erz vorhanden, so erhitze man das Filtrat von den unlöslichen kieselsäurehaltigen Substanzen zum Sieden, setze einige Tropfen H_2SO_4 zu, koche einige Minuten weiter, damit der Niederschlag sich absetzt, filtrire durch ein kleines aschenfreies Filter in ein Becherglas hinein, trockne, glühe und wäge den Rückstand auf dem Filter als $BaSO_4$; multiplicirt man das Gewicht desselben mit 0,65648, so erhält man das des BaO.

Zu dem kalten Filtrat von dem $BaSO_4$-Niederschlag setze man Ammoniak, bis dasselbe nahezu neutralisirt ist, dann füge man so lange Ammoniumkarbonatlösung hinzu, bis sich ein geringer bleibender Niederschlag bildet, welcher sich auch nach heftigem Umrühren nicht mehr löst; man setze nun tropfenweise HCl zu, rühre gut um und lasse die Lösung nach jedem HCl-Zusatz einige Augenblicke stehen. Sobald die Flüssigkeit klar wird, setze man eine Lösung von Ammoniumacetat (hergestellt durch Ansäuern von 5 ccm Ammoniak mit Essigsäure) hinzu, verdünne mit kochendem Wasser auf ca. 600 ccm und lasse einige Zeit kochen. Darauf lasse man den Niederschlag absitzen, giesse die klare Flüssigkeit durch ein grosses ausgewaschenes Filter ab, spüle den Niederschlag auch in dasselbe und wasche 2 oder 3 mal mit siedend heissem Wasser aus. Alsdann stelle man ein anderes Becherglas unter den Trichter und löse den Niederschlag auf dem Filter in verdünnter HCl auf, sodass die Lösung in das untergestellte Becherglas fliesst, wasche mit kaltem Wasser nach und dampfe die Lösung nebst Waschwasser zur Trockne. Man nehme mit verdünnter HCl auf, filtrire in eine grosse Platinschale, verdünne mit heissem Wasser, erhitze zum Sieden und setze einen geringen Ueberschuss von Ammoniak zu; koche einige Minuten lang weiter, bis der Niederschlag körnig geworden und der Ueberschuss von Ammoniak verjagt ist, und filtrire durch ein kleines aschenfreies Filter (indem man unter Umständen die Filtrirpumpe anwendet), entferne etwa an den Wänden oder dem Boden der Schale haftende Theilchen des Niederschlags mit einem mit Gummi versehenen Glasstabe, spüle sie mit heissem Wasser aus, giesse das Waschwasser auch auf das Filter und wasche den Niederschlag auf dem Filter gründlich mit heissem Wasser aus. (Unter Umständen löse man die an den Wänden der Schale haftenden Theilchen in sehr wenig HCl, setze Wasser zu, erhitze zum Kochen und füge dann einen geringen Ueberschuss von Ammoniak hinzu; Niederschlag und Flüssigkeit spüle man dann auch auf das Filter.) Man trockne

Niederschlag nebst Filter sorgfältig, bringe den ersteren in einen gewogenen Tiegel, verbrenne das Filter für sich, gebe die Asche zu dem Niederschlage und erhitze den Tiegel, welchen man sorgfältig bedeckt hält. Man erwärme zuerst gelinde, um die letzten Spuren Feuchtigkeit aus dem Eisenoxydhydrat zu vertreiben, darauf zur vollen Rothglut und schliesslich 5 bis 10 Minuten über dem Gebläse; man lasse erkalten und wäge als

$$Fe_2O_3 + Al_2O_3 + P_2O_5 + (TiO_2 + Cr_2O_3 + As_2O_5).$$

Man setze das Filtrat und Waschwasser von der essigsauren Fällung zu dem von der Fällung mit Ammoniak, dampfe in einer Platinschale bis auf 200 ccm ein, filtrire einen etwaigen geringen Niederschlag von Fe_2O_3 ab (welcher geglüht, gewogen und dessen Gewicht zu dem des Fe_2O_2 + etc. gezählt werden muss), setze 20 bis 30 ccm Essigsäure zu, erhitze zum Sieden und leite 15 bis 20 Minuten lang H_2S durch die Lösung. Man filtrire die gefällten Schwefelverbindungen von Kupfer, Zink, Nickel und Kobalt ab, wasche mit wenig freie Essigsäure haltigem H_2S-Wasser aus und setze einen Ueberschuss von Ammoniak und Schwefelammonium zu dem Filtrat; das gefällte Schwefelmangan lasse man ruhig absitzen, giesse die klare, überstehende Flüssigkeit durch ein Filter und stelle aber, bevor man den Niederschlag auf das Filter bringt, ein kleines Becherglas unter, weil derselbe zuerst fast stets trübe läuft. Man wasche Niederschlag und Filter mit wenig Schwefelammonium haltigem Wasser aus, giesse die klaren Filtrate zusammen und stelle sie bei Seite; löse den Schwefelmangan-Niederschlag auf dem Filter in verdünnter HCl auf und wasche letzteres mit heissem Wasser gründlich aus, indem man die Lösung nebst Waschwasser in ein Becherglas fliessen lässt. Man erhitze zur Vertreibung des H_2S zum Kochen und zerstöre die letzten Spuren desselben durch etwas Bromwasser, giesse die Lösung in eine Platinschale und fälle mit Ammonium-Natriumphosphat und Ammoniak, filtrire, wasche, glühe und wäge als $Mn_2P_2O_7$; man multiplicirt das Gewicht des Niederschlags mit 0,50011 und erhält so das des MnO.

Man säuere das Filtrat vom Schwefelmangan mit HCl an, koche den H_2S weg, filtrire den Schwefel ab, giesse das Filtrat in eine Platinschale, setze einen Ueberschuss von Ammoniak und oxalsaures Ammon zu, filtrire den Niederschlag ab, glühe und erhitze endlich 10 bis 15 Minuten lang über dem Gebläse, lasse erkalten und wäge als CaO.

Im Filtrat fälle man die Magnesia, wie bekannt, und wäge als $Mg_2P_2O_7$, welche, mit 0,36212 multiplicirt, das Gewicht des MgO ergibt.

Addirt man die Gewichte der im unlöslichen Theile bestimmten Elemente zu den entsprechenden der im löslichen Theile bestimmten, so erhält man natürlich die Gesammtmenge von jedem im Erz enthaltenen Element. So haben wir aus der obigen Untersuchung gefunden: SiO_2, $.Fe_2O_3 + Al_2O_3 + P_2O_5 + Cr_2O_3 + TiO_2 + As_2O_5$. MnO, CaO und MgO; wir müssen jetzt natürlich noch die Menge des Eisens auf die verschiedenen Oxydationsgrade, in denen es vorhanden ist, umrechnen und die im Erz enthaltene Thonerde bestimmen. Es ist weit genauer, die Mengen der P_2O_5, As_2O_5, Cr_2O_3, Fe_2O_3 und TiO_2 in verschiedenen Theilen des Erzes zu bestimmen, als die Trennung in dem in diesem Theile erhaltenen Niederschlage vorzunehmen. Kennt man daher die Mengen dieser Bestandtheile, die des Fe_2O_3 aus der volumetrischen Bestimmung des Eisens, wie früher beschrieben, und die von jedem der anderen dadurch, dass sie nach einer der angegebenen Methoden bestimmt wurden, so zähle man die Gewichte von Fe_2O_3, P_2O_5, Cr_2O_3, TiO_2 und As_2O_5, welche in 1 g des Erzes enthalten sind, zusammen und subtrahire diese Summe von dem Gewichte des in obiger Analyse erhaltenen Rückstandes, so erhält man als Resultat das Gewicht der in 1 g Erz enthaltenen Al_2O_3.

Das Eisen kann im Erz in verschiedenen Verbindungen vorkommen, nämlich als Fe_2O_3, FeO, FeS_2, $FeAs_2$ etc. Da es nicht immer möglich ist, die genauen Verbindungen, in denen es existirt, zu bestimmen, so macht man es in der Regel auf die Weise, dass man nach Abzug der zur Bildung von Schwefelkupfer, Schwefelnickel etc. nöthigen Menge Schwefel von dem in Form von Sulfiden vorkommenden S den Rest als FeS_2 berechnet, indem man sein Gewicht mit 1,87336 multiplicirt. Zieht man das Gewicht des Schwefels von demselben ab, so erhält man das Gewicht des Eisens im FeS_2. Nun ziehe man von dem Gewicht des $FeAs_2$ das des Arsens ab, und man erhält das Gewicht des Eisens, welches als Fe in dem $FeAs_2$ vorkommt. Man addire das Fe in dem FeS_2 zu dem Fe in dem $FeAs_2$ und subtrahire dieses Gwicht von dem Fe, welches als FeO gefunden wurde, so ist der Rest, auf FeO berechnet, die Menge des im Erz vorhandenen FeO. Man subtrahire die Gesammtmenge des Fe, welches ursprünglich durch Titration als in der Form von FeO vorkommend gefunden wurde, von der Gesammtmenge des im Erz gefundenen Fe und berechne den Rest auf Fe_2O_3.

Wenn ein Erz nur ganz kleine Mengen Mangan enthält, so kann in der oben angegebenen Methode die Trennung mit Essigsäure ausfallen, was die Operation bedeutend vereinfacht und abkürzt. Zu dem Ende giesse man das Filtrat von den unlöslichen, Kieselsäure haltigen Substanzen gleich in eine Platinschale, erhitze zum Sieden, setze einige Kubikcentimeter Bromwasser und dann einen Ueberschuss von Ammoniak zu, koche und filtrire das Fe_2O_3 etc. durch ein aschenfreies Filter, trockne, glühe und wäge, wie oben beschrieben. Nach dem Glühen ist das Mangan in dem Niederschlage als Mn_3O_4 und man muss die in einem getrennten Theile des Erzes bestimmte Manganmenge von dem Gewichte des obigen Niederschlags abziehen, wenn man die Menge der Al_2O_3 berechnet.

Kalk und Magnesia werden im Filtrat von Fe_2O_3 etc. bestimmt, vorausgesetzt natürlich, dass das Erz nur ganz geringe Mengen von Nickel, Kupfer etc. enthält.

Die oben angegebene Methode ist auch dann anwendbar, wenn das Erz bedeutende Mengen von Titansäure enthält, und zwar so viel, dass das Filtrat von den unlöslichen Kieselsäure haltigen Substanzen getrübt ist. Wenn immer eine Trennung mit Essigsäure in einem Erz von dieser Zusammensetzung nöthig wird, so muss der Niederschlag durch ein aschenfreies Filter filtrirt, dieses letztere sowohl als auch das, welches etwaige unlösliche Substanz von dem Lösen des essigsauren Niederschlags her enthält, muss geglüht und auf TiO_2 geprüft werden, dadurch dass man den Rückstand mit HFl und H_2SO_4 behandelt, zur Rothglut erhitzt, mit Na_2CO_3 schmilzt, in HCl und Wasser löst und mit Ammoniak fällt. Der so erhaltene Niederschlag muss filtrirt, geglüht und sein Gewicht zu dem des Fe_2O_3 etc. gefügt werden. Sogar Ilmenit wird, wenn man es in einem Achatmörser sehr fein zerrieben hat, fast vollständig zersetzt, und in diesem Falle kann man die obige Untersuchungsmethode mit Vortheil anwenden. Unter gewissen Verhältnissen dagegen kann es nöthig werden, dass man das Erz von vornherein durch Schmelzen mit saurem schwefelsaurem Kali zersetzen muss. Zu dem Ende wäge man 1 g Erz, welches in einem Achatmörser so fein wie möglich zerrieben worden ist, ab, schütte es in einen grossen Platintiegel, setze 10 g reines saures schwefelsaures Kali zu und erhitze, während man den Tiegel gut zugedeckt hält, über einer ganz kleinen

Flamme, bis das Bisulfat geschmolzen ist. Man muss bei dieser Operation sehr vorsichtig sein, da das Salz leicht überkocht, und nur durch die grösste Aufmerksamkeit des Analytikers auf diesen Theil der Analyse kann ein Verlust verhütet werden. Man erhitze nach und nach stärker, indem man die Masse eben flüssig erhält und die Temperatur auf den Punkt bringt, dass geringe SO_3-Dämpfe beim Aufheben des Tiegeldeckels entweichen, bis der Boden des Tiegels dunkelroth ist. Wenn das Erz vollständig zersetzt ist, nehme man die Lampe fort, hebe den Deckel des Tiegel auf und neige letzteren soweit, dass die geschmolzene Masse nach einer Seite hin zusammenläuft; in dieser Lage lasse man sie erkalten, worauf man sie leicht aus dem Tiegel entfernen kann. Man lege Tiegel und Deckel in ein mit kaltem Wasser halb voll gefülltes Becherglas und die geschmolzene Masse in den kleinen Kasten (cf. Fig. 75). Man giesse jetzt das Glas voll mit einer konc. wässerigen Lösung von schwefliger Säure und lasse stehen, bis die Schmelze sich gelöst hat, was nach ca. 12 Stunden der Fall sein wird. Man spüle dann mit kaltem Wasser ab, nehme Kasten, Tiegel und Deckel heraus, rühre die Flüssigkeit, welche stark nach SO_2 riechen muss, gut um, und lasse die unlöslichen Substanzen absitzen; filtrire durch ein aschenfreies Filter, wasche gründlich mit kaltem Wasser aus, trockne, glühe und wäge; darauf behandele man die Masse mit HFl und 2 bis 3 Tropfen H_2SO_4, dampfe zur Trockne, glühe und wäge. Die Differenz ist das Gewicht der SiO_2. Wenn im Tiegel etwa ein bedeutender Rückstand bleiben sollte, so schmelze man mit Na_2CO_3, behandele mit H_2SO_4 und setze die Lösung zum Hauptfiltrat. Zu dem letzteren, welches vollständig klar sein und stark nach SO_2 riechen muss, füge man eine klare filtrirte Lösung von 20 g essigsaurem Natron und $^1/_6$ seines Volumens Essigsäure von 1,04 spec. Gew. und lasse einige Minuten lang kochen. Man lasse absitzen, filtrire durch ein aschenfreies Filter, wasche gründlich mit heissem Wasser, welches $^1/_6$ seines Volumens Essigsäure enthält, darauf mit heissem Wasser aus, trockne, glühe und wäge als TiO_2. Dieser Niederschlag wird aber nicht ganz rein sein, da kleine Mengen Eisenoxyd und Thonerde mit niedergerissen sein werden. Am besten ist es, ihn mit Na_2CO_3 zu schmelzen, in Wasser zu lösen, zu filtriren, auszuwaschen, zu trocknen und das unlösliche Natriumtitanat mit Na_2CO_3 zu schmelzen, die kalte Masse im Tiegel mit H_2SO_4 zu behandeln und die TiO_2 wie oben angegeben zu fällen und zu bestimmen. Die beiden Filtrate von dem ersten TiO_2-Niederschlage können wenig Eisenoxyd und Thonerde enthalten; um dieselben zu bestimmen, dampfe man das letzte Filtrat ein, bis der grössere Theil der schwefligen Säure verjagt ist, setze zur Oxydation des Eisens Bromwasser zu, säuere das wässerige Filtrat von der Na_2CO_3-Schmelze mit H_2SO_4 an, giesse die beiden Filtrate zusammen, dampfe sie in einer Platinschale bis auf ein passendes Volumen ein und setze einen geringen Ueberschuss von Ammoniak zu. Man koche die Lösung, bis sie schwach, aber deutlich nach Ammoniak riecht, filtrire ab und wasche etwas aus; löse den Niederschlag wieder in Salzsäure, fälle nochmals mit Ammoniak, filtrire, wasche aus, glühe und wäge als $Fe_2O_3 + Al_2O_3$, welche man zum Hauptniederschlage zufügen muss. Man dampfe das Hauptfiltrat in einer Platinschale ein, nachdem man zur Oxydation des Eisens genügend Bromwasser zugesetzt hat, setze, wenn nöthig, von Zeit zu Zeit Salzsäure zu, um das Eisen in Lösung zu erhalten, neutralisire, wenn man auf ein passendes Volum eingeengt hat, nahezu mit Ammoniak und erhitze zum Sieden. Man filtrire ab, wasche den Niederschlag zwei bis dreimal aus, löse wieder und fälle nochmals mit Ammoniak, filtrire, wasche aus, glühe und wäge als $Fe_2O_3 + Al_2O_3 + P_2O_5$; man schmelze diesen Niederschlag lange Zeit und bei hoher Temperatur mit Na_2CO_3, löse in Wasser, wasche durch Dekantation, löse den Rückstand von Fe_2O_3 etc. wieder in Salzsäure und bestimme das Eisen durch Titration. Hat man die P_2O_5 in einem besonderen Theile bestimmt, so berechne man die Thonerde aus der Differenz. In dem Filtrat von dem $Fe_2O_3 + Al_2O_3 + P_2O_5$-Niederschlage kann man Mangan, Kalk und Magnesia wie gewöhnlich bestimmen.

Bestimmung der Kieselsäure.

Will man die Kieselsäure im Erz allein und schnell bestimmen, so löse man 1 g Erz in Salzsäure, dampfe zur Trockne, nehme mit verdünnter HCl wieder auf, filtrire durch ein aschenfreies Filter, wasche aus, trockne, glühe und wäge als unlösliche Kieselsäure haltige Substanz. Man behandele dieselbe im Tiegel mit HFl und ein paar Tropfen H_2SO_4, dampfe zur Trockne, glühe und wäge wiederum. Es ist bis jetzt augenscheinlich, dass, wenn die Kieselsäure haltige Substanz Calcium, Magnesium, Kalium oder Natrium enthält, der Gewichtsverlust, welcher bei Abwesenheit dieser Elemente die als Fluorsilicum verflüchtigte SiO_2 darstellen würde, durch die Menge Schwefelsäure, welche nach Verbindung mit diesen Elementen als ein Theil des Rückstands im Tiegel verbleibt, vermindert wird. Man kann den Niederschlag aber einfach mit Na_2CO_3 schmelzen, in Wasser lösen, mit Salzsäure ansäuern, zum Sieden erhitzen, Chlorbariumlösung zusetzen, abfiltriren und das gefällte $BaSO_4$ wägen. Man berechne die in demselben enthaltene Menge SO_3 und zähle das Gewicht derselben zu dem durch Verflüchtigung der SiO_2 entstandenen Gewichtsverlust; man erhält dann das Gewicht der SiO_2. Enthält das Erz bedeutende Mengen Bariumsulfat, so ist diese Methode nicht anwendbar.

Trennung der Thonerde vom Eisenoxyd.

Neben der indirekten Methode zur Bestimmung der Thonerde, ist es oft nothwendig, eine direkte Trennung vorzunehmen. Gewöhnlich verfährt man, wenn Eisen und Thonerde in HCl gelöst sind, folgendermassen: Man setze zu der Lösung ungefähr die fünffache Menge des Gewichts der Oxyde an Citronensäure (man könnte auch Weinsteinsäure nehmen, aber da dieselbe gewöhnlich Thonerde enthält, so ist Citronensäure vorzuziehen) und einen Ueberschuss von Ammoniak. Bleibt die Lösung klar, so erhitze man zum Sieden und setze eine frisch bereitete Lösung von Schwefelammonium zu, bis das gesammte Eisen gefallen ist; bleibt die Lösung dagegen auf Zusatz von Ammoniak nicht klar, so säuere man mit HCl an, setze mehr Citronensäure und dann einen Ueberschuss von Ammoniak zu. Man lasse das gebildete Schwefeleisen absitzen, giesse die klare Flüssigkeit durch ein gewaschenes Filter ab, spüle den Niederschlag auf das Filter und wasche mit Schwefelammonium haltigem Wasser gründlich aus. Vor dem Auswaschen stelle man ein anderes Becherglas unter und halte den Trichter mit einem Uhrglase gut bedeckt. Man giesse das Waschwasser zu dem Filtrat, säuere mit HCl an, koche, bis sich der gebildete Schwefel zusammenballt, filtrire in eine Platinschale hinein und dampfe zur Trockne; man erhitze sorgfältig, bis das Chlorammon verflüchtigt ist, und ein von der Zersetzung der Citronensäure herrührender kohlehaltiger Rückstand in der Schale verbleibt. Treibt man die letzten Spuren Wasser aus dem Chlorammonium, so muss man Sorge tragen, dass kein Verlust durch Spritzen entsteht; am besten benutzt man dazu ein Luftbad und lässt auf demselben längere Zeit stehen, und erhitzt die Schale dann erst über dem Bunsenbrenner, so wird die Masse ohne jedweden Verlust zersetzt. Man bringe die kohlehaltige Substanz in einen Platintiegel, wische die Schale sorgfältig mit Filtrirpapier aus und thue dasselbe auch in den Tiegel. Man verbrenne den Kohlenstoff im Tiegel, schmelze den Rückstand mit Na_2CO_3 und wenig $NaNO_3$, behandele die kalte Masse mit Wasser, giesse in eine Platinschale, löse etwaige am Tiegel haftende Partikelchen in HCl, setze dieselbe zur Lösung in der Schale, füge zum Ansäuern noch HCl zu, verdünne, erhitze zum Sieden, setze einen Ueberschuss von Ammoniak zu, koche, bis die Lösung nur noch schwach nach H_3N riecht, filtrire, wasche gründlich aus, glühe und wäge als Al_2O_3. Der Niederschlag enthält auch die in der ursprünglichen Lösung enthalten gewesenen P_2O_5, Cr_2O_3 und TiO_2. Dieselben können, wie schon bekannt, getrennt werden. Auch kann er eine Spur Eisen enthalten, welche durch Schwefelammonium nicht gefallen ist.

Man löse den Niederschlag von Schwefeleisen auf dem Filter in verdünnter heisser Salzsäure auf, lasse die Lösung nebst Waschwasser in das Becherglas fliessen, in welchem die Fällung vorgenommen wurde, setze wenig HNO_3 zu, dampfe zur Trockne, nehme mit möglichst wenig HCl auf, filtrire in eine Platinschale hinein, verdünne, fälle mit Ammoniak, filtrire, wasche aus, trockne, glühe und wäge als Fe_2O_3.

Rose schlug eine Methode vor, welche auf der Löslichkeit der Thonerde in Aetzkali oder Aetznatron beruht. Wenn das Eisen und die Thonerde gelöst sind, so dampfe man in einer Platinschale bis zur Syrupkonsistenz ein, giesse eine konc. Lösung von Aetzkali oder Aetznatron hinzu, bis die Lösung stark alkalisch ist, setze dann noch einen grossen Ueberschuss des Fällungsmittels zu und koche 10 bis 15 Minuten lang; oder man giesse die ziemlich neutrale Lösung der Chloride in eine kochende Lösung von Aetzkali oder Aetznatron in einer Platin- oder Silberschale und rühre beständig um; filtrire, wasche mit heissem Wasser aus, säuere das Filtrat sorgfältig mit HCl an und fälle die Thonerde mit Ammoniak, filtrire, wasche aus, löse in HCl, dampfe zur Unlöslichmachung der SiO_2 zur Trockne, löse wieder, filtrire und bestimme wie gewöhnlich. Da das durch Aetzkali oder Aetznatron gefällte Fe_2O_3 fast stets Alkali enthält, muss es in HCl gelöst, mit Ammoniak gefällt, filtrirt und wie sonst gewogen werden.

Rose machte auch den Vorschlag, die fein zerriebenen geglühten Oxyde in einem Silbertiegel mit Kali- oder Natronlauge zu schmelzen; aber bei dieser, wie auch bei der vorhergehenden Methode ist der Uebelstand vorhanden, dass es fast unmöglich ist, Aetzkali oder Aetznatron zu erhalten, welches frei von Thonerde ist, und im Allgemeinen wäre dann mehr im Reagens als im Erz.

Rivot schlug folgende Methode vor: Nachdem man die geglühten Oxyde von Eisen und Aluminium gewogen hat, zerreibe man sie sehr fein, wäge sie und schütte sie in ein Porzellan- oder Platinschiffchen. Man schiebe dasselbe in ein Porzellan- oder Platinrohr und erhitze im Wasserstoffstrom zur Rothglut, bis kein Wasser mehr entweicht; dann ersetze man den Wasserstoffstrom durch Chlorwasserstoffgas, erhitze die Röhre wiederum und leite so lange das Gas durch, bis kein Eisenchlorid mehr gebildet wird; man nehme das Schiffchen alsdann heraus und wiederhole, wenn der Rückstand nicht weiss sein sollte, die Operation noch einmal. Man wäge die zurückbleibende Thonerde und berechne aus der Menge der angewandten Oxyde die im Erz enthaltene Gesammtmenge.

Rose modificirte diese Methode, dass er an Stelle des Schiffchens einen Tiegel nahm etc. Der Apparat, den er gebrauchte, ist derselbe, wie der bei der Bestimmung des Mangans als Schwefelmangan beschriebene.

Wöhler schlug vor, Eisen und Thonerde durch Kochen der fast neutralen Lösung mit einem Ueberschuss von Natriumhyposulfid zu trennen. Die folgende Modifikation scheint ausgezeichnete Resultate zu geben und hat den Vortheil, dass sie eine nachfolgende Trennung von Phosphorsäure auch in den Fällen, in welchen dieselbe nicht früher in einem anderen Theile bestimmt ist, überflüssig macht. Wenn das Fe_2O_3 und Al_2O_3 von 1 g Erz in Lösung sind, so verdünne man auf 400 bis 500 ccm mit kaltem Wasser, und setze soviel Ammoniak zu, bis die Lösung dunkelroth gefärbt ist, aber keinen Niederschlag enthält; dann setze man 3,3 ccm HCl von 1,2 spec. Gew. und 2 g in Wasser gelöstes und filtrirtes Natriumphosphat zu, man rühre um, bis der gebildete Niederschlag vollständig verschwindet und die Lösung wieder ganz klar wird. Jetzt setze man 10 g in Wasser gelöstes reines Natriumhyposulfid und 15 ccm Essigsäure von 1,04 spec. Gew. zu, erhitze zum Sieden, koche 15 Minuten lang, filtrire so rasch wie möglich durch ein aschenfreies Filter, wasche gründlich mit heissem Wasser aus, trockne, glühe in einem

Porzellantiegel und wäge als $AlPO_4$, welches mit 0,41847 multiplicirt, das Gewicht der Al_2O_3 ergibt. Beim Verbrennen des Niederschlages muss man die Hitze nach und nach steigern, bis der gesammte Kohlenstoff verbrannt ist, da das $AlPO_4$ sonst schmilzt und eine Verbrennung des Kohlenstoffs unmöglich macht.

Bestimmung von Nickel, Kobalt, Zink und Mangan.

Zur Bestimmung dieser Elemente löse man 3 g Erz in HCl, setze zum Oxydiren von etwaigem, im Erz vorhandenen FeO ein wenig HNO_3 oder $KClO_3$ zu, dampfe zur Trockne, nehme mit HCl auf und dampfe zur Entfernung der HNO_3 nochmals zur Trockne. Wenn das Erz viel organische Substanz enthält, so löse man in HCl (bei viel gelatinöser Kieselsäure dampfe man zur Trockne, damit das Filtriren schneller von statten geht), filtrire, setze HNO_3 oder $KClO_3$ zu, dampfe zur Trockne, nehme mit HCl auf, und dampfe nöthigenfalls nochmals zur Trockne, löse wieder in 10 ccm HCl und 20 ccm Wasser, verdünne, filtrire und verfahre genau so, wie bei der Bestimmung des Mangans in Eisen und Stahl (nach der Acetatmethode) angegeben wurde, bis der durch H_2S entstandene Niederschlag abfiltrirt ist. Man bestimme das Mangan im Filtrat und berechne dasselbe auf MnO.

Man trockne und glühe die gefällten Schwefelverbindungen von Nickel, Kobalt, Zink, Kupfer, Blei u. s. w. in einem Porzellantiegel, und löse sie darauf unter Zusatz von 1 oder 2 Tropfen HNO_3 in HCl; giesse die Lösung in ein Becherglas, dampfe zur Trockne, nehme in 10 bis 20 Tropfen HCl auf, verdünne auf 50 bis 60 ccm, erhitze zum Sieden und leite H_2S durch die kochende Lösung. Man filtrire das Schwefelkupfer und Schwefelblei ab und wasche mit H_2S-haltigem Wasser aus; das Filtrat, welches Nickel, Kobalt und Zink enthält, dampfe man zur Trockne. Zu den trockenen Salzen setze man 2 Tropfen konc. HCl, verdünne mit kaltem Wasser auf 150 ccm und leite solange Schwefelwasserstoff durch die Lösung, bis sie vollständig mit dem Gase gesättigt ist. Entsteht ein weisser Niederschlag, so ist derselbe Schwefelzink; man lasse einige Stunden lang stehen, filtrire ab, wasche mit H_2S-haltigem Wasser aus (vor dem Auswaschen oder besser noch, bevor man das Schwefelzink auf das Filter giesst, setze man ein anderes Becherglas unter, weil der Niederschlag vielfach trübe läuft), trockne und glühe den Niederschlag; man erhitze denselben verschiedene Mal mit kohlensaurem Ammon, um etwa durch das Glühen gebildete Schwefelsäure zu vertreiben, lasse erkalten und wäge als ZnO. In der Hitze ist der Niederschlag grünlich weiss, während er in der Kälte eine gelblich weisse Färbung hat; hat er dagegen aus der Lösung etwas Kobalt mit niedergerissen, so ist er auch in der Kälte grünlich. Durch das Filtrat vom ZnS leite man wiederum H_2S und wenn kein Niederschlag mehr entsteht, so setze man einige Tropfen einer Lösung von 0,5 g essigsaurem Natron in 10 ccm Wasser zu. Bildet sich dadurch ein weisser Niederschlag, so filtrire man ihn nach längerem Stehen ab und behandele ihn wie den Schwefelzink-Niederschlag, und addire sein Gewicht zu dem des letzteren; ist er dagegen schwarz (wie es fast immer der Fall ist, wenn die oben angegebenen Anordnungen befolgt werden), so setze man den Rest der Natriumacetatlösung zu, erhitze zum Sieden, während fortwährend H_2S durchgeleitet wird, lasse den Niederschlag absitzen, filtrire, glühe und behandele ihn, wie bei der Trennung von Nickel und Kobalt angegeben wurde. (cf. Best. von Ni und CO in Eisen und Stahl.)

Bestimmung von Kupfer, Blei, Arsen und Antimon.

Man behandele 10 g des fein gepulverten Erzes mit 50 ccm HCl, setze von Zeit zu Zeit wenig $KClO_3$ zu und steigere die Hitze nach und nach, bis das Erz vollständig zersetzt ist. Verdünne, filtrire in ein Becherglas, desoxydire mit saurem schwefligsaurem Ammon, verjage die überschüssige SO_2 und leite 15 bis 20 Minuten lang H_2S durch die Lösung. Man lasse einige Stunden stehen, bis sich der Niederschlag vollständig abgesetzt hat, und die Lösung nur schwach nach H_2S riecht; filtrire durch den Gooch'schen Tiegel oder den Konus, wasche mit kaltem Wasser aus und sauge vermittelst der Pumpe trocken. Man lege Filter nebst Niederschlag in ein kleines Becherglas und behandele denselben mit einigen Tropfen einer farblosen Lösung von Schwefelkalium, verdünne auf ca. 100 ccm, filtrire durch ein anderes Asbestfilter und wasche mit wenig schwefelkaliumhaltigem Wasser aus.

Die Lösung enthält Schwefelarsen und Schwefelantimon in Schwefelkalium gelöst, während Schwefelkupfer und Schwefelblei auf dem Filter zurückbleiben. Filter nebst Niederschlag lege man wieder in das Becherglas, in welchem sie vorher waren und behandele sie mit HCl unter Zusatz von etwas HNO_3, bis die schwarzen Schwefelverbindungen gelöst sind, verdünne mit wenig heissem Wasser und filtrire. Das Filtrat dampfe man, nach Zusatz von einigen Tropfen H_2SO_4, ein, bis SO_3-Dämpfe entweichen, lasse abkühlen, verdünne mit 25 ccm kaltem Wasser, setze die Hälfte seines Volumens Alkohol zu, lasse absitzen, filtrire den Niederschlag von $PbSO_4$ durch einen Gooch'schen Tiegel, wasche mit Alkohol und Wasser aus, erhitze gelinde und wäge. Man behandele den Niederschlag auf dem Filter unter geringem Druck mit einer stark ammoniakalischen Lösung von citronensaurem Ammon, um das $PbSO_4$ zu lösen, wasche mit heissem Wasser aus und wäge. Die Differenz ist das Gewicht von $PbSO_4$, welches mit 0,68298 multiplicirt, das Gewicht des im Erz enthaltenen Pb oder mit 0,78879 multiplicirt das des PbS ergibt.

Man dampfe das Filtrat von dem $PbSO_4$ ein, bis der Alkohol vertrieben und die Lösung auf ein passendes Volumen gebracht ist, giesse sie in einen Platintiegel und schlage das Kupfer vermittelst des elektrischen Stroms nieder. Multiplicirt man das Gewicht des Cu mit 1,25284, so erhält man das des Cu_2S.

Man säuere das Filtrat von dem Schwefelkalium, welches das Arsen und Antimon enthält, mit HCl an, lasse an einem warmen Platze stehen, bis der H_2S verjagt ist und die mit einem Ueberschuss von Schwefel gemengten Sulfide von Arsen und Antimon sich gesetzt haben; filtrire durch eine dünne Asbestlage, wasche mit warmem Wasser, darauf mit Alkohol und schliesslich mit Schwefelkohlenstoff aus, um den überschüssigen Schwefel zu lösen. Dann lege man Filter nebst Niederschlag in ein kleines Becherglas und setze 5 ccm HCl, sowie einige Krystalle $KClO_3$ zu. Man digerire eine Zeit lang bei niedriger Temperatur, indem man gelegentlich $KClO_3$-Krystalle zugibt, erhitze etwas stärker, aber nicht so hoch, dass etwa ausgeschiedene Schwefelpartikelchen schmelzen. Hat sich das Schwefelarsen und Schwefelantimon gelöst, so verdünne man mit 20 ccm warmem Wasser und setze einige kleine Krystalle Weinsteinsäure zu, um das Antimon in Lösung zu behalten. Man filtrire den Asbest ab, indem man möglichst wenig Wasser zum Auswaschen anwendet, um das Volumen der Flüssigkeit nicht unnöthiger Weise zu vergrössern, setze zum Filtrat einen geringen Ueberschuss von Ammoniak, und wenn dasselbe klar bleibt, 5 ccm Magnesiamixtur und $^1/_3$ des Volumens der Lösung Ammoniak zu. Man lasse in Eiswasser abkühlen und rühre von Zeit zu Zeit kräftig um, um das $Mg_2(H_4N)_2As_2O_8 + Aq.$ zu fällen. Man lasse über Nacht stehen, filtrire und bestimme das Arsen wie gewöhnlich.

Wenn die Lösung vor dem Zusatz der Magnesiamixtur trübe wird, säuere man sorgfältig mit HCl an und setze dann wenig mehr Weinsteinsäure zu. Dann verfahre man, wie oben angegeben. Multiplicirt man das Gewicht des aus der $Mg_2As_2O_7$-Menge berechneten Arsens mit 1,373, so erhält man das von $FeAs_2$.

Man säuere das Filtrat vom $Mg_2(H_4N)_2As_2O_8 + Aq.$, welches kein Waschwasser enthält, mit HCl an, so dass die Lösung auf Lakmuspapier eben sauer reagirt, verdünne bis auf ca. 250 ccm mit heissem Wasser, leite H_2S in die Lösung und erhitze allmählich zum Sieden. Man verjage den überschüssigen H_2S durch Einleiten von CO_2, filtrire über Asbest im Gooch'schen Tiegel, wasche mit Wasser, Alkohol und schliesslich mit Schwefelkohlenstoff aus, trockene sorgfältig, erhitze etwas über 100^0 C. und wäge als Sb_2S_3. Für die ganz geringen Mengen Antimon, wie sie in Eisenerzen gefunden werden, ist diese Methode genau genug. Multiplicirt man das Gewicht von Sb_2S_3 mit 0,71390, so erhält man dasjenige von Sb.

Bestimmung der Alkalien.

In der Regel findet man die Alkalien in Eisenerzen ausschliesslich in der unlöslichen kieselsäurehaltigen Substanz, und wenn die Summe der Gewichte von $SiO_2 + Al_2O_3$ und CaO und MgO in dem unlöslichen Rückstand weit geringer ist, als das Gewicht des letzteren, so prüft man am besten auf Alkalien.

Man löse 3 g Erz in HCl, dampfe zur Trockne, nehme mit 10 ccm HCl + 20 ccm Wasser auf, verdünne und filtrire in eine

Platinschale hinein. Man glühe den unlöslichen Rückstand, behandle ihn im Tiegel mit HFl und 10 bis 15 Tropfen H_2SO_4, dampfe ein, bis viele SO_3-Dämpfe entweichen, löse in Wasser, nöthigenfalls unter Zusatz von wenig HCl, giesse die Lösung in eine kleine Platinschale, verdünne auf 100 ccm, erhitze zum Sieden und setze einen Ueberschuss von Ammoniak zu. Man lasse einige Minuten lang kochen und filtrire dann die Al_2O_3 etc. ab, dampfe das Filtrat in einer Platinschale zur Trockne und erhitze, bis das Chlorammon und das Ammoniumsulfat verflüchtigt sind. Den Rückstand behandele man mit wenig Wasser, erhitze zum Sieden und setze zur Fällung des Kalks eine genügende Menge oxalsaures Ammon zu, filtrire ab und erhitze das Filtrat in einer anderen Platinschale zur vollen Rothglut, nachdem man vorher zur Trockne verdampft hat. Den Rückstand löse man in wenig Wasser, erhitze das Filtrat zum Sieden und setze genügend Bariumacetat zu, um die gesammte H_2SO_4 zu fällen, koche und filtrire. Man dampfe das Filtrat zur Trockne und erhitze zur Zersetzung der essigsauren Verbindung zur Rothglut. Man behandele den Rückstand mit Wasser, filtrire das unlösliche Bariumkarbonat ab, setze einige Tropfen Bariumhydroxyd zu dem Filtrat und dampfe wiederum zur Trockne. Man löse den Rückstand in einigen Kubikcentimetern Wasser und filtrire in einen gewogenen Tiegel hinein.

Man dampfe sehr langsam ein, damit sich nichts abscheidet, setze einige Tropfen HCl zu, dampfe zur Trockne, erhitze zur Dunkelrothglut, lasse erkalten und wäge als KCl + NaCl. Man setze dann zu dem Rückstand im Tiegel wenig Wasser, in welchem sich derselbe vollständig lösen muss, sowie eine Lösung von Platinchlorid, dampfe auf dem Wasserbade ein, bis die Masse nach dem Erkalten erstarrt, setze wenig Wasser zu, um das überschüssige Platinchlorid zu lösen, und darauf ein gleiches Volum Alkohol. Man filtrire durch einen Gooch'schen Tiegel, wasche mit Alkohol aus, bis das Filtrat vollständig klar durchläuft, trockne den Rückstand bei 120^0 C. und wäge als K_2PtCl_6; multiplicirt man dessen Gewicht mit 0,19395, so erhält man das von K_2O; multiplicirt man es aber mit 0,30696, so erhält man das Gewicht von KCl. Man ziehe dasselbe von dem des KCl + NaCl ab, so ergibt sich das Gewicht des NaCl; dieses letztere, mit 0,53077 multiplicirt, gibt das Gewicht von Na_2O.

Man setze zu dem Filtrat von der unlöslichen kieselsäurehaltigen Substanz einen Ueberschuss von Ammoniak, fette den Rand der

Schale mit etwas Talg oder Paraffin ein und dampfe die Masse zur Trockne, wodurch das F_2O_3 gebunden und körnig wird; verdünne mit heissem Wasser, setze einige Tropfen Ammoniak zu, filtrire in eine andere Platinschale hinein, setze einige Tropfen H_2SO_4 zu, dampfe zur Trockne und glühe zur Vertreibung der Ammoniaksalze. Dann verfahre man genau so wie bei der Bestimmung der Alkalien in der unlöslichen Substanz. Letztere können nach Smith's Methode auch durch Schmelzen mit Calciumkarbonat und Chlorammon bestimmt werden.

Das Chlorammonium, welches bei der Bestimmung der Alkalien so beschwerlich ist, kann sehr leicht dadurch zersetzt werden, dass man die Lösung sehr langsam eindampft, dann dieselbe in ein kleines Becherglas oder einen Kolben giesst, und mit einem grossen Ueberschuss von HNO_3 (3 bis 4 ccm HNO_3 für jedes Gramm H_4NCl) erhitzt. Die Zersetzung findet weit unter 100° C. statt, und wenn die Einwirkung vorüber zu sein scheint, so giesse man die Lösung in eine Porzellanschale und dampfe unter Zusatz von wenigen Tropfen H_2SO_4 zur Trockne; man löse in Wasser, filtrire in eine Platinschale hinein und untersuche dann wie gewöhnlich.

Bestimmung der Kohlensäure.

Man wäge 3 g des fein gemahlenen Erzes ab und schütte sie in den Kolben A Fig. 93, und verbinde den Apparat so, wie in der Skizze zu ersehen ist. Die tubulirten Flaschen LL haben den Zweck, einen Luftstrom durch den Apparat zu treiben. Die Luft wird dadurch von CO_2 befreit, dass sie durch das U-Rohr M streicht, welches mit Stückchen Aetzkali oder Natronkalk gefüllt ist. M ist mit dem Trichterrohr B durch das Rohr N verbunden; die Verbindung zwischen N und B wird durch ein Stück Gummischlauch luftdicht gemacht. Die leere U-Röhre O dient zur Kondensation der aus A entweichenden Dämpfe. P enthält wasserfreies $CuSO_4$ und Q Chlorcalcium. Hinter dem Kaliapparat und Trockenrohr R ist ein Sicherheitsrohr S angebracht, welches mit $CaCl_2$ gefüllt ist und den Zweck hat, jedwede Feuchtigkeit von R fernzuhalten. Nachdem man den Absorptionsapparat gewogen hat, hänge man ihn ein, schliesse den Hahn C und sauge vermittelst eines an dem Ende von S angebrachten Gummischlauchs etwas Luft durch den Apparat und probire so, ob er dicht ist. Dann giesse man in das Trichterrohr B*) 10 ccm H_2SO_4, welche mit ca. 65 ccm Wasser verdünnt

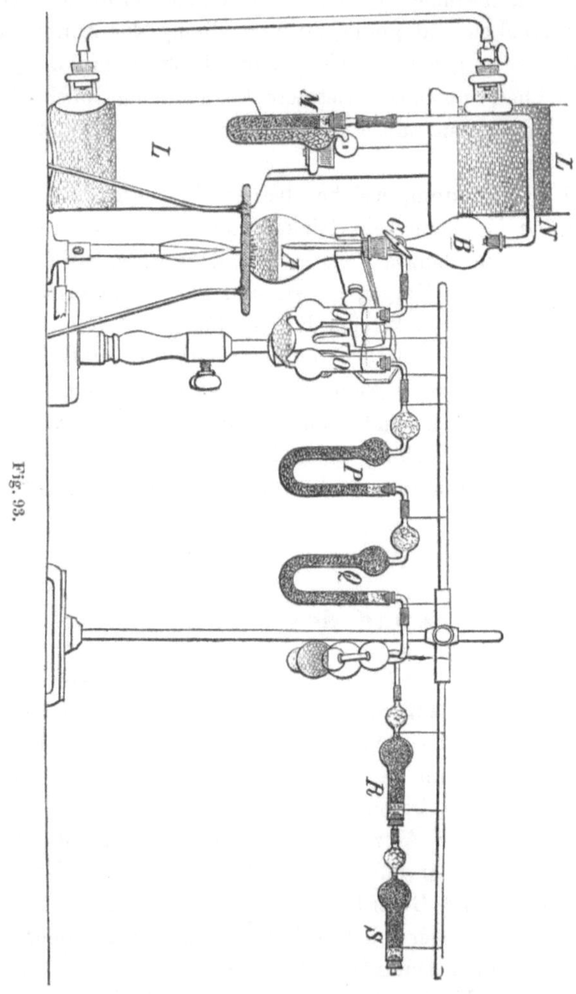

Fig. 93.

*) Umgibt man das Trichterrohr B mit einem Kühler, so kann das U-Rohr O wegfallen und man braucht die Chlorcalcium-Röhrchen P und Q lange nicht so oft auszuwechseln. Im Uebrigen cf. Fig. 57.

Anm. d. Uebers.

sind, setze das Rohr N auf und lasse die Säure langsam in den Kolben A fliessen. Befindet sie sich im Kolben, so treibe man einen langsamen Luftstrom durch den Apparat dadurch, dass man den Hahn der oberen Flasche L öffnet. Man erwärme den Kolben A und steigere die Hitze, bis sein Inhalt siedet, dann lasse man so lange weiter kochen, bis sich in O eine beträchtliche Menge Wasser angesammelt hat. Lasse abkühlen, während die Luft fortwährend durch den Apparat streicht, nehme dann den Absorptionsapparat ab und wäge ihn. Die Gewichtszunahme ist durch CO_2 hervorgerufen.

Bestimmung des gebundenen Wassers und Kohlenstoffs in der kohlehaltigen Substanz.

Es gibt in der That wenig Erze, in welchen man das gebundene Wasser genau bestimmen kann dadurch, dass man sie im Tiegel erhitzt, und dasselbe aus dem Glühverlust berechnet. Auch ist die Methode zur Absorption der durch die Hitze ausgetriebenen Feuchtigkeit in einem Trockenrohr nicht verlässlich. Die Gegenwart von Pyriten, organischen Substanzen, Graphit und Mangansuperoxyd erschweren die Aufgabe. Das gebundene Wasser kann man aber dadurch sehr genau bestimmen, dass man das Erz in einer mit chromsaurem Blei und doppeltchromsaurem Kali beschickten Röhre erhitzt, genau so, wie bei der Bestimmung des Kohlenstoffs in Eisen und Stahl durch direkte Verbrennung angegeben worden ist. Die Gewichtszunahme des U-Rohrs, welches am Ende des Verbrennungsrohrs angebracht ist (und welches in diesem Falle mit gekörntem Chlorcalcium gefüllt sein muss) ist das Gewicht des gebundenen Wassers, welches in der angewandten Menge Erz enthalten war. Hängt man den Absorptionsapparat ein, so erhält man auch die gesammte Menge CO_2, welche sich im Erz befindet, oder diejenige, welche als CO_2 in den kohlensauren Verbindungen war, und die, welche von der Oxydation des als kohlehaltige oder organische Substanz oder Graphit vorkommenden Kohlenstoffs herrührt. Zieht man von dem Gewicht der so erhaltenen CO_2 das der als kohlensaure Verbindungen und nach der zuletzt angegebenen Methode bestimmten CO_2 ab, und multiplicirt die Differenz mit 0,27273, so erhält man das Gewicht des Kohlenstoffs in der kohlehaltigen Substanz. Muss man eine grosse Anzahl dieser Bestimmungen machen, so wird die Sache durch

Anwendung der in den Figuren 94 und 95 gezeichneten Apparate sehr erleichtert. Fig. 94 zeigt uns die Einzelheiten eines tubulirten Platintiegels (nach Dr. Gooch), welcher aus dem eigentlichen, mit einem Kranz d versehenen Tiegel besteht, in welchen der Deckel

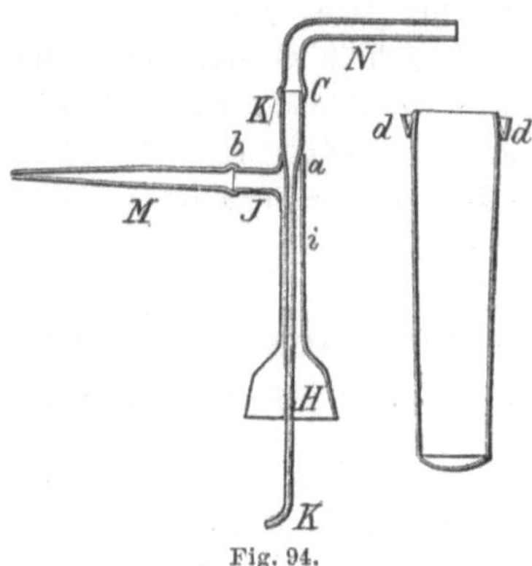

Fig. 94.

passt. Derselbe besteht aus dem konischen Theil H, welcher zu dem Rohr i ausgezogen ist. Letzteres ist mit dem horizontalen Rohr J verschmolzen; mitten durch i führt das enge Rohr K welches bei a etwas erweitert und an dieser Stelle in i eingelassen

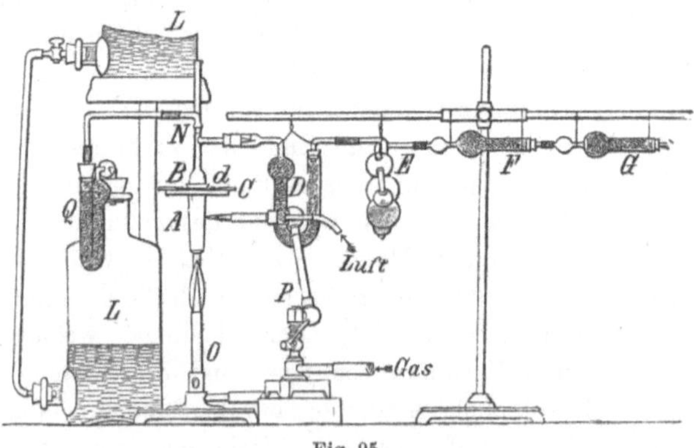

Fig. 95.

ist, wodurch dasselbe vollständig abgeschlossen wird. Die Glasröhren M und N sind auf J und K an den Stellen b und C aufgeschmolzen.

Von Erzen, welche viel Wasser oder Kohlensäure enthalten, wende man 1 g an, von anderen 3 g. Man mische das abgewogene fein gepulverte Erz in einem Achatmörser mit 7 bis 10 g von vorher geschmolzenem Kaliumbichromat, schütte die Masse in den Tiegel A, Fig. 95, stelle denselben auf ein Luftbad oder in einen Trockenschrank und erwärme auf 100° C., um das hygroskopische Wasser zu vertreiben. Wenn die Masse trocken ist, so verschliesse man den Tiegel durch die Haube B und stelle ihn in das Dreieck C. Das Ende von N ist durch ein Stück Gummischlauch und ein Glasrohr mit dem U-Rohr Q verbunden, welches mit Aetzkali oder Natronkalk gefüllt ist und den Zweck hat, die durch den Apparat durchzusaugende Luft von CO_2 zu befreien. Man hänge die gewogene und mit $CaCl_2$ gefüllte Trockenröhre D ein und verbinde sie einerseits durch einen trockenen Korkstopfen mit dem Horizontalrohr von B (i, Fig. 94), andererseits mit dem Absorptionsapparat E und F; hinter letzteren bringe man wie gewöhnlich ein Sicherheitsrohr G an. Man fülle die Aussenseite der Rinne d mit kleinen Stücken geschmolzenem, wolframsaurem Natrium und schmelze dieselben mit einer Gebläselampe, während man das untere Ende von A in ein Becherglas mit eiskaltem Wasser getaucht hält. Hat man den Apparat alsdann auf seine Dichtigkeit hin geprüft, so erhitze man vermittelst der Gebläselampe P den Tiegel gerade oberhalb der Mischung und gehe nach und nach tiefer mit dem Erhitzen, indem man aber zu gleicher Zeit die Hitze steigert. Dadurch erreicht man, dass die Mischung nicht schäumt, wodurch das Rohr verstopft werden würde; schliesslich erhitze man 10 Minuten lang den Boden des Tiegels; während der ganzen Dauer des Processes lässt man Luft durch den Apparat streichen. Sollte sich in dem weiten Theile des Rohrs D etwa Feuchtigkeit absetzen, so treibe man sie dadurch, dass man diesen Theil gelinde erwärmt, in das Rohr D hinein. Man lasse den Apparat erkalten, während man fortwährend Luft durchstreichen lässt, dann nehme man das Trockenrohr D sowie den Absorptionsapparat ab und berechne aus deren Gewichtszunahme die Menge des gebundenen Wassers und der CO_2. Hat man das Rohr D abgenommen, so verschliesse man das weite Ende desselben mit einem mit Zinnfolie umwickelten kurzen Stopfen, damit keine Feuchtigkeit aus der Luft in dasselbe gelangen kann. Will man den Tiegel reinigen, so nehme man ihn ab, halte ihn vermittelst eines Halters etwas schräg, schmelze das wolframsaure Natrium vermittelst der Gebläselampe und nehme die Haube ab. Man löse das doppeltchromsaure Kali dadurch, dass man den Tiegel in eine Schale mit heissem Wasser legt, dann reinige man ihn von dem Erz, löse etwa anhaftendes Oxyd in HCl, wasche Tiegel und Haube und trockne sie, so kann man sie gleich wieder für eine andere Bestimmung verwenden.

Bestimmung von Chrom.

Die geringe Menge Chrom, welche man in einigen Eisenerzen findet, wird im Allgemeinen durch Schmelzen mit Na_2CO_3 und KNO_3 sehr schnell in chromsaures Natrium verwandelt. Man schmelze 1 bis 2 g des fein gepulverten Erzes mit dem 10fachen Gewicht Na_2CO_3 und etwas KNO_3, behandele die geschmolzene Masse mit Wasser und spüle sie in ein kleines Becherglas.

Ist die Lösung durch Mn gefärbt, so setze man etwas Alkohol zu, wodurch dasselbe gefällt und die Lösung bei Gegenwart von Cr eben gelblich gefärbt wird. Ist die Lösung farblos, so ist das ein Beweis dafür, dass kein Chrom in derselben enthalten ist. Im anderen Falle filtrire man, wasche gründlich aus, trockne, zerreibe den Rückstand mit dem 10fachen Gewicht Na_2CO_3 und etwas KNO_3, schmelze die Masse, behandele sie wie zuvor mit Wasser, filtrire und giesse dieses Filtrat zu dem anderen. Man säuere die vereinigten Filtrate mit HCl an, dampfe zur Unlöslichmachung der SiO_2 zur Trockne und reducire die Chromsäure zu Cr_2O_3; behandele die Masse mit HCl, verdünne, filtrire und fälle das $Cr_2O_3 + Al_2O_3$ mit Ammoniak; koche einige Minuten lang, filtrire, wasche mit heissem Wasser gut aus, trockne und glühe den Niederschlag; schmelze mit möglichst wenig Na_2CO_3 und KNO_3, behandele die Masse mit Wasser und spüle die Lösung in eine Platinschale; dampfe ein, bis sie stark concentrirt ist, und setze von Zeit zu Zeit Krystalle von salpetersaurem Ammon zu, um die Karbonate und kaustischen Alkalien in Nitrate überzuführen. Bei jedem Zusatz von salpetersaurem Ammon braust die Lösung auf, wenn aber die letztere bis zur Syrupkonsistenz eingedampft ist, so verursacht der Zusatz von Ammoniumnitrat kein Aufbrausen mehr, und die Lösung riecht ganz schwach nach Ammoniak; dann setze man einige Tropfen Ammoniak zu und filtrire; hierdurch wird die gesammte Thonerde, Aluminiumphosphat und Manganoxyd etc. gefällt, während in der Lösung nur die Alkalien und die Chromverbindungen derselben zurückbleiben. Man setze zum Filtrat einen Ueberschuss von wässeriger schwefliger Säure, welche die gelbliche Lösung sofort grün färbt; man koche gut auf, setze einen Ueberschuss von Ammoniak zu, koche ein paar Minuten lang weiter, filtrire durch ein aschenfreies Filter, wasche gründlich mit heissem Wasser aus, trockne, glühe und wäge als Cr_2O_3.

Chromeisenerz wird am besten zersetzt durch Schmelzen von 0,5 g des fein gepulverten Erzes mit saurem schwefelsaurem Kali, indem man die Hitze allmählich steigert und zwar so hoch, wie man vermittelst des Brenners kann. Dann lasse man erkalten, setze 5 g Na_2CO_3 und 1 g KNO_3 zu, und erhitze allmählich bis zur vollständigen Schmelze; erhalte die Masse 15 bis 20 Minuten lang flüssig, behandele sie dann mit Wasser und verfahre, wie oben angegeben.

Bestimmung von Wolfram.

Man behandele 1 bis 10 g Erz mit HCl und setze von Zeit zu Zeit HNO_3 zu. Wenn das Erz vollständig zersetzt zu sein scheint, dampfe man zur Trockne, indem man das Glas auf ein Wasserbad stellt (höher darf man nicht erhitzen, da sonst das WoO_3 in Ammoniak unlöslich werden könnte), nehme mit HCl auf und dampfe wiederum zur Trockne. Man löse nochmals in HCl, verdünne, filtrire, wasche mit angesäuertem Wasser und darauf mit Alkohol aus. Man behandele den Rückstand auf dem Filter mit Ammoniak, lasse das Filtrat in eine Platinschale fliessen, dampfe bis auf ein geringes Volum ein, setze einen Ueberschuss von Ammoniak zu, filtrire, wenn nöthig, in einen Platintiegel hinein, dampfe sorgfältig zur Trockne, erhitze gelinde, um den Ammoniak zu vertreiben und glühe. Man wäge als WoO_3.

Bestimmung von Vanadin.

Man schmelze 5 g des fein gepulverten Erzes mit 30 g Na_2CO_3 und 1 bis 5 g $NaNO_3$ und verfahre dann so, wie bei der Bestimmung von Vanadin im Roheisen angegeben wurde. Ein zweites Schmelzen des Rückstandes von der wässerigen Lösung der ersten Schmelze ist kaum jemals nöthig.

Bestimmung des specifischen Gewichts.

Die Bestimmung des specifischen Gewichts von Eisenerzen wird viel genauer, wenn man das Erz pulvert, als wenn man es in Stücken anwendet. Die von Hogarth zu diesem Zwecke construirte Flasche bewährt sich ausgezeichnet. Durch ihre Anwendung werden

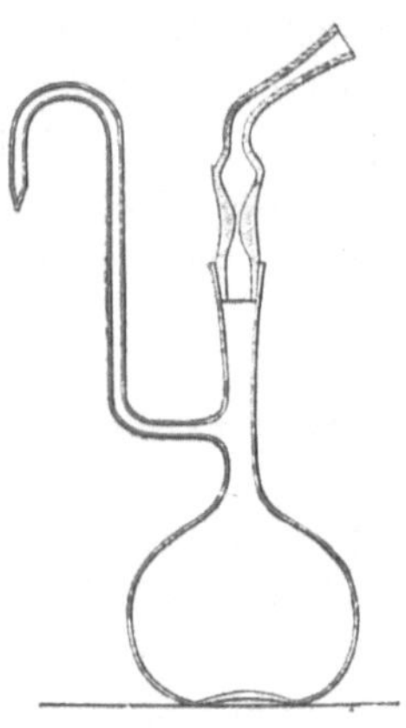

Fig. 96.

die Schwierigkeiten, wie sie sonst bei den gewöhnlichen Flaschen zur Bestimmung der specifischen Gewichte vorkommen, vollständig überwunden. Die Bestimmung selbst wird folgendermassen vorgenommen: Man wäge eine bestimmte Menge Erz, z. B. 5 g, ab. Dann wäge man das Fläschchen mit ausgekochtem Wasser gefüllt und aufgesetztem Stöpsel bei 15° C., schütte alsdann vorsichtig die abgewogene Menge Erz hinein, lasse absitzen, setze den Stopfen wieder auf (in beiden Fällen muss die ausgezogene Spitze des Stopfens mit Wasser gefüllt sein) und wäge wiederum bei derselben Temperatur. Die Berechnung des specifischen Gewichtes findet auf folgende Weise statt:

Bezeichnet man das absolute Gewicht des Erzes mit a, das des Piknometers $+ H_2O$ mit b und das des Piknometers $+ H_2O +$ absol. Gewicht mit c, so ist

$$a - (c - b)$$

der Gewichtsverlust in Wasser und

$$\frac{a}{a - (c - b)}$$

das specifische Gewicht des Erzes. Folgendes Beispiel diene zur Erläuterung.

Es wiege Piknometer + H_2O = 55,4035 g = b.
Das absolute Gewicht betrage 0,6854 g = a.
Ferner Piknometer + H_2O + absol. Gewicht

$$\begin{array}{rl} & = 55{,}9604\ \text{g} = \text{c}. \\ \hline & 0{,}5569 \quad = (\text{c} - \text{b}). \end{array}$$

$$\begin{array}{rl} 0{,}6854 & = a \\ -\ 0{,}5569 & = (c - b) \\ \hline 0{,}1285 & = a - (c - b) \end{array}$$

$$\frac{0{,}6854 = a}{0{,}1285 = a - (c - b)} = 5{,}33 \text{ spec. Gew.}$$

Vor dem Abwägen des Piknometers muss man dasselbe selbstverständlich gut abtrocknen.

Methoden zur Untersuchung von Kalkstein.

Bestimmung der unlöslichen, Kieselsäure haltigen Substanz, der Thonerde und des Eisenoxyds, des Calciumkarbonats und Magnesiumkarbonats.

Man wäge 1 g des gepulverten Kalksteins, welcher vorher auf 100° C. erwärmt war, ab, löse denselben in einem Becherglase in 5 ccm HCl mit 25 ccm Wasser verdünnt und setze etwas Bromwasser zu. Man digerire auf dem Sandbade, bis die Reaktion aufhört und dampfe zur Trockne; nehme mit 10 ccm HCl, verdünnt mit 50 ccm Wasser, wieder auf, filtrire durch ein kleines aschenfreies Filter, wasche gründlich mit heissem Wasser aus, trockne, glühe und wäge als unlösliche, Kieselsäure haltige Substanz. Das Filtrat erhitze man zum Sieden, setze einen geringen Ueberschuss von Ammoniak zu, koche einige Minuten lang, filtrire und wasche ein- oder zweimal aus. Man löse den Niederschlag auf dem Filter in wenig verdünnter Salzsäure, lasse die Lösung in das Becherglas fliessen, in welchem der Niederschlag erzeugt wurde, wasche das Filter gründlich mit Wasser aus, verdünne, koche und fälle nochmals mit Ammoniak; filtrire durch ein kleines aschenfreies Filter, lasse das Filtrat in das Becherglas fliessen, welches das erste Filtrat enthält, wasche den Niederschlag mit heissem Wasser aus, trockne, glühe und wäge als $Al_2O_3 + Fe_2O_3$. Man erhitze die vereinigten Filtrate zum Sieden und setze genügend oxalsaures Ammon zu, um das Calcium und Magnesium in oxalsaure Verbindungen überzuführen; lasse den Niederschlag von Calciumoxalat 15 bis 20 Minuten lang absitzen, filtrire durch ein aschenfreies Filter, wasche mit heissem Wasser aus, trockne und glühe zuerst über dem Bunsenbrenner und schliesslich 15 Minuten lang über dem Gebläse. Man lasse im

Exsikkator erkalten, wäge schnell, glühe wieder 5 Minuten lang über dem Gebläse und wäge nochmals. Diese Operation wiederhole man so lange, bis das Gewicht konstant ist. Multiplicirt man das erhaltene Gewicht des CaO mit 1,78459, so erhält man das von $CaCO_3$. Zu dem Filtrat setze man 30 ccm einer gesättigten Lösung von Natrium-Ammoniumphosphat, säuere mit HCl an und dampfe die Lösung bis auf ca. 300 ccm ein. Sollte sich während des Abdampfens ein Niederschlag ausscheiden, so löse man denselben in HCl. Die eingedampfte Lösung lasse man erkalten, setze dann tropfenweise Ammoniak zu, indem man mit einem Glasstabe beständig umrührt, ohne aber die Wände des Glases zu berühren, da der gebildete Niederschlag von $Mg_2(H_4N)_2P_2O_8 + 12H_2O$ an den Stellen des Glases, welche man mit dem Glasstabe berührt hat, ausserordentlich fest haftet; man setze so lange Ammoniak zu, bis die Lösung entschieden alkalisch ist und dann gebe man noch eine dem vierten Theile des Volums der neutralisirten Lösung gleiche Menge hinzu. Wenn der Niederschlag sich zu bilden beginnt, rühre man verschiedentlich um, lasse über Nacht stehen, filtrire durch ein aschenfreies Filter, reibe das Becherglas mit einem mit Gummi versehenen Glasstabe gut aus, wasche mit einer Mischung von 1 Theil Ammoniak und 2 Theilen Wasser, welche auf 1 Liter 100 g Ammoniumnitrat enthält, aus, trockne, glühe sehr sorgfältig, lasse erkalten und wäge als $Mg_2P_2O_7$, welches mit 0,36212 das Gewicht von MgO, und mit 0,75760 multiplicirt das von $MgCO_3$ ergibt.

Ausser den oben angeführten Bestandtheilen, können die Kalksteinsorten auch noch kleine Mengen Phosphorsäure, Schwefel als Sulfate oder Schwefelkiese, Titansäure, organische Substanzen, gebundenes Wasser, Alkalien, Mangan, Fluor und in seltenen Fällen fast alle in den Eisenerzen vorkommenden Metalle enthalten. Zur Bestimmung der meisten dieser letzteren können die bei der Untersuchung der Eisenerze angegebenen Methoden gebraucht werden. Für die Möllerberechnung der Hochöfen ist oft eine Bestimmung der im Kalkstein enthaltenen Mengen Kieselsäure und Thonerde erforderlich, und da die in HCl unlösliche Substanz gewöhnlich die kieselsauren Verbindungen von Thonerde, Kalk und Magnesia enthält, so muss man bei genauem Arbeiten die unlöslichen, Kieselsäure haltigen Substanzen zersetzen (durch Schmelzen mit kohlensaurem Natron) und dieselben besonders untersuchen. Es ist in der That weit besser, wenn man es so macht, als wenn man das Filtrat von der Kieselsäure zu der Hauptlösung setzt, denn das Calciumoxalat reisst sicher eine kleine Menge von den Natriumsalzen mit nieder und erschwert so bedeutend den Gang der Analyse.

Nachdem man die Al_2O_3 und das Fe_2O_3 aus der unlöslichen, Kieselsäure haltigen Substanz und das im löslichen Theile vorhandene Fe_2O_3 gewogen hat, schmelze man die beiden Niederschläge mit wenig Na_2CO_3 zusammen, löse in Wasser, säuere mit HCl an, giesse in ein Becherglas, setze einige Krystalle Citronensäure zu der klaren Lösung, darauf einen Ueberschuss von Ammoniak und Schwefelammonium. Man lasse den Schwefeleisen-Niederschlag absitzen, filtrire, wasche etwas aus, löse in HCl, gebe etwas Bromwasser zu, erhitze die Lösung zum Sieden, fälle mit Ammoniak, filtrire, wasche aus, glühe und wäge als Fe_2O_3. Subtrahirt man dieses Gewicht von dem des $Fe_2O_3 + Al_2O_3$, so erhält man natürlich das von Al_2O_3. Das CaO und MgO im unlöslichen, Kieselsäure haltigen Rückstand darf nicht auf $CaCO_3$ und $MgCO_3$ berechnet, sondern muss als CaO und MgO vorkommend betrachtet werden.

Zur Bestimmung der Phosphorsäure in Kalksteinen behandele man 20 g mit verdünnter HCl, filtrire das Unlösliche ab, setze zum Fitrat einige Tropfen Eisenchloridlösung*), darauf Ammoniak, bis die Lösung auf Lackmuspapier alkalisch reagirt und schliesslich Essigsäure bis zur deutlich saueren Reaktion. Man lasse einige Minuten lang kochen, filtrire, wasche einmal mit heissem Wasser aus, löse auf dem Filter in HCl, lasse die Lösung in das Becherglas fliessen, in welchem der Niederschlag erzeugt wurde, setze die Lösung von der Behandlung der unlöslichen, Kieselsäure haltigen Substanz zu (s. weiter unten), verdünne und wiederhole die Fällung mit Ammoniak und Essigsäure genau wie zuvor. Man löse den Niederschlag auf dem Filter in verdünnter Salzsäure, lasse die Lösung in ein Becherglas fliessen, wasche das Filter mit heissem Wasser aus, dampfe die Lösung fast bis zur Trockne und fälle die Phosphorsäure, wie bei der Bestimmung der P_2O_5 in Eisen und Stahl nach der Acetatmethode angegeben wurde.

Man glühe die unlösliche, Kieselsäure haltige Substanz, behandele sie mit Flusssäure und einigen Tropfen Schwefelsäure, dampfe ein, bis SO_3-Dämpfe entweichen, schmelze mit Na_2CO_3, löse in Wasser,

---

*) Wenn der entstehende Niederschlag nach Zusatz von H_4NOH nicht roth ist, so muss man in HCl lösen und mehr Eisenchloridlösung zusetzen.

filtrire, säuere die Lösung mit Salzsäure an und giesse sie zu der Lösung von dem ersten Niederschlage im löslichen Theil, wie auch oben erwähnt wurde.

Statt die unlösliche, Kieselsäure haltige Substanz mit HFl und H_2SO_4 zu behandeln, kann man sie auch sofort mit Na_2CO_3 schmelzen, die geschmolzene Masse mit Wasser behandeln, filtriren, das Filtrat ansäuern, zur Trockne dampfen, in mit Salzsäure eben angesäuertem Wasser aufnehmen, filtriren und das Filtrat zu der Lösung des durch Ammoniak und Essigsäure erhaltenen Niederschlags, wie oben erwähnt, setzen.

Zur Bestimmung des Schwefels in Kalksteinen schmelze man 1 g mit Na_2CO_3 und KNO_3, genau so wie bei der Bestimmung des Schwefels in Eisenerzen angegeben wurde.

Zur Bestimmung der Sulfate verfahre man so wie bei der Untersuchung dieser Substanzen in den Eisenerzen.

Methoden zur Bestimmung von Thon.

Thon besteht der Hauptsache nach aus Kieselsäure, gemischt mit Silikaten von Aluminium, Calcium, Magnesium, Kalium und Natrium. Diese Silikate kommen als Hydrate vor, sodass der Thon gewöhnlich 6 bis 12 % Wasser (gebundenes) enthält. Ausser diesen gewöhnlichen Bestandtheilen kann der Thon enthalten: Eisenoxyd, Titansäure, Schwefelkiese, Phosphorsäure, organische Substanzen und unter Umständen auch einige der seltenen Elemente wie Vanadin.

Da der Thon gewöhnlich von HCl nicht zersetzt wird, so muss man folgendermassen verfahren: Man schmelze 1 g des fein geriebenen und bei 100° C. getrockneten Thons mit 10 g Na_2CO_3 und sehr wenig $NaNO_3$; stoche die geschmolzene Masse an den Wänden des Tiegels gut auf, lasse erkalten und behandele sie mit heissem Wasser, bis sie vollständig losgelöst ist, indem man die Flüssigkeit von Zeit zu Zeit in eine Platinschale und wieder frisches Wasser auf die Masse giesst. Man behandele den Tiegel mit Salzsäure, setze sie zu der in der Schale befindlichen Flüssigkeit, säuere mit Salzsäure an und dampfe auf dem Luftbade zur Trockne; übergiesse die Masse mit Wasser und wenig HCl, dampfe wiederum zur Trockne und behandele sie dann mit 15 ccm HCl und 45 ccm Wasser; dann lasse man 15 bis 20 Minuten lang an einem warmen Platz stehen, setze 50 ccm Wasser zu und filtrire durch ein aschenfreies Filter. Man wasche gründlich mit heissem Wasser, welches mit einigen Tropfen HCl angesäuert ist, aus, trockne, glühe, erhitze drei bis vier Minuten lang über dem Gebläse und wäge. Darauf behandele man den Niederschlag mit HFl und einigen Tropfen H_2SO_4, dampfe zur Trockne, glühe und wäge. Die Differenz zwischen den zwei Gewichten ist SiO_2. Bleibt im Tiegel ein bemerkenswerther Rückstand, so behandele man denselben mit wenig HCl und giesse die

Lösung zu dem Filtrat von der Kieselsäure. Das letztere giesse man in eine grosse Platinschale, erhitze zum Sieden, setze einen Ueberschuss von Ammoniak zu, koche, bis die Lösung noch schwach nach H_3N riecht, filtrire durch ein aschenfreies Filter und wasche verschiedene Mal mit heissem Wasser aus. Man stelle das Filtrat bei Seite und behandele den Niederschlag auf dem Filter mit 30 ccm HCl (1 : 1), lasse die Lösung in ein kleines Becherglas fliessen, stelle dann die Platinschale unter, in welcher der Niederschlag erzeugt wurde, giesse die Lösung nochmals durch das Filter und wiederhole diese Operation, bis sich der Niederschlag vollständig gelöst hat. Man spüle das Becherglas gut aus, giesse die Flüssigkeit auf das Filter, wasche auch letzteres gründlich mit kaltem Wasser aus, trockne und bewahre es auf. Im Filtrat fälle man nochmals mit Ammoniak, wie oben angegeben, filtrire durch ein aschenfreies Filter, reibe die Schale mit Filtrirpapier aus, gebe dasselbe zu dem Niederschlag und wasche gründlich mit heissem Wasser aus; man trockne, glühe Niederschlag und Filter, sowie das von der ersten Fällung her (welches aufbewahrt wurde), erhitze einige Minuten lang über dem Gebläse, lasse erkalten und wäge als $Al_2O_3 + Fe_2O_3$. Den geglühten Niederschlag schmelze man mit Na_2CO_3, löse die Masse in Wasser, spüle sie in ein kleines Becherglas hinein, lasse den Rückstand absitzen, giesse die klare überstehende Flüssigkeit ab, behandele den Rückstand mit HCl und bestimme das Eisen volumetrisch, oder setze Citronensäure und Ammoniak zu und fälle als Schwefeleisen; filtrire, wasche, löse in HCl, oxydire mit Bromwasser und fälle das Fe_2O_3 mit Ammoniak; filtrire, wasche aus, trockne, glühe und wäge als Fe_2O_3. Subtrahirt man dieses Gewicht von dem des $Al_2O_3 + Fe_2O_3$-Niederschlags, so erhält man das der Al_2O_3.

Da das Calcium und Magnesium nur in ganz geringen Mengen im Thon vorkommen, so kann man das Filtrat von der zweiten Fällung des $Al_2O_3 + Fe_2O_3$-Niederschlags wegwerfen und das CaO nebst MgO im ersten Filtrat bestimmen.

Zur Bestimmung der im Thon vorkommenden Alkalien behandele man 2 g der fein gepulverten Probe in einer Platinschale mit 4 ccm konc. H_2SO_4 und 40 bis 50 ccm reiner HFl; rühre von Zeit zu Zeit mit einem Platinstab um, erhitze sorgfältig, bis der Thon vollständig zersetzt ist, und man keine körnige Substanz unter dem Stab mehr fühlt, dampfe zur Trockne und erhitze bis zum Entweichen von SO_3-Dämpfen. Man lasse erkalten, setze ungefähr

50 ccm Wasser und wenig Salzsäure zu und erhitze, bis sich die Masse gelöst hat.

Ist noch etwas vom Thon unzersetzt, so filtrire man in eine andere Platinschale hinein, wasche die unlösliche Substanz auf dem Filter aus, trockne, glühe und zersetze sie im Tiegel mit HFl und H_2SO_4, dampfe die HFl weg, löse die Masse und giesse sie zur Hauptlösung in die Schale. Man verdünne mit 300 bis 400 ccm heissem Wasser, erhitze zum Sieden, setze einen Ueberschuss von Ammoniak zu, koche einige Minuten lang weiter und filtrire; lasse den Niederschlag auf dem Filter gut austrocknen und dampfe das Filtrat in einer Platinschale ein. Man durchstosse das Filter und spüle den Niederschlag mit heissem Wasser in die Schale, in welcher er erzeugt wurde; verdünne auf 300 bis 400 ccm, setze etwas Ammoniak zu, erhitze zum Sieden, filtrire und wasche verschiedentlich mit heissem Wasser aus. Dieses Filtrat giesse man zu dem ersteren und dampfe zur Trockne; erhitze, bis sämmtliche Ammoniaksalze verflüchtigt sind, und verfahre genau so, wie bei der Bestimmung der Alkalien in der unlöslichen, Kieselsäure haltigen Substanz von den Eisenerzen angegeben wurde.

Anstatt den Thon zur Bestimmung der Alkalien mit HFl und H_2SO_4 zu zersetzen, kann man auch folgendermassen verfahren: Man mische 1 g fein gepulverten Thon in einem Porzellan- oder Achatmörser mit dem gleichen Gewicht gekörnten Chlorammon und reibe beide gut zusammen, setze dann 8 g Calciumkarbonat zu und mische die Masse gut durcheinander. Man giesse die Masse in einen geräumigen Platintiegel, bedecke denselben mit einem gut schliessenden Deckel und erhitze einige Minuten zur Zersetzung des Chlorammons. Darauf steigere man die Hitze bis zur Rothglut und erhalte den Boden des Tiegels ungefähr eine Stunde lang auf dieser Temperatur; dann lasse man erkalten, und nach dem Herausnehmen der Masse aus dem Tiegel schütte man dieselbe in eine Platinschale und setze ca. 80 ccm Wasser zu. Man spüle Deckel und Tiegel mit Wasser aus und giesse dasselbe auch in die Schale; erhitze zum Sieden, und wenn die Masse vollkommen gelöst ist, filtrire man in eine andere Schale und wasche mit heissem Wasser aus. Lässt sich die halbgeschmolzene Masse nicht leicht aus dem Tiegel entfernen, so lege man letzteren in die Schale, gebe 100 ccm Wasser zu und erhitze, bis die Masse sich löst, nehme dann den Tiegel heraus, spüle ihn ab und filtrire, wie oben angegeben. Zum Filtrat setze man ungefähr $1\frac{1}{2}$ g reines Ammoniumkarbonat, dampfe auf dem Wasserbade ein, bis das Volumen der Lösung bis auf ca. 40 ccm eingeengt ist, setze etwas mehr kohlensaures Ammonium und einige Tropfen Ammoniak zu und filtrire durch ein kleines Filter. Man dampfe das Filtrat nach Zugabe von noch einigen Tropfen Ammoniumkarbonat sorgfältig ein, um sicher zu sein, dass das Calcium ausgefallen ist. Entsteht noch ein Niederschlag, so filtrire man in einen Platintiegel hinein und dampfe zur Trockne; erhitze auf Dunkelrothglut, um die Ammoniaksalze zu verjagen, und wäge den Rückstand als $KCl + NaCl$, welche man, wie bekannt, trennen kann.

Zur Bestimmung des gebundenen Wassers glühe man 1 g Thon 20 Minuten lang bei voller Rothglut, lasse erkalten und wäge wieder. Der Gewichtsverlust gibt das gesuchte Wasser an. Bei Gegenwart von viel organischen Substanzen oder Schwefelkies muss man die Methode, wie sie bei den Eisenerzen angegeben wurde, anwenden.

Zur Bestimmung der Titansäure behandele man 2 g des fein zerriebenen Thons in einem grossen Platintiegel mit HFl und einigen Tropfen H_2SO_4, dampfe die HFl ab und erhitze sorgfältig, bis der grössere Theil der H_2SO_4 verschwunden ist; lasse den Tiegel erkalten, setze 10 g Na_2CO_3 zu und schmelze 30 Minuten lang bei der höchsten mit einem Bunsenbrenner zu erlangenden Temperatur. Nach dem Erkalten behandele man die geschmolzene Masse mit Wasser, giesse sie in ein Becherglas hinein und filtrire, wasche den unlöslichen Rückstand aus, trockne, glühe und schmelze nochmals mit Na_2CO_3, löse in Wasser und filtrire. Nach dieser Methode wird fast die gesammte Thonerde gelöst und von der Titansäure geschieden. Man schmelze den auf dem Filter verbleibenden unlöslichen Rückstand mit Na_2CO_3 und bestimme die TiO_2, wie bei der Bestimmung von Titan in Eisen und Stahl angegeben.

Hat man die Alkalien bestimmt, so kann man den Thonerdeniederschlag auch zur Bestimmung der TiO_2 benutzen. Man trockne denselben, trenne ihn vom Filter, glühe die zwei Filter, gebe die Asche zu dem getrockneten, nicht geglühten Al_2O_3-Niederschlage und schmelze wie oben mit Na_2CO_3.

Methoden
zur Untersuchung der Schlacken.

Hochofenschlacken enthalten stets Kieselsäure, Thonerde, Kalk, Magnesia und Alkalien, gewöhnlich auch Eisenoxydul, Manganoxydul und Schwefel und zuweilen Titansäure, kleine Mengen Phosphorsäure und die Metalloxyde, welche in den Erzen, Zuschlägen oder dem Brennmaterial vorkommen. Der Schwefel, welcher zuweilen in bedeutenden Mengen vorhanden ist, wird als in der Schlacke als Schwefelcalcium vorkommend betrachtet.

Die Methoden zur Bestimmung der Hauptbestandtheile hängen davon ab, ob die Schlacke ganz oder nur theilweise von HCl zersetzt wird.

Im ersteren Falle wäge man 1 g fein gepulverte Schlacke ab, behandele sie in einer Platin- oder Porzellanschale mit 20 ccm Wasser und schüttele die Schale, bis die Masse mit dem Wasser durchtränkt ist; setze nach und nach unter beständigem Umrühren 30 ccm HCl zu und erhitze schliesslich sehr vorsichtig. Die Schlacke wird sich vollständig zu einer klaren Flüssigkeit lösen, dann aber, nach kurzem Erhitzen, bildet sie eine dicke Gallerte. Man dampfe zur Trockne, nehme mit einigen Kubikcentimetern verdünnter HCl und etwas Bromwasser auf, dampfe wiederum zur Trockne und setze 15 ccm HCl und 45 ccm Wasser zu; lasse 15 bis 20 Minuten lang an einem warmen Orte stehen, gebe 50 ccm Wasser zu, filtrire durch ein aschenfreies Filter, wasche gründlich mit heissem Wasser aus, trockne, glühe und wäge; feuchte die Masse mit wenig Wasser an, setze 2 bis 3 Tropfen H_2SO_4 und genügend HFl zu, um sie zu lösen, dampfe wiederum zur Trockne, glühe und wäge. Der Gewichtsverlust ist $Si\,O_2$.

Bleibt nach der Verflüchtigung der SiO_2 ein Rückstand im Tiegel, so muss man sein Gewicht zu dem des $Al_2O_3 + Fe_2O_3$-Niederschlags zählen. Man verdünne das oben erhaltene Filtrat auf 500 ccm, erhitze zum Sieden, setze einen Ueberschuss von Ammoniak zu, koche einige Minuten lang weiter, filtrire durch ein aschenfreies Filter und wasche 2 bis 3 mal mit kochendem Wasser aus; man stelle das Filtrat bei Seite und übergiesse den Niederschlag auf dem Filter mit 45 ccm verdünnter Salzsäure (1 : 2), indem man die Lösung in die Schale fliessen lässt, in welcher sich der Niederschlag befand. Man wasche das Filter gut aus, trockne es und hebe es auf, um es später mit dem $Al_2O_3 + Fe_2O_3$-Niederschlag zu verbrennen. Man erhitze die Lösung zum Sieden, fälle wieder mit Ammoniak, filtrire durch ein aschenfreies Filter, reibe die Schale mit Filtrirpapier aus, gebe dasselbe zu dem Niederschlage, wasche mit heissem Wasser aus, trockne, gebe das Filter, auf welchem der erste Niederschlag wieder gelöst wurde, auch zu, glühe und wäge als Al_2O_3 etc. Hierzu addire man das Gewicht des nach der Behandlung der SiO_2 mit H_2SO_4 und HFl im Tiegel verbliebenen Rückstandes, so ist die Summe die gesammte $Al_2O_3 + Fe_2O_3 + P_2O_5 + TiO_2$.

Man dampfe die beiden oben erhaltenen Filtrate bis auf ca. 300 ccm ein, giesse dieselben in ein Becherglas, setze einige Tropfen Ammoniak und genügend Schwefelammonium zu, um das Mangan vollständig zu fällen; filtrire ab und bestimme das Mangan, wie in „die Analyse der Eisenerze“ angegeben ist. Zu dem Filtrat von dem Schwefelmangan setze man einen geringen Ueberschuss von HCl, koche bis zur Vertreibung des H_2S, filtrire etwaigen Schwefel ab und bestimme im Filtrat CaO und MgO (cf. Analyse der Kalksteine).

Zur Bestimmung von FeO schmelze man den geglühten Niederschlag von Al_2O_3 etc. mit 5 g Na_2CO_3 wenigstens 30 Minuten lang bei sehr hoher Temperatur, lasse erkalten, behandele die geschmolzene Masse mit Wasser, giesse die Lösung in ein kleines Becherglas, lasse die unlösliche Substanz absitzen, dekantire die klare, überstehende Flüssigkeit durch ein Filter und behandele den Rückstand mit HCl. Man giesse die Lösung durch das Filter, um etwa in demselben suspendirtes Eisen von der dekantirten Flüssigkeit her mitzunehmen, und bestimme das Fe entweder volumetrisch oder durch Fällung als Schwefeleisen, nachdem man Citronensäure und einen geringen Ueberschuss von Ammoniak zu der Lösung gesetzt hat. Wenn die

Schlacke keine nennenswerthen Mengen Mangan enthält, so kann die Fällung mit Schwefelammon fortfallen und das CaO sofort in der konc. Lösung niedergeschlagen werden.

Schlacken, welche durch HCl nicht vollständig zersetzt werden, muss man mit Na_2CO_3 und etwas $NaNO_3$ schmelzen (cf. Analyse von Thon). Wenn man die SiO_2 abfiltrirt hat, so verfahre man genau wie bei den in HCl löslichen Schlacken. Da aber das Calciumoxalat sehr gern Natriumsalze mit niederreisst, so löst man es am besten, nach dem Glühen, wieder in HCl, giesst die Lösung in eine Platinschale, verdünnt mit heissem Wasser auf 300 ccm, setzt einen Ueberschuss von Ammoniak zu und fällt bei Siedehitze durch 30 ccm oxalsaures Ammon, filtrirt, wäscht aus, glüht und wägt.

Zur Bestimmung des Schwefels in den Schlacken schmelze man 1 g mit Na_2CO_3 und wenig KNO_3 und verfahre genau so, wie bei der Bestimmung des Schwefels in den Eisenerzen beschrieben ist. Man berechne den Gesammtschwefel als CaS und den Rest des Ca als CaO.

Zur Bestimmung der Alkalien, Titansäure etc. verfahre man so, wie bei der Bestimmung dieser Bestandtheile im Thon angegeben wurde.

Konverterschlacke, Flammofenschlacke, Raffinirschlacke, Walzabbrand etc. werden nach den Methoden untersucht, wie sie bei der Eisenerzanalyse beschrieben sind. Schlacken, von dem basischen Process herrührend, welche gewöhnlich sehr grosse Mengen Phosphorsäure enthalten, werden auf folgende Weise analysirt. Man behandele 1 g der fein gemahlenen Probe in einem kleinen Becherglase mit 15 ccm HCl und wenig HNO_3, bis dieselbe vollständig zersetzt ist, dampfe zur Trockne, nehme mit 10 ccm HCl und 20 ccm Wasser wieder auf, verdünne, filtrire und wäge die SiO_2. Zu dem auf ca. 500 ccm verdünnten Filtrat setze man eine Lösung von Eisenchlorid und einen geringen Ueberschuss von Ammoniak. (Ist der Niederschlag nicht entschieden roth gefärbt, so säuere man sorgfältig mit HCl an, setze mehr Eisenchlorid zu und gebe dann einen geringen Ueberschuss von Ammoniak hinzu.) Man setze bis zur sauern Reaktion Essigsäure zu, erhitze zum Sieden, filtrire und wasche etwas mit kochendem Wasser aus, stelle das Filtrat bei Seite, löse den Niederschlag auf dem Filter in HCl und lasse diese Lösung in das Becherglas fliessen, in welchem der Niederschlag erzeugt wurde, wasche das Filter gründlich mit kaltem Wasser aus, verdünne das Filtrat auf ca. 400 ccm, setze einen geringen Ueberschuss von Ammoniak, darauf Essigsäure zu, koche auf und filtrire wie zuvor. Dieses Filtrat giesse man zu dem ersten, dampfe ein und bestimme das Mangan, Calcium und Magnesium, wie bei der Analyse der Hochofenschlacken (cf. diesen Abschnitt; Absatz 3 etc.) angegeben wurde. Man löse den Niederschlag auf dem Filter in HCl, spüle das Becherglas mit einigen Tropfen derselben Säure aus, giesse dieselbe auf das Filter und wasche Becherglas nebst Filter gründlich mit Wasser aus. Zu der Lösung setze man ungefähr 10 g Citronensäure und einen Ueberschuss von Ammoniak, lasse sie erkalten und setze tropfenweise unter beständigem Umrühren 50 ccm Magnesiamixtur zu. Darauf giesse man noch eine, dem dritten Theile des Volums der Lösung gleiche Menge Ammoniak zu, stelle das Glas in kaltes Wasser, rühre von Zeit zu Zeit um, filtrire nach einigen Stunden, wasche wie gewöhnlich mit Ammoniakwasser aus, glühe sorgfältig und wäge als $Mg_2P_2O_7$. Etwa in der Schlacke befindliche Thonerde kann in dem Filtrat von Ammonium-Magnesiumphosphat bestimmt werden (cf. Trennung von Eisen und Thonerde). Das Eisen bestimme man in einer besonderen Probe volumetrisch und berechne auf FeO. Die anderen Elemente bestimme man nach den Methoden, welche in „Untersuchung der Eisenerze“ angegeben sind.

Die Phosphorsäure kann man in basischen Schlacken nicht gut durch Schmelzen mit kohlensaurem Natron bestimmen, da das Calciumphosphat nach dieser Methode nicht leicht zersetzt wird, und die Anwendung derselben zu Irrthümern führen kann.

Methode zur Untersuchung von feuerfestem Sand.

Da Sand verhältnissmässig sehr geringe Mengen Thonerde, Kalk und Magnesia, dagegen sehr viel Kieselsäure enthält, so untersucht man denselben am besten folgendermassen: Man befeuchte 2 g fein gepulverten Sand in einem grossen Platintiegel mit kaltem Wasser, setze 6 bis 8 Tropfen H_2SO_4 und dann nach und nach genügend HFl zu, um ihn aufzulösen; dampfe zur Trockne und erhitze zur Vertreibung der H_2SO_4 zur Rothglut; lasse den Tiegel erkalten, setze etwas Na_2CO_3 zu und schmelze, löse nach dem Erkalten in Wasser, setze einen Ueberschuss von HCl zu, dampfe zur Trockne, nehme mit verdünnter Salzsäure auf, filtrire die SiO_2 ab und bestimme das Al_2O_3, CaO und MgO wie gewöhnlich. Man glühe 1 g Sand und bestimme den Verlust, welcher aus Wasser und organischer Substanz (wenn solche vorhanden ist) besteht.

Bei Gegenwart von Al_3O_3 ist es fast unmöglich, die gesammte SiO_2 durch Behandlung mit HFl und H_2SO_4 zu verflüchtigen, und die kleine Menge SiO_2, welche nach dieser Behandlung zurückbleibt, muss wie oben angegeben, abgeschieden werden.

Man zähle die Procentgehalte von Wasser, Al_2O_3, CaO und MgO zusammen, subtrahire die Summe von 100 und bezeichne den Rest als SiO_2.

Methoden zur Untersuchung von Kohle und Koks.

Annähernde Analysen.

Eine annähernde Untersuchung gibt uns einen sehr schnellen und verhältnissmässig einfachen Weg an, die Kohlen zu klassificiren und ihren Werth zu bestimmen. Wegen der Natur des Materials können die Bestimmungen nicht genau sein, sondern man muss die Folgerungen aus den relativen Verhältnissen der Feuchtigkeit, der flüchtigen verbrennbaren Substanz und der Asche ziehen. Man muss desshalb die Methoden anwenden, durch welche man die übereinstimmendsten Resultate erhält. Die von Prof. Heinrichs ausgeführten Versuche zeigen klar und deutlich, dass, wenn man einen bestimmten Gang und einige einfache Vorsichtsmassregeln beobachtet, die folgende Methode für den Gegenstand genügend genau ist. Die Einzelheiten, welche stets genau befolgt werden müssen, sind folgende: Man erhitze 1 bis 2 g der fein gepulverten Kohle in einem Platintiegel genau 1 Stunde lang bei 105° bis 110° C. auf dem Luftbade, lasse den Tiegel erkalten und wäge ihn. Der Gewichtsverlust, dividirt durch das Gewicht der genommenen Probe und das Resultat mit 100 multiplicirt, ergibt den Procentgehalt der Feuchtigkeit in der Kohle. Man wäge 1 bis 2 g Kohle in einem kleinen Platintiegel ab, erhitze denselben bei aufgelegtem Deckel $3^1/_2$ Minuten lang über dem Bunsenbrenner, dann erhitze man, ohne den Tiegel erst abkühlen zu lassen, bei der höchsten Temperatur, welche durch eine Gebläselampe zu erhalten ist, noch $3^1/_2$ Minuten weiter, lasse erkalten und wäge. Man dividire den Gewichtsverlust durch die angewandte Menge Substanz, multiplicire mit 100, subtrahire den Feuchtigkeitsgehalt, so ist der Rest der Procentgehalt der flüchtigen verbrennbaren Substanz. Diese letztere Bestimmung muss immer in einer besonderen Portion und nicht in derjenigen gemacht werden, in welcher die Feuchtigkeit bestimmt wurde.

Nachdem man den Tiegel zur Bestimmung der flüchtigen verbrennbaren Substanz gewogen hat, stelle man ihn schief über die Flamme und verbrenne den Kohlenstoff. Diese Operation, welche gewöhnlich sehr langwierig ist, kann man dadurch beschleunigen, dass man die Masse aufbricht und vermittelst eines Platinstabes von Zeit zu Zeit ordentlich umrührt. Man muss einen zu starken Zug im Tiegel vermeiden, da sonst Theilchen der Asche weggeblasen werden und man in Bezug auf das Verhältniss von festem Kohlenstoff zur Asche ein falsches Resultat erhält. Wenn die Asche keine Kohlenstofftheilchen mehr enthält, so lasse man den Tiegel erkalten und wäge ihn. Die Differenz zwischen diesem Gewicht und dem vorhergehenden, dividirt durch das Gewicht der genommenen Probe und mit 100 multiplicirt, gibt den Procentgehalt der festen Kohle an.

Die Differenz zwischen der Summe der Procentgehalte von Wasser, flüchtiger verbrennbarer Substanz und fester Kohle und 100 gibt den Procentgehalt der Asche. Die Summe der Procentgehalte von fester Kohle und Asche ist = dem Procentgehalt Koks, welcher aus der Kohle erhalten wird. Das Aussehen des Koks vor der Verbrennung der festen Kohle, seine Härte etc., sind oft wichtige Anhaltspunkte für die kokenden Eigenschaften der Kohle und müssen daher wohl beobachtet werden. Das Aussehen, die Farbe etc. der Asche muss man sich gleichfalls merken.

Untersuchung der Asche.

Die Asche kann nach den Methoden untersucht werden, wie sie für die Untersuchung der unlöslichen, Kieselsäure haltigen Substanz in Eisenerzen beschrieben wurden.

Bestimmung des Schwefels.

Man wäge 1 g fein zerriebene Kohle oder Koks ab und mische gründlich mit 10 g trockenem Na_2CO_3 und 6 g KNO_3 dadurch, dass man die Substanzen in einen grossen Achat- oder Porzellanmörser zusammenreibt, gebe die Mischung in einen Platintiegel, reinige den Mörser mit etwas Na_2CO_3, gebe dasselbe auch in den Tiegel, bedecke letzteren mit einem Deckel und erhitze denselben zuerst ganz gelinde und nach und nach stärker über dem Bunsenbrenner, indem man zeitweilig den Deckel aufhebt, um zu sehen, ob die Schmelze nicht überkocht. Man muss wohl Acht haben, dass die geschmolzenen Natrium- oder Kaliumsalze nicht an die Aussenseite des Tiegels gelangen, denn sie würden sicherlich Schwefel- oder schweflige Säure von dem Gas absorbiren und so die Untersuchung beeinträchtigen. Wenn die Masse im Tiegel ruhig fliesst, so lasse man ihn erkalten, behandele den Inhalt darauf mit heissem Wasser und giesse die Lösung in ein kleines Becherglas; filtrire das Unlösliche ab, säuere das Filtrat mit HCl an und dampfe zur Trockne; nehme wieder mit Wasser und einigen Tropfen HCl auf, filtrire, verdünne das Filtrat auf ca. 500 ccm, erhitze zum Sieden und setze 10 bis 20 Tropfen Chlorbariumlösung zu. Man lasse das Bariumsulfat absitzen, giesse die klare, überstehende Flüssigkeit durch ein Filter oder eine Asbestschicht im Gooch'schen Tiegel ab, erhitze den Niederschlag mit einer Lösung von essigsaurem Ammon, giesse ihn dann auf das Filter, wasche gründlich mit heissem Wasser aus, trockne, glühe und wäge als $BaSO_4$, woraus man den S berechnet. Man kann die Untersuchung oft dadurch sehr verkürzen, dass man zu dem angesäuerten Filtrat von der wässerigen Lösung der Schmelze einen Ueberschuss von Ammoniak setzt und durch die kochende Flüssigkeit alsdann einen starken CO_2-Strom gehen lässt, wodurch die Kieselsäure, Thonerde etc. gefällt wird. Nachdem man dieselben abfiltrirt hat, säuere man das Filtrat mit HCl an und fälle das Bariumsulfat wie oben angegeben.

Von dem so erhaltenen Schwefel muss man den abziehen, welchen man erhält, wenn man dieselben Mengen Na_2CO_3, KNO_3 und HCl, wie man sie bei der Schwefelbestimmung in der Kohle anwendet, für sich auf S untersucht hat.

Ausser der oben angegebenen Methode wird auch die von Eschka sehr oft angewandt: Man wäge 1 g der fein gepulverten Probe ab und mische sie gründlich mit 1 g gebrannter Magnesia und 0,5 g trockenem Na_2CO_3 und erhitze die Masse über dem Bunsenbrenner in einem schräg gestellten Platintiegel. Man rühre von Zeit zu Zeit mit einem Platinstab um, bis der Kohlenstoff verbrannt und die Asche dunkelgelb ist, was nach ungefähr einer Stunde der Fall sein wird. (Während des Verbrennens muss man darauf achten, dass man nur den unteren Theil des Tiegels erhitzt.) Man lasse erkalten, setze ungefähr 1 g Ammoniumnitrat zu, mische dasselbe gründlich mit der Asche zusammen und erhitze vorsichtig, bis das salpetersaure Ammon zersetzt und der Tiegel rothglühend ist; lasse erkalten, behandele die Masse mit heissem Wasser und giesse sie in ein Becherglas; filtrire das Unlösliche ab, säuere das Filtrat mit HCl an und bestimme den S durch Ausfällen als $BaSO_4$.

Gibt man das Resultat einer Kohlenanalyse an, so muss man den Schwefelgehalt für sich aufführen und darf dessen Menge nicht auf die flüchtige verbrennbare Substanz, feste Kohle und Asche vertheilen. Der Grund hierfür wird einleuchtend, wenn wir sehen, unter welchen Bedingungen der Schwefel in der Kohle vorkommt, und wie schwierig es ist, die verschiedenen Modifikationen auseinander zu halten.

Der Schwefel kommt in der Kohle in drei Formen vor: als Schwefelmetalle, wie in den Pyriten, als schwefelsaures Calcium oder Barium und als Verbindung von Schwefel mit Kohlenwasserstoff. Bei den Kohlenuntersuchungen wird ungefähr die Hälfte des in den Pyriten vorkommenden Schwefels und der gesammte organisch gebundene Schwefel mit der flüchtigen verbrennbaren Substanz ausgetrieben. Die andere Hälfte des in den Pyriten vorkommenden Schwefels wird bei der Verbrennung der festen Kohle (das schwefelsaure Eisen wird bei voller Rothglut leicht zersetzt) oxydirt und ausgetrieben, es sei denn, dass die gebildete Schwefelsäure durch Alkalien oder alkalische Erden aufgenommen wird.

Will man die verschiedenen Formen, in welchen der Schwefel in der Kohle vorkommt, annähernd genau feststellen, so bestimme man durch Schmelzen den Gesammtschwefel und in der Asche die Schwefelsäure. Zieht man den durch letztere Bestimmung gefundenen Schwefel von dem Gesammtschwefel ab, so kann man die Differenz als die Menge des in Form von Sulfiden vorkommenden Schwefels, und die Menge des in der Asche gefundenen Schwefels als in Form von Sulfaten vorkommend betrachten. Diese Resultate sind genau, wenn die Kohle keine kohlensauren Alkalien oder alkalische Erden enthält.

Bestimmung der Phosphorsäure.

Man verbrenne 10 g Kohle oder Koks im Tiegel, oder da diese Operation bei Anthracitkohlen oder -koks sehr langwierig ist, in einem grossen Platinschiffchen im Sauerstoffstrom. Man behandele die Asche mit Salzsäure, um etwaiges Calciumphosphat zu lösen, filtrire und wasche gründlich mit heissem Wasser aus; stelle das Filtrat bei Seite und trockne, glühe und schmelze den unlöslichen Rückstand mit kohlensaurem Natron, löse in Wasser, filtrire das Unlösliche ab, säuere das Filtrat mit HCl an und dampfe zur Trockne. Man nehme mit Wasser und wenig Salzsäure auf, filtrire, giesse dieses Filtrat zu dem salzsauren Filtrat, von der ersten Behandlung der Asche herrührend, setze dann ein wenig Eisenchloridlösung und darauf einen Ueberschuss von Ammoniak zu; säuere mit Essigsäure an, erhitze zum Sieden, koche einige Minuten lang weiter, filtrire und wasche den Niederschlag ein- oder zweimal mit heissem Wasser aus; löse ihn auf dem Filter in Salzsäure, dampfe fast bis zur Trockne ein, setze Citronensäure, Magnesiamixtur und Ammoniak zu und fälle, wie bei der Bestimmung des Phosphors in Eisen und Stahl nach der Acetat-Methode angegeben wurde; man filtrire, glühe und wäge den Niederschlag als $Mg_2P_2O_7$. Oder aber: Nachdem man den essigsauren Niederschlag, wie oben, in Salzsäure gelöst hat, dampfe man ein und fälle die P_2O_5 nach der Molybdatmethode (cf. Phosphorbestimmung in Eisen und Stahl nach der Molybdatmethode).

Methoden zur Untersuchung der Gase.

Die technische Gasanalyse ist von wachsender Bedeutung und jeder Eisenchemiker muss heutzutage die Methoden zur Untersuchung der Gase, sowie die vorkommenden Manipulationen genau kennen. Die Hempel'sche Bürette ist wegen ihrer leichten Handhabung, sowie wegen der Genauigkeit der mit ihr erhaltenen Resultate im Allgemeinen den anderen überlegen.

Sie besteht im Wesentlichen aus der Bürette B (Fig. 100), in welcher das Gas aufgefangen und gemessen wird (modificirte Winkler'sche Gasbürette) und einer Pipette G (Fig. 100), in welcher sich die Reagentien befinden. Vermittelst der mit Wasser gefüllten Röhre A wird das Gas in die Pipette getrieben und so mit den Reagentien in Berührung gebracht, und darauf wieder in die Bürette zurückgesogen und gemessen. Gebraucht man mehrere dieser Pipetten, von denen jede mit einem besonderen Reagens gefüllt ist, so kann man die verschiedenen Bestandtheile des zu untersuchenden Gases absorbiren lassen und ihre Volumina bestimmen.

Sammelproben.

In Fig. 97 ist ein sehr einfacher Apparat abgebildet, vermittelst dessen man sich die Gasproben leicht verschaffen kann. Das Porzellanrohr A führt durch das Mauerwerk in den Kanal, durch welchen die Gase streichen. Das Rohr ist mit lose eingedrücktem Asbest gefüllt, damit kein Staub oder sonstige die Bürette verstopfende Substanzen in dieselbe gelangen können. Der Asbest muss aber so lose in das Rohr A geschoben werden, dass dadurch der freie Durchzug des Gases nicht gehindert werden kann. Wenn man wie z. B. beim Generator die Gase beständig untersucht, so mauert man am besten ein mit einer Klappe oder Ventil versehenes eisernes Rohr in den Kanal ein und verbindet das Porzellanrohr mit demselben vermittelst eines Gummi- oder Asbeststopfens. Das aussen liegende Ende dieses Porzellanrohrs steht, wie aus der Skizze zu ersehen, durch einen Gummischlauch C mit dem unteren Ende d der Bürette in Verbindung. Wenn das Gas unter Druck ist (was sehr selten der Fall ist), so braucht man nur die Hähne zu öffnen, um es bis zur völligen Vertreibung der Luft durch die Bürette streichen zu lassen. Gewöhnlich muss man es aber absaugen, wozu man dann sehr gut die kleine Gummipumpe D, welche am oberen Theile der Bürette angebracht ist, gebrauchen kann. Die-

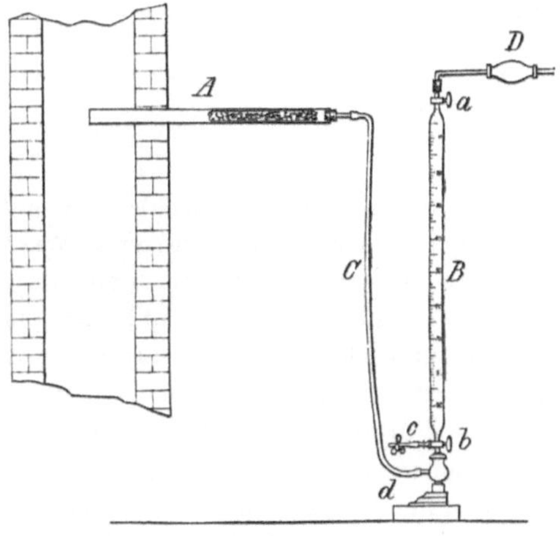

Fig. 97.

selbe ist an jedem Ende mit einem einfachen Ventil versehen, so zwar, dass beim Zusammendrücken des Balles der Inhalt durch das äussere Ventil herausströmt, während das der Bürette zunächst befindliche geschlossen wird. Lässt man den Druck nach, sodass der Ball seine natürliche Form wieder annimmt, so schliesst sich das äussere Ventil, während sich das der Bürette zunächst befindliche öffnet, sodass der Inhalt aus der letzteren in den Gummiball hineingelangt. Durch 3- bis 4maliges Drücken auf eine solche Pumpe von gewöhnlicher Grösse wird eine 100 ccm-Bürette vollständig entleert. Bei der Probenahme drehe man den Dreiweghahn b so, dass das Gas in die Bürette gelangen kann, ferner öffne man den am oberen Ende angebrachten Hahn a und sauge 5 bis 6 Minuten lang Gas durch. Dann schliesse man a und presse das in dem Gummischlauch befindliche Gas in die Bürette, dadurch, dass man denselben oben zusammenpresst und nach der Bürette zu weiter drückt, darauf schliesse man b, und das Gas steht unter Druck. Der Hahn b muss natürlich so gedreht werden, dass d mit c kommunicirt (Fig. 98). Man nehme jetzt die Bürette ab, verbinde das

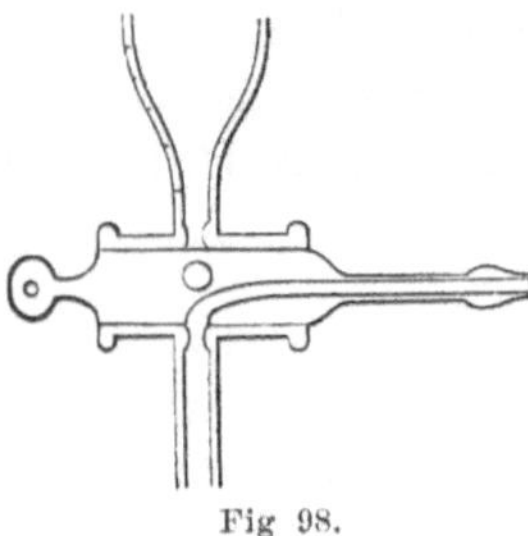

Fig 98.

untere Ende derselben durch den Gummischlauch C mit der Röhre A (cf. Fig. 100), öffne den Quetschhahn E und lasse Wasser einfliessen, bis dasselbe durch den Gummischlauch am Ende des Hahnes herauskommt; dann schliesse man E wieder und warte mit der Untersuchung, bis Bürette und Gas die Temperatur des Zimmers angenommen haben. Anstatt das Gas aus dem Ofen durch das Rohr A (Fig. 97) direkt in die Bürette überzuführen, kann man es auch in mit 2 Hähnen versehenen gläsernen Gefässen auffangen und aus diesen in die Bürette hineinsaugen, indem man das eine Ende durch einen mit Wasser gefüllten Schlauch mit der gleichfalls mit Wasser gefüllten Bürette verbindet und das andere Ende in Wasser eintaucht. Dann öffnet man die Hähne, senkt das Rohr A (Fig. 100) und füllt auf diese Weise die Bürette mit dem Gase.

Reagentien für die Pipetten.

Hochofengase, Generatorgase und, im Allgemeinen, die Gase, welche beim Durchstreichen atmosphärischer Luft durch Kohle oder Koks entstehen, enthalten veränderliche Mengen von Kohlendioxyd (CO_2), Sauerstoff (O), Kohlenoxyd (CO), Wasserstoff (H), Methan oder Sumpfgas (CH_4) und Stickstoff (N). Die besten Absorptionsmittel sind Kalilauge für CO_2, Pyrogallussäure für O und Kupferchlorür in HCl für CO. Der Wasserstoff wird durch Verbrennung mit einem Ueberschuss von Sauerstoff über glühendem Palladiumdraht, und das Sumpfgas durch Verbrennung in einer mit Kupferoxyd gefüllten Röhre bestimmt. Die nöthigen Absorptionsapparate sind daher eine einfache Pipette (G, Fig. 100), welche mit Kalilauge von 1,27 spec. Gew. gefüllt ist, zur Absorption der CO_2. Um die Pipette mit der Absorptionsflüssigkeit zu füllen, stelle man in die grosse Kugel ein enges langes Trichterrohr, welches bis auf den Boden der Kugel reicht, und giesse durch den Trichter Kalilauge hinein, bis die grosse Kugel und die beide Kugeln verbindende Röhre gefüllt sind; dann sauge man die Flüssigkeit in das Kapillarrohr hinein, sodass dasselbe bis obenhin gefüllt ist, und verschliesse das über das Ende des Kapillarrohrs gestreifte Stück Gummischlauch vermittelst eines Quetschhahns.

Eine zusammengesetzte Pipette (Fig. 99), welche Pyrogallussäure

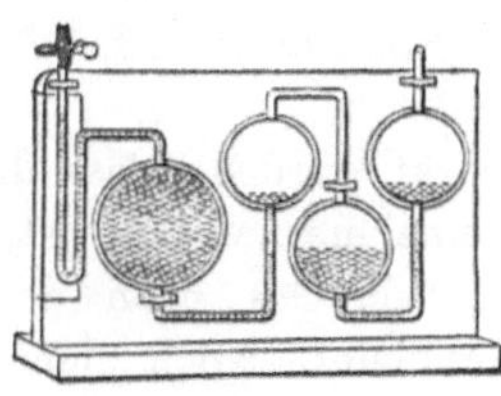

Fig. 99.

enthält zur Absorption des Sauerstoffs, wird folgendermassen gefüllt: Man löse 30 g Pyrogallussäure in 75 ccm Wasser, verbinde das Kapillarrohr durch ein Stück Gummischlauch mit einem Trichter und fülle es mit der Lösung an. Saugt man nun an dem anderen Ende der Pipette, so läuft die Flüssigkeit schnell durch das Kapillarrohr hinein. Befindet sich so die gesammte Lösung in der Pipette, so giesse man durch den Trichter noch eine Lösung von Aetzkali von 1,27 spec. Gew. zu, bis die grosse Kugel und das Rohr, welches dieselbe mit der zweiten Kugel verbindet, vollständig gefüllt sind. Die Flüssigkeit ist jetzt eine alkalische Lösung von pyrogallussaurem Kali. Man verschliesse das Kapillarrohr durch einen Quetschhahn und giesse vermittelst eines Trichters etwas Wasser in die letzte Kugel der zusammengesetzten Pipette. Die Menge Wasser darf nicht so gross sein, dass die dritte Kugel dadurch gefüllt wird, denn die Pyrogallussäure absorbirt den Sauerstoff der Luft in der zweiten Kugel sehr schnell, und diese Kontraktion bewirkt, dass das in die letzte Kugel gegossene Wasser in der dritten in die Höhe steigt.

Die Menge Wasser muss desshalb klein genug sein, dass kleine Luftblasen zum Ausgleich der Kontraktion in der zweiten Kugel hindurchstreichen können, und gross genug, dass die dritte Kugel nicht leer wird, wenn das Gas bei der Analyse durch die Kapillarröhre in die grosse Kugel hineingetrieben wird. Die Menge pyrogallussaures Kali von 30 g Pyrogallussäure genügt, um fast 1500 ccm reinen Sauerstoff zu absorbiren, sodass die so gefüllte zusammengesetzte Pipette, wenn sie durch Wasser in der dritten und vierten Kugel sicher abgeschlossen ist, für eine unzählige Masse Analysen ausreicht.

Eine andere zusammengesetzte Pipette zur Absorption des Kohlenoxyds wird, wie oben beschrieben, mit einer gesättigten Lösung von Kupferchlorür in HCl von 1,1 spec. Gew. gefüllt und auch durch Wasser abgesperrt. Um Irrthümer zu vermeiden, bezeichne man die einzelnen Pipetten mit den Namen der Reagentien, mit welchen sie gefüllt sind.

Es muss hierbei bemerkt werden, dass die Absorption des CO durch Kupferchlorür nur eine mechanische ist, und dass eine kleine Menge CO unverändert in dem Gas nach der Behandlung in der Kupferchlorürpipette zurückbleibt. Noch mehr: Wird ein vollständig von CO freies Gas in eine Kupferchlorürpipette (welche auch früher zur Absorption von CO benutzt wurde) und wieder zurück in die Bürette gedrückt, so wird man finden, dass sich das Volum vergrössert hat, und die darauffolgende Verbrennung im Palladiumrohr ergibt eine CO_2-Menge, welche auf CO berechnet dieser Vergrösserung entspricht. Wenn diese Thatsache übersehen wird, so wird das im Gas verbleibende CO als Methan gerechnet werden, wenn man im gewöhnlichen Gang der Analyse eine Bestimmung dieses Gases macht.

Zur Absorption des Aethylens (C_2H_4), welches in Hochofen- und Generatorgasen beim Gebrauch von Backkohlen vorkommt, wendet man eine mit Bromwasser gefüllte zusammengesetzte Pipette an. Da aber die Menge dieses Gases sehr gering ist, so wird eine besondere Bestimmung desselben selten gemacht, sondern es wird mit als CO bestimmt.

Analyse der Proben.

Hat die mit dem Gas gefüllte Bürette die Temperatur des Zimmers erlangt, so hebe man das Rohr A (Fig. 100) hoch und öffne den Dreiweghahn, dass das Wasser in die Bürette eintreten kann. Wenn das Gas unter geringem Druck steht, so treibe man das Wasser durch Heben oder Senken der Bürette gerade bis zur

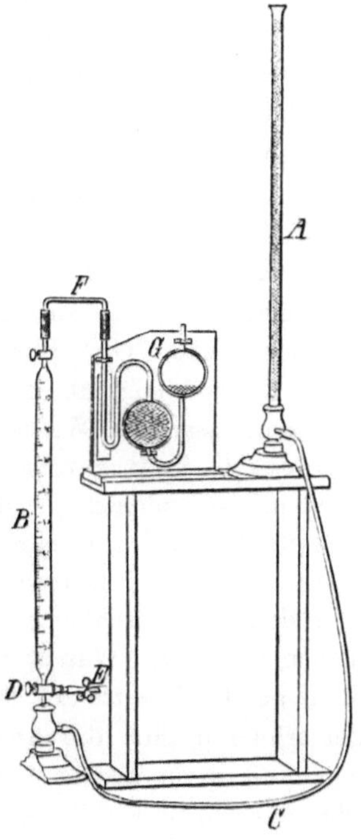

Fig. 100.

Nullmarke, schliesse den Hahn D und öffne für einen Augenblick den oberen Hahn, um das Gas unter den Druck der Atmosphäre zu bringen. Darauf öffne man den Dreiweghahn wieder, lasse das Wasser in die Bürette eintreten und lese, indem man A so hält, dass das Wasser in demselben und in der Bürette gleich hoch steht, an der letzteren ab. Auf diese Weise kann man leicht 100 ccm Gas erhalten, wodurch die Berechnungen sehr vereinfacht werden. Man verbinde die Bürette durch ein kapillares Verbindungsrohr mit der die Kalilauge enthaltenden Pipette (cf. Fig. 100). Stellt man diese Verbindung her, so muss man natürlich dafür Sorge tragen, dass die Luft vollständig fern bleibt, wesshalb man das Kapillarrohr vorher vollständig mit Wasser füllt und dann die an beiden Enden befindlichen Stücke Gummischlauch soweit wie möglich über die Bürette resp. Pipette streift. Ist der Apparat so fertig gestellt, so öffne man den oberen Hahn der Bürette und drehe den Dreiweghahn D so, dass das Wasser aus A in B gelangen kann. Sobald das Wasser eintritt, wird das Gas in die Pipette hinübergedrückt. Man fülle die Bürette vollständig mit Wasser und dränge letzteres noch in die Kapillarröhre hinein, bis zu der Stelle, wo sie mit der Pipette durch den Gummischlauch verbunden ist. Man schliesse den oberen Hahn der Bürette, klemme den Quetschhahn über den Gummischlauch, welcher das Kapillarrohr F mit der Pipette verbindet, nehme das erstere ab und lasse es mit der Bürette in Verbindung. Man schüttele die Pipette ein bis zwei Minuten lang zur Absorption der CO_2. Darauf verbinde man sie wieder mit F, nehme den Quetschhahn ab, stelle A tief, öffne den oberen Hahn der Bürette und lasse das Wasser aus B in A zurückfliessen, sodass das Gas aus G in B zurückgesogen wird. Wenn die Kalilauge zurückgeflossen ist, sodass sie die grosse Kugel und das Kapillarrohr der Pipette fast bis zur Gummiverbindung anfüllt, so schliesse man den oberen Hahn der Bürette schnell, klemme den Quetschhahn wieder über den Gummischlauch der Pipette G, nehme F von G ab, halte A neben B, bis das Wasser in beiden auf gleicher Höhe steht und lese dann an der Bürette ab. Die Differenz zwischen dieser Ablesung und der früheren gibt die Anzahl der absorbirten Kubikcentimeter CO_2 an; und wenn man genau 100 ccm Gas angewandt hat, so stellt jedes absorbirte Kubikcentimeter 1 Procent CO_2 im Gas vor. Hat man ursprünglich ein anderes Gasvolumen angewandt, so dividire man die Anzahl der absorbirten Kubikcentimeter durch das angewandte Volum, multiplicire mit 100, so erhält man den Procentgehalt CO_2 im Gas.

Bei der Bestimmung von Aethylen treibe man das Gas in eine mit Bromwasser gefüllte Pipette, wieder zurück in die Bürette, dann in die Kalilauge enthaltende Pipette, um die Bromdämpfe zu absorbiren, dann wieder zurück in die Bürette und lese ab. Die Kontraktion ist Aethylen.

Darauf drücke man das Gas in die Pyrogallussäure enthaltende Pipette, schüttele die letztere zur Absorption des Sauerstoffs 4 bis 5 Minuten lang, treibe das Gas in die Bürette zurück und lese ab. Die Kontraktion ist Sauerstoff.

Auf dieselbe Weise treibe man das Gas in die Kupferchlorür-Pipette, schüttele sie in kurzen Zwischenräumen 5 bis 6 Minuten lang, um das CO zu absorbiren, treibe das Gas in die Bürette zurück und lese ab. Die zuletzt abgelesene Kontraktion zeigt das von Kupferchlorür absorbirte CO an. Zur Bestimmung des rückständigen CO und des H wird das Gas mit Sauerstoff gemischt und über glühendes Palladium geleitet. Die Anordnung eines Apparates, wie er hierzu gebraucht wird, ist aus Fig. 101 ersichtlich. A ist das

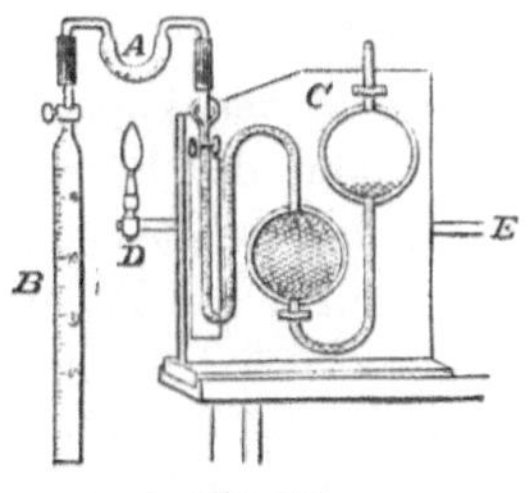

Fig. 101.

Palladiumrohr, B die Bürette, C eine mit Wasser gefüllte Pipette, D ein kleiner Gasbrenner zum Erhitzen des Palladiumrohrs und E das Gasleitungsrohr. Anstatt eines Gasbrenners kann man auch eine kleine Spirituslampe anwenden, welche an dem Pipettengestell vermittelst einer Klammer befestigt werden kann. Bei gewöhnlichen Ofen- und Generatorgasen, welche 50 % und mehr Stickstoff enthalten, verbindet man die Spitze der Bürette am besten gleich mit einem mit Sauerstoff gefüllten Gasometer, indem man den Verbindungsschlauch vorher mit Sauerstoff füllt. Bei Wassergas, oder auch dann, wenn man keinen Sauerstoff zur Verfügung hat, muss man einen Theil des in der Bürette befindlichen, noch nicht absorbirten Gases in eine andere Bürette hineindrücken und in die erstere Luft eintreten lassen, bis sie nahezu gefüllt ist. Natürlich wird die Rechnung durch diese Veränderung des Gasvolumens etwas umständlicher, aber bei reinem Wassergas würde Sauerstoff allein sehr wahrscheinlich eine Explosion herbeiführen, während bei anderen Gasen, wenn man keinen Sauerstoff hat, und man zu der ganzen

Gasmenge Luft zutreten lassen wollte, bis die Bürette gefüllt, kein Sauerstoff genug vorhanden sein würde, um den Wasserstoff zu verbrennen. Wenn man einen Theil des unabsorbirten Gases hinübergedrückt hat, so lese man das Volumen der zur Verbrennung genommenen Gasmenge an der Bürette ab, dividire dasselbe durch das Gesammtvolumen des unabsorbirten Gases und multiplicire mit der ursprünglich zur Untersuchung genommenen Menge, so erhält man die Anzahl Kubikcentimeter des ursprünglichen Gases, welcher die zur Verbrennung genommene Menge entspricht.

Wenn man Luft in die Bürette hat eintreten lassen, was man dadurch erreicht, dass man die Niveauröhre tief stellt, den Dreiweghahn öffnet, dass der Inhalt der Bürette mit der Röhre kommunicirt, und darauf den oberen Hahn so lange offen hält, bis die genügende Menge Luft eingetreten ist, so lese man an der Bürette das Volum sorgfältig ab. Man verbinde jetzt den Apparat so, wie aus Fig. 101 ersichtlich, öffne den oberen Hahn der Bürette wie auch den Dreiweghahn und drücke das Gas durch Heben der Niveauröhre langsam in die Pipette hinein. Man erhitze das Palladiumrohr bis ungefähr auf Dunkelrothglut; man muss sich beim Ueberdrücken des Gases durch das heisse Palladiumrohr in die Pipette wohl hüten, das Wasser in das Rohr hineingelangen zu lassen, in welchem Falle dasselbe natürlich sofort springen würde; aus eben demselben Grunde muss man daher auch die Verbindungsstellen zwischen Palladiumrohr und Bürette einerseits und Palladiumrohr und Pipette andererseits gut trocknen. Da das Wasser von der Verbrennung des Wasserstoffs her sich meist im Rohr selbst, nahe bei der Pipette, kondensirt, so treibt man es durch Erwärmen dieser Stelle am besten in die Pipette hinein, weil es sonst, beim Zurücksaugen des Gases in die Bürette, in den heissen Theil des Palladiumrohrs gelangen würde. Wenn das Wasser in der Bürette bis gerade oberhalb des oberen Hahns gestiegen ist, so senke man das Niveaurohr wieder und sauge das Gas langsam in die Bürette zurück. Wenn das Wasser in der Pipette bis zur gewöhnlichen Höhe in dem Kapillarrohr gestiegen ist, so klemme man den Quetschhahn über dem Gummischlauch zwischen Pipette und Palladiumrohr fest zu, drehe die Flamme aus und schliesse nach dem Erkalten des Verbrennungsrohrs den oberen Hahn der Bürette, nehme den Apparat ab, öffne den Dreiweghahn vollständig und lese an der Bürette ab.

Wäre jetzt kein CO in dem Gase vor der Verbrennung gewesen,

so würde die Kontraktion nur von der Kondensation des H_2O, welches durch die Verbrennung des H entstanden ist, herrühren, und da sich 2 Volumina H mit einem Volumen O zur Bildung von Wasser vereinigen, so würden $\frac{2}{3}$ der Kontraktion Wasserstoff sein. Bei Gegenwart von CO aber entsteht, ausser der durch die Bildung von H_2O verursachten, noch eine Kontraktion, welche von der Bildung von CO_2 herrührt. Absorbirt man nun diese CO_2 in der Kalilauge-Pipette, so gibt die zweite Kontraktion das Volumen der CO_2 an, welches von CO herrührt. Die erste Kontraktion ist dann $\frac{3}{2}$ H + $\frac{1}{2}$ CO; und da die zweite das Volumen des CO vorstellt, so ist:

$$\text{Erste Kontraktion} = \frac{3}{2}\,\text{H} + \frac{1}{2}\,\text{zweite Kontraktion, oder}$$

$$\frac{3}{2}\,\text{H} = \text{erste Kontraktion} - \frac{1}{2}\,\text{zweite Kontr., d. h.}$$

$$\text{H} = \frac{2}{3}\,\text{erste Kontraktion} - \frac{1}{3}\,\text{zweite Kontr.}$$

Dividirt man die gefundenen Kubikcentimeter von H und CO durch die Anzahl Kubikcentimeter des ursprünglichen Gases, welchem die zur Verbrennung genommene Menge entspricht, und multiplicirt mit 100, so erhält man die Procentgehalte von H und CO. Zählt man diese Menge CO zu der durch Kupferchlorür gefundenen, so erhält man die Gesammtmenge des im Gas befindlichen CO.

In der Bürette sind jetzt nur noch Stickstoff und Methan vorhanden. Letzteres kann nur bei Rothglut über Kupferoxyd verbrannt werden und bildet dann H_2O und CO_2. Dadurch, dass man die CO_2 in einer Lösung von Aetzbaryt, welche durch eine Normaloxalsäurelösung eingestellt ist, absorbirt und die Aetzbarytlösung titrirt, ist das Volumen von CH_4 sofort bestimmt. Da die Normaloxalsäurelösung das Volumen von CH_4 bei 760 mm Barometerstand und 0^0 C. angibt, so muss man sich Temperatur und Barometerstand merken und gemäss der Tabelle (Tab. V) eine Korrektion vornehmen.

Man löse 5,6314 g krystallisirte Oxalsäure in 1 Liter Wasser; 1 ccm dieser Lösung zeigt dann 1 ccm CO_2 oder 1 ccm CH_4 bei 760 mm Barometerstand und 0^0 C. an. Man löse 14,0835 g krystallisirtes Bariumhydroxyd in 1 Liter Wasser; 1 ccm dieser Lösung entspricht dann 1 ccm Oxalsäurelösung.

Der in Fig. 102 abgebildete Apparat, welcher zur Verbrennung dient, besteht aus einem Porzellanrohr E, E in dem Verbrennungsofen F; das Rohr E, E ist mit grobem Kupferoxyd oder mit einer Spirale von oxydirtem Kupferdraht fast in seiner ganzen Länge beschickt; zu beiden Seiten des Kupferoxyds sind lose sitzende Asbestpfropfen in das Rohr eingeschoben. Das vordere Ende ist mit den zwei Absorptionsflaschen G G, welche eine Lösung von Aetzbaryt enthalten, verbunden. Diese Flaschen haben ca. 25 ccm Inhalt, sodass die durchstreichenden Gasblasen etwas von der Flüssigkeit in das Kugelrohr hineintreiben und auf diese Weise etwas länger mit derselben in Berührung sind. Sind die Flaschen grösser, so muss man die abgemessenen Mengen Aetzbaryt verdünnen. A ist ein mit

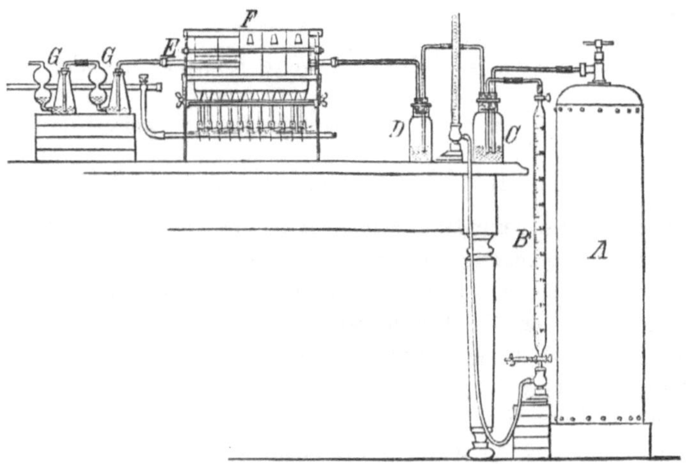

Fig. 102.

Sauerstoff gefüllter Gasometer; statt dessen kann man auch einen Aspirator zum Durchsaugen von Luft anwenden. Der Gasometer und die Bürette sind, wie aus der Skizze zu ersehen, durch Kapillarröhren mit der Flasche C, welche Kalilauge von 1,27 spec. Gew. enthält, verbunden. C ist mit D, in welcher sich H_2SO_4 befindet, verbunden, und ein Kapillarrohr stellt die Verbindung zwischen D und der Röhre E, E her. Man treibe einen Sauerstoff- oder Luftstrom durch den Apparat (bevor man die Flaschen G, G eingeschaltet hat), zünde die Flammen unter dem Ofen an und erhitze, bis das Rohr rothglühend ist. Man leite so lange Sauerstoff oder Luft durch, bis eine mit Aetzbaryt gefüllte Flasche, am Ende des Verbrennungsrohrs angebracht, keine Entwickelung von CO_2 mehr anzeigt. In jede der Flaschen G, G messe man nun 25 ccm Aetzbarytlösung, schalte sie, wie aus der Figur zu ersehen, ein, öffne den oberen Hahn der Bürette und drücke durch geeignetes Oeffnen des Dreiweghahns Wasser aus dem Niveaurohr hinein, sodass das Gas langsam durch die Flasche C streicht. Lässt man 1 Gasblase aus der Bürette durchstreichen, so muss man 3 bis 4 aus dem Gasometer drücken. Wenn das Wasser die Bürette und das Kapillarrohr vollständig füllt, so schliesse man den oberen Hahn von B und leite noch so lange Sauerstoff oder Luft durch, bis man sicher ist, dass das Gas durch die Flaschen G G getrieben ist. Inzwischen messe man 25 oder 50 ccm Aetzbarytlösung in eine Porzellanschale, verdünne mit Wasser, setze einen Tropfen Phenolphtaleïnlösung (hergestellt durch Lösen von Phenolphtaleïn in Alkohol) zu und lasse aus einer Bürette eine eingestellte Lösung von Oxalsäure zufliessen, bis die röthliche Farbe der Lösung gerade verschwindet. Hierdurch erhält man die Beziehung, in welcher die Aetzbarytlösung zu der Normaloxalsäure steht. Nach Beendigung der Verbrennung nehme man die Absorptionsflaschen ab, wasche deren Inhalt in eine Schale hinein, setze einen Tropfen Phenolphtaleïnlösung zu und titrire mit der Oxalsäure. Die Differenz zwischen den gebrauchten Kubikcentimetern der Oxalsäurelösung bei dem vorigen und jetzigen Titriren gibt die Anzahl der Kubikcentimeter der CH_4 an, welche in dem Gas bei 760 mm Barometerstand und 0^0 C. verbrannt sind. Dividirt man diese Anzahl durch die der verbrannten Kubikcentimeter, auf 760 mm und 0^0 C. reducirt, und multiplicirt mit 100, so erhält man den Procentgehalt des CH_4. Man zähle jetzt die Procentgehalte der CO_2, O, CO, H, CH_4 (und eventuell C_2H_4) zusammen, so erhält man, wenn man diese Summe von 100 abzieht, den Procentgehalt des Stickstoffs.

Ein Beispiel wird die Berechnung verdeutlichen:

Beispiel für die Untersuchung.

Siemens' Generator-Gas.

Volumen des angewandten Gases = 99,7 ccm.

KOH-Pipette . .	93,5 ccm;	Kontraktion 6,2 ccm;	CO_2 = 6,21 %
Pyrogallussäure-Pipette	93,3 „	„ 0,2 „	O = 0,20 „
Cu Cl-Pipette . .	74,0 „	„ 19,3 „ = 19,36 % CO	
Ein Theil in eine and. Bürette übergeführt	—	Von der Palladium-Verbrennung her	1,42 „ CO = 20,78 „ (Gesammt-CO).
In der Pipette verblieben	46,8 „		H = 11,23 „
= einer Menge des ursprünglichen Gases von . . .	63,24 „	$\left[\frac{46,8}{74} \times 99,7\right]$	CH_4 = 3,14 „
Luft zugelassen bis auf	98,4 „		N = 58,44 „
			100,00 „

Nach d. Verbrennen über Palladium . 87,3 „

Erste Kontraktion . 11,1 „

KOH-Pipette . . 86,4 „

Zweite Kontraktion 0,9 „ $= CO_2 = CO \left[\frac{0,9}{63,24} \times 100\right] = 1,42\ \%$ CO.

$H = \frac{2}{3} \times 11,1 - \frac{1}{3} \times 0,9$ . . = 7,1 „ $= \left[\frac{7,1}{63,24} \times 100\right] = 11,23\ \%$ H.

Rückstand verbrannt über Kupferoxyd und die CO_2 in Aetzbaryt absorbirt.

Thermometer 17° C. Barometer 745 mm 745 — 14,4 = 730,6

7	0,0086702 × 100	= 0,86702	cf. Tabelle V. Ausdehnung des Wasserdampfs in mm Quecksilber für 17° C.
3	0,0037158 × 10	= 0,037158	
0	× 1	= 0,000000	
6	0,0074316 × 0,1	= 0,00074316	
		0,90492116	

63,24 ccm × 0,90492116 = 57,23 ccm bei 760 mm und 0° C.

50 ccm Aetzbaryt-Lösung = 48,3 ccm Oxalsäure

Nach der Verbrennung 50 „ „ „ = 46,5 „ „

Daher in Gas verbranntes CH_4 = 1,8 ccm

und $\frac{1,8}{57,23} \times 100 = 3,14\ \%\ CH_4$.

Tabelle I.

Atomgewichte der in diesem Bande gebrauchten Elemente.

Name	Zeichen	At.-Gew.	Name	Zeichen	At.-Gew.
Aluminium	Al	27,07	Natrium	Na	23,05
Antimon	Sb	120,00	Kalium	K	39,11
Arsen	As	75,00	Mangan	Mn	55,00
Barium	Ba	137,00	Molybdän	Mo	96,00
Brom	Br	79,95	Nickel	Ni	58,70
Calcium	Ca	40,08	Sauerstoff	O	16,00
Kohlenstoff	C	12,00	Phosphor	P	30,97
Chlor	Cl	35,45	Platin	Pt	194,87
Chrom	Cr	52,14	Silicium	Si	28,40
Cobalt	Co	59,00	Schwefel	S	32,06
Kupfer	Cu	63,40	Stickstoff	N	14,03
Wasserstoff . . .	H	1,007	Titan	Ti	48,00
Jod	J	126,85	Vanadin	V	51,37
Eisen	Fe	56,00	Wolfram	Wo	184,00
Blei	Pb	206,95	Zink	Zn	65,27
Magnesium	Mg	24,29	Zinn	Sn	119,00

Tabelle II.

Tafel zur Berechnung der Faktoren.

Gefunden	Gesucht	Faktor	Logarithmus
$Al PO_4$	Al	0,22181	9,3459811—10
$Al_2 O_3$	Al	0,53005	9,7243168—10
$Sb_2 O_4$	Sb	0,78947	9,8973356—10
$Sb_2 S_3$	Sb	0,71390	9,8536374—10
$Mg_2 (H_4 N)_2 As_2 O_8 + H_2 O$.	As	0,39400	9,5954962—10
$Mg_2 As_2 O_7$	As	0,48297	9,6839202—10
$As_2 S_3$	As	0,60931	9,7848383—10
As	$Fe As_2$	1,37333	0,1377749
$Ba SO_4$	S	0,13756	9,1384922—10
	SO_3	0,34352	9,5359520—10
$Ca SO_4$	Ca O	0,41193	9,6148234—10
	$Ca CO_3$	0,73513	9,8663641—10
Ca O	$Ca CO_3$	1,78495	0,2515385
CO_2	C	0,27273	9,4357329—10
$Cr_2 O_3$	Cr	0,68479	9,8355557—10
$Co SO_4$	Co	0,38049	9,5803547—10
	Co O	0,48370	9,6845761—10
Co	Co O	1,27119	0,1042105
Co O	Co	0,78667	9,8957926—10
Cu	Cu O	1,25240	0,0977431
	$Cu_2 S$	1,25284	0,0978956
Cu O	Cu	0,79849	9,9022695—10
$Cu_2 S$	Cu	0,79818	9,9021008—10
$Fe_2 O_3$	Fe	0,70000	9,8450980—10
Fe	$Fe_3 O_4$	1,38095	0,1401779
	Fe O	1,28571	0,1091430
$Pb SO_4$	Pb	0,68298	9,8344080—10
	Pb O	0,73578	9,8667480—10
	Pb S	0,78879	9,8769614—10
$Mg_2 P_2 O_7$	P	0,27952	9,4446068—10
	$P_2 O_5$	0,63976	9,8047390—10
	Mg O	0,36212	9,5588525—10
	$Mg CO_3$	0,75760	9,8794400—10
$Mn_3 O_4$	Mn	0,72052	9,8576460—10
	Mn O	0,93013	9,9685437—10
$Mn_2 P_2 O_7$	Mn	0,38741	9,5881708—10
	MnO	0,50011	9,6990655—10

Tabelle II. (Fortsetzung.)

Gefunden	Gesucht	Faktor	Logarithmus
MnS	Mn	0,63175	9,8005453—10
	MnO	0,81553	9,9114399—10
$(H_4N)_3\,11\,MoO_3\,PO_4$ . .	P	0,01630	8,2121876—10
	P_2O_5	0,03735	8,5722906—10
NiO	Ni	0,78581	9,8953176—10
Ni_2S	Ni	0,78549	9,8951407—10
$K_2Pt_2Cl_6$	KCl	0,30696	9,4870818—10
	K_2O	0,19395	9,2876898—10
KCl	K_2CO_3	0,92690	9,9670329—10
$NaCl$	Na_2O	0,53077	9,7249064—10
	Na_2CO_3	0,90684	9,9575307—10
SiO_2	Si	0,47020	9,6722826—10
S	FeS_2	1,87336	0,2726212
SnO_2	Sn	0,78808	9,8965703—10
TiO_2	Ti	0,60000	9,7781513—10
V_2O_5	V	0,56222	9,7499063—10
WoO_3	Wo	0,79310	9,8993279—10
ZnO	Zn	0,80313	9,9047858—10

Tabelle III.

Procentgehalte von P und P_2O_5 für jedes Milligramm $Mg_2P_2O_7$ wenn 10 g Substanz angewandt sind.

Gewicht von $Mg_2P_2O_7$	P	P_2O_5	Gewicht von $Mg_2P_2O_7$	P	P_2O_5	Gewicht von $Mg_2P_2O_7$	P	P_2O_5
1	0,003	0,006	35	0,098	0,224	68	0,190	0,434
2	0,005	0,013	36	0,101	0,230	69	0,193	0,441
3	0,008	0,019	37	0,103	0,237	70	0,195	0,448
4	0,011	0,026	38	0,106	0,243	71	0,198	0,454
5	0,014	0,032	39	0,109	0,249	72	0,201	0,460
6	0,017	0,038	40	0,112	0,256	73	0,204	0,467
7	0,019	0,045	41	0,114	0,262	74	0,207	0,473
8	0,022	0,051	42	0,117	0,269	75	0,209	0,479
9	0,025	0,057	43	0,120	0,275	76	0,212	0,486
10	0,028	0,064	44	0,123	0,281	77	0,215	0,492
11	0,031	0,070	45	0,126	0,287	78	0,218	0,499
12	0,033	0,077	46	0,128	0,294	79	0,221	0,505
13	0,036	0,083	47	0,131	0,300	80	0,223	0,512
14	0,039	0,089	48	0,134	0,307	81	0,226	0,518
15	0,042	0,096	49	0,137	0,313	82	0,229	0,524
16	0,045	0,102	50	0,139	0,319	83	0,232	0,531
17	0,047	0,108	51	0,142	0,326	84	0,235	0,537
18	0,050	0,115	52	0,145	0,332	85	0,237	0,544
19	0,053	0,121	53	0,148	0,339	86	0,240	0,550
20	0,056	0,128	54	0,151	0,345	87	0,243	0,556
21	0,059	0,134	55	0,154	0,352	88	0,246	0,563
22	0,061	0,141	56	0,156	0,358	89	0,248	0,569
23	0,064	0,147	57	0,159	0,364	90	0,251	0,576
24	0,067	0,153	58	0,162	0,371	91	0,254	0,582
25	0,070	0,159	59	0,165	0,377	92	0,257	0,588
26	0,073	0,166	60	0,167	0,384	93	0,259	0,595
27	0,075	0,173	61	0,170	0,390	94	0,262	0,601
28	0,078	0,179	62	0,173	0,396	95	0,265	0,607
29	0,081	0,185	63	0,176	0,403	96	0,268	0,614
30	0,084	0,192	64	0,179	0,409	97	0,271	0,620
31	0,086	0,198	65	0,181	0,416	98	0,274	0,627
32	0,089	0,204	66	0,184	0,422	99	0,276	0,633
33	0,092	0,211	67	0,187	0,428	100	0,278	0,638
34	0,095	0,217						

Tabelle IV.

Ausdehnung des Wasserdampfs in Millimeter Quecksilber von 0° bis 34.9° C.

°	mm	°	mm	°	mm	°	mm	°	mm	°	mm	°	mm
0,0	4,600	5,0	6,534	10,0	9,165	15,0	12,699	20,0	17,391	25,0	23,550	30,0	31,548
0,1	4,633	5,1	6,580	10,1	9,227	15,1	12,781	20,1	17,500	25,1	23,692	30,1	31,729
0,2	4,667	5,2	6,625	10,2	9,288	15,2	12,864	20,2	17,608	25,2	23,834	30,2	31,911
0,3	4,700	5,3	6,671	10,3	9,350	15,3	12,947	20,3	17,717	25,3	23,976	30,3	32,094
0,4	4,733	5,4	6,717	10,4	9,412	15,4	13,029	20,4	17,826	25,4	24,119	30,4	32,278
0,5	4,767	5,5	6,763	10,5	9,474	15,5	13,112	20,5	17,935	25,5	24,261	30,5	32,463
0,6	4,801	5,6	6,810	10,6	9,537	15,6	13,197	20,6	18,047	25,6	24,406	30,6	32,650
0,7	4,836	5,7	6,857	10,7	9,601	15,7	13,281	20,7	18,159	25,7	24,552	30,7	32,837
0,8	4,871	5,8	6,904	10,8	9,665	15,8	13,366	20,8	18,271	25,8	24,697	30,8	33,026
0,9	4,905	5,9	6,951	10,9	9,728	15,9	13,451	20,9	18,383	25,9	24,842	30,9	33,215
1,0	4,940	6,0	6,998	11,0	9,792	16,0	13,536	21,0	18,495	26,0	24,988	31,0	33,405
1,1	4,975	6,1	7,047	11,1	9,857	16,1	13,623	21,1	18,610	26,1	25,138	31,1	33,596
1,2	5,011	6,2	7,095	11,2	9,923	16,2	13,710	21,2	18,724	26,2	25,288	31,2	33,787
1,3	5,047	6,3	7,144	11,3	9,989	16,3	13,797	21,3	18,839	26,3	25,438	31,3	33,980
1,4	5,082	6,4	7,193	11,4	10,054	16,4	13,885	21,4	18,954	26,4	25,588	31,4	34,174
1,5	5,118	6,5	7,242	11,5	10,120	16,5	13,972	21,5	19,069	26,5	25,738	31,5	34,368
1,6	5,155	6,6	7,292	11,6	10,187	16,6	14,062	21,6	19,187	26,6	25,891	31,6	34,564
1,7	5,191	6,7	7,342	11,7	10,255	16,7	14,151	21,7	19,305	26,7	26,045	31,7	34,761
1,8	5,228	6,8	7,392	11,8	10,322	16,8	14,241	21,8	19,423	26,8	26,198	31,8	34,959
1,9	5,265	6,9	7,442	11,9	10,389	16,9	14,331	21,9	19,541	26,9	26,351	31,9	35,159
2,0	5,302	7,0	7,492	12,0	10,457	17,0	14,421	22,0	19,659	27,0	26,505	32,0	35,359
2,1	5,340	7,1	7,544	12,1	10,526	17,1	14,513	22,1	19,780	27,1	26,663	32,1	35,559
2,2	5,378	7,2	7,595	12,2	10,596	17,2	14,605	22,2	19,901	27,2	26,820	32,2	35,760
2,3	5,416	7,3	7,647	12,3	10,665	17,3	14,697	22,3	20,022	27,3	26,978	32,3	35,962
2,4	5,454	7,4	7,699	12,4	10,734	17,4	14,790	22,4	20,143	27,4	27,136	32,4	36,165
2,5	5,491	7,5	7,751	12,5	10,804	17,5	14,882	22,5	20,265	27,5	27,294	32,5	36,370
2,6	5,530	7,6	7,804	12,6	10,875	17,6	14,977	22,6	20,389	27,6	27,455	32,6	36,576
2,7	5,569	7,7	7,857	12,7	10,947	17,7	15,072	22,7	20,514	27,7	27,617	32,7	36,783
2,8	5,608	7,8	7,910	12,8	11,019	17,8	15,167	22,8	20,639	27,8	27,778	32,8	36,991
2,9	5,647	7,9	7,964	12,9	11,090	17,9	15,262	22,9	20,763	27,9	27,939	32,9	37,200
3,0	5,687	8,0	8,017	13,0	11,162	18,0	15,357	23,0	20,888	28,0	28,101	33,0	37,410
3,1	5,727	8,1	8,072	13,1	11,235	18,1	15,454	23,1	21,016	28,1	28,267	33,1	37,621
3,2	5,767	8,2	8,126	13,2	11,309	18,2	15,552	23,2	21,144	28,2	28,433	33,2	37,832
3,3	5,807	8,3	8,181	13,3	11,383	18,3	15,650	23,3	21,272	28,3	28,599	33,3	38,045
3,4	5,848	8,4	8,236	13,4	11,456	18,4	15,747	23,4	21,400	28,4	28,765	33,4	38,258
3,5	5,889	8,5	8,291	13,5	11,530	18,5	15,845	23,5	21,528	28,5	28,931	33,5	38,473
3,6	5,930	8,6	8,347	13,6	11,605	18,6	15,945	23,6	21,659	28,6	29,101	33,6	38,689
3,7	5,972	8,7	8,404	13,7	11,681	18,7	16,045	23,7	21,790	28,7	29,271	33,7	38,906
3,8	6,014	8,8	8,461	13,8	11,757	18,8	16,145	23,8	21,921	28,8	29,441	33,8	39,124
3,9	6,055	8,9	8,517	13,9	11,832	18,9	16,246	23,9	22,058	28,9	29,612	33,9	39,344
4,0	6,097	9,0	8,574	14,0	11.908	19,0	16,346	24,0	22,184	29,0	29,782	34,0	39,565
4,1	6,140	9,1	8,632	14,1	11,986	19,1	16,449	24,1	22,319	29,1	29,956	34,1	39,786
4,2	6,183	9,2	8,690	14,2	12,064	19,2	16,552	24,2	22,453	29,2	30,131	34,2	40,007
4,3	6,226	9,3	8,748	14,3	12,142	19,3	16,655	24,3	22,588	29,3	30,305	34,3	40,230
4,4	6,270	9,4	8,807	14,4	12,220	19,4	16,758	24,4	22,723	29,4	30,479	34,4	40,455
4,5	6,313	9,5	8,865	14,5	12,298	19,5	16,861	24,5	22,858	29,5	30,654	34,5	40,680
4,6	6,357	9,6	8,925	14,6	12,378	19,6	16,967	24,6	22,996	29,6	30,833	34,6	40,907
4,7	6,407	9,7	8,985	14,7	12,458	19,7	17,073	24,7	23,135	29,7	31,011	34,7	41,135
4,8	6,445	9,8	9,045	14,8	12,538	19,8	17,179	24,8	23,273	29,8	31,190	34,8	41,364
4,9	6,490	9,9	9,105	14,9	12,619	19,9	17,285	24,9	23,411	29,9	31,369	34,9	41,595

Tabelle V.

Reduktion der Gasvolumina auf 0° C. und 760 mm Barometerstand.

Nach Prof. Dr. Liebermann.

(Aus Winkler's „Technische Gasanalyse".)

Anleitung zum Gebrauch der Tabellen.

Angenommen, das gefundene Gasvolumen hätte bei 18° C. und 742 mm Barometerstand 26,2 ccm betragen. Um dasselbe auf 0° C. und 760 mm Barometerstand zu reduciren, verfährt man folgendermassen:

1. Man sehe (in Kolumne 1 und 4) bei 18° nach und ziehe die dort angegebene Ausdehnung des Wasserdampfs = 15,3 mm von dem beobachteten Drucke ab:

$$742 - 15,3 = 726,7 \text{ mm.}$$

2. Jetzt suche man das Volumen, welches 1 Volumen des Gases bei 726,7 mm Pressung haben würde, dadurch dass man nach einander die 7, 2, 6 und 7 in Kolumne 2 bei der Temperatur von 18° C. aufsucht und deren nebenstehende Zahlenwerthe nach einander mit 100, 10, 1 und 0,1 multiplicirt und die Resultate zusammenzählt, z. B.:

7 0,0086408 × 100 = 0,86408
2 0,0024688 × 10 = 0,024688
6 0,0074064 × 1 = 0,0074064
7 0,0086408 × 0,1 = 0,00086408
———————
0,89703848

3. Das korrigirte Volumen eines Kubikcentimeters muss mit der Anzahl der früher gefundenen Kubikcentimeter, in diesem Falle also mit 26,2 multiplicirt werden:

$$0,89703848 \times 26,2 = 23,502 \text{ ccm.}$$

Temperatur ° C.	Pressung in mm Hg	Volumen bei 0° C. und 760 mm	Ausdehnung des Wasserdampfs in mm Hg für ° C.	Temperatur ° C	Pressung in mm Hg	Volumen bei 0° C. und 760 mm	Ausdehnung des Wasserdampfs in mm Hg für ° C.
0	1	0,0013157		0	6	0,0078946	
0	2	0,0026315		0	7	0,0092104	
0	3	0,0039473		0	8	0,0105262	
0	4	0,0052631		0	9	0,0118420	
0	5	0,0065789	0° = 4,5				

Tabelle V. (Fortsetzung.)

Temperatur °C.	Pressung in mm Hg	Volumen bei 0° C. und 760 mm	Ausdehnung des Wasserdampfs in mm Hg für °C.
1	1	0,0013109	
1	2	0,0026219	
1	3	0,0039328	
1	4	0,0052438	
1	5	0,0065548	1° = 4,9
1	6	0,0078657	
1	7	0,0091767	
1	8	0,0104876	
1	9	0,0117986	
2	1	0,0013061	
2	2	0,0026123	
2	3	0,0039184	
2	4	0,0052246	
2	5	0,0065307	2° = 5,2
2	6	0,0078369	
2	7	0,0091430	
2	8	0,0104492	
2	9	0,0117553	
3	1	0,0013013	
3	2	0,0026026	
3	3	0,0039039	
3	4	0,0052053	
3	5	0,0065066	3° = 5,6
3	6	0,0078079	
3	7	0,0091093	
3	8	0,0104106	
3	9	0,0117119	
4	1	0,0012965	
4	2	0,0025930	
4	3	0,0038895	
4	4	0,0051860	
4	5	0,0064825	4° = 6,0
4	6	0,0077790	
4	7	0,0090755	
4	8	0,0103720	
4	9	0,0116685	
5	1	0,0012916	
5	2	0,0025833	
5	3	0,0038750	
5	4	0,0051667	
5	5	0,0064584	5° = 6,5
5	6	0,0077501	
5	7	0,0090418	
5	8	0,0103335	
5	9	0,0116252	
6	1	0,0012868	
6	2	0,0025737	
6	3	0,0038606	
6	4	0,0051474	
6	5	0,0064343	6° = 6,9
6	6	0,0077212	
6	7	0,0090080	
6	8	0,0102949	
6	9	0,0145818	
7	1	0,0012828	
7	2	0,0025656	
7	3	0,0038484	
7	4	0,0051312	
7	5	0,0064140	7° = 7,4
7	6	0,0076968	
7	7	0,0089796	
7	8	0,0102624	
7	9	0,0115452	
8	1	0,0012783	
8	2	0,0025566	
8	3	0,0038349	
8	4	0,0051132	
8	5	0,0063915	8° = 8,0
8	6	0,0076698	
8	7	0,0089481	
8	8	0,0102264	
8	9	0,0115047	
9	1	0,0012737	
9	2	0,0025474	
9	3	0,0038211	
9	4	0,0050948	
9	5	0,0063685	9° = 8,5
9	6	0,0076422	
9	7	0,0089159	
9	8	0,0101896	
9	9	0,0114633	

Tabelle V. (Fortsetzung.)

Temperatur °C.	Pressung in mm Hg	Volumen bei 0° C. und 760 mm	Ausdehnung des Wasserdampfs in mm Hg für °C.
10	1	0,0012692	
10	2	0,0025384	
10	3	0,0038076	
10	4	0,0050768	
10	5	0,0063460	10° = 9,1
10	6	0,0076152	
10	7	0,0088844	
10	8	0,0101536	
10	9	0,0114228	
11	1	0,0012648	
11	2	0,0025296	
11	3	0,0037944	
11	4	0,0050592	
11	5	0,0063240	11° = 9,7
11	6	0,0075888	
11	7	0,0088536	
11	8	0,0101184	
11	9	0,0113832	
12	1	0,0012603	
12	2	0,0025206	
12	3	0,0037809	
12	4	0,0050412	
12	5	0,0063015	12° = 10,4
12	6	0,0075618	
12	7	0,0088221	
12	8	0,0100824	
12	9	0,0113427	
13	1	0,0012559	
13	2	0,0025118	
13	3	0,0037677	
13	4	0,0050236	
13	5	0,0062795	13° = 11,1
13	6	0,0075354	
13	7	0,0087913	
13	8	0,0100472	
13	9	0,0113031	
14	1	0,0012516	
14	2	0,0025032	
14	3	0,0037548	
14	4	0,0050064	
14	5	0,0062580	14° = 11,9
14	6	0,0075096	
14	7	0,0087612	
14	8	0,0100128	
14	9	0,0112644	
15	1	0,0012472	
15	2	0,0024944	
15	3	0,0037416	
15	4	0,0049888	
15	5	0,0062360	15° = 12,7
15	6	0,0074832	
15	7	0,0087304	
15	8	0,0099776	
15	9	0,0112248	
16	1	0,0012429	
16	2	0,0024858	
16	3	0,0037287	
16	4	0,0049716	
16	5	0,0062145	16° = 13,5
16	6	0,0074574	
16	7	0,0087003	
16	8	0,0099432	
16	9	0,0111861	
17	1	0,0012386	
17	2	0,0024772	
17	3	0,0037158	
17	4	0,0049544	
17	5	0,0061930	17° = 14,4
17	6	0,0074316	
17	7	0,0086702	
17	8	0,0099088	
17	9	0,0111474	
18	1	0,0012344	
18	2	0,0024688	
18	3	0,0037032	
18	4	0,0049376	
18	5	0,0061720	18° = 15,3
18	6	0,0074064	
18	7	0,0086408	
18	8	0,0098752	
18	9	0,0111096	

Tabelle V. (Fortsetzung.)

Temperatur °C.	Pressung in mm Hg	Volumen bei 0° C. und 760 mm	Ausdehnung des Wasserdampfs in mm Hg für °C.
19	1	0,0012301	
19	2	0,0024602	
19	3	0,0036903	
19	4	0,0049204	
19	5	0,0061505	19° = 16,3
19	6	0,0073806	
19	7	0,0086107	
19	8	0,0098408	
19	9	0,0110709	
20	1	0,0012259	
20	2	0,0024518	
20	3	0,0036777	
20	4	0,0049036	
20	5	0,0061295	20° = 17,4
20	6	0,0073554	
20	7	0,0085813	
20	8	0,0098122	
20	9	0,0110331	
21	1	0,0012218	
21	2	0,0024436	
21	3	0,0036654	
21	4	0,0048872	
21	5	0,0061090	21° = 18,5
21	6	0,0073308	
21	7	0,0085526	
21	8	0,0097744	
21	9	0,0109962	
22	1	0,0012176	
22	2	0,0024352	
22	3	0,0036528	
22	4	0,0048704	
22	5	0,0060880	22° = 19,6
22	6	0,0073056	
22	7	0,0085232	
22	8	0,0097408	
22	9	0,0109584	
23	1	0,0012135	
23	2	0,0024270	
23	3	0,0036405	
23	4	0,0048540	
23	5	0,0060675	23° = 20,9
23	6	0,0072810	
23	7	0,0084945	
23	8	0,0097080	
23	9	0,0109215	
24	1	0,0012094	
24	2	0,0024188	
24	3	0,0036282	
24	4	0,0048376	
24	5	0,0060470	24° = 22,2
24	6	0,0072564	
24	7	0,0084658	
24	8	0,0096752	
24	9	0,0108846	
25	1	0,0012054	
25	2	0,0024108	
25	3	0,0036162	
25	4	0,0048216	
25	5	0,0060270	25° = 23,5
25	6	0,0072324	
25	7	0,0084378	
25	8	0,0096432	
25	9	0,0108486	
26	1	0,0012013	
26	2	0,0024026	
26	3	0,0036039	
26	4	0,0048052	
26	5	0,0060065	26° = 25,0
26	6	0,0072078	
26	7	0,0084091	
26	8	0,0096104	
26	9	0,0108117	
27	1	0,0011973	
27	2	0,0023946	
27	3	0,0035919	
27	4	0,0047892	
27	5	0,0059865	27° = 26,5
27	6	0,0071838	
27	7	0,0083811	
27	8	0,0095784	
27	9	0,0107757	

Tabelle V. (Fortsetzung.)

Temperatur °C.	Pressung in mm Hg	Volumen bei 0° C. und 760 mm	Ausdehnung des Wasserdampfs in mm Hg für °C.	Temperatur °C.	Pressung in mm Hg	Volumen bei 0° C. und 760 mm	Ausdehnung des Wasserdampfs in mm Hg für °C.
28	1	0,0011933		29	6	0,0071364	
28	2	0,0023866		29	7	0,0083258	
28	3	0,0035799		29	8	0,0095152	
28	4	0,0047732		29	9	0,0107046	
28	5	0,0059665	28° = 28,1				
28	6	0,0071598		30	1	0,0011855	
28	7	0,0083531		30	2	0,0023710	
28	8	0,0095464		30	3	0,0035565	
28	9	0,0107397		30	4	0,0047420	
				30	5	0,0059275	30° = 31,6
29	1	0,0011894		30	6	0,0071130	
29	2	0,0023788		30	7	0,0082985	
29	3	0,0035682		30	8	0,0094840	
29	4	0,0047576		30	9	0,0106695	
29	5	0,0059470	29° = 29,8				

Sachregister.

Absorptionsapparate für CO_2 bei C-Best. 108—109.
— Vorsichtsmaassregeln beim Wägen von — 109.
Aethylen, Absorptionsmittel für — 234.
— Best. in Gasen 236.
Aetzbaryt als Reagens 39.
— Normallösung zur Best. von Methan 239.
Aetznatron als Reagens 33.
Alkalien, Best. von — im Thon 217.
— Best. von — in Eisenerzen 201.
Allen, Best. von Stickstoff in Eisen u. Stahl 157.
Aluminium, Trennung dess. von Chrom 148.
Aluminium u. Chrom, Best. von — in Eisen u. Stahl 145.
Ammoniak als Reagens 30.
Ammonium, essigsaures als Reagens 32.
— saures schwefligsaures 31.
— Chlor- 31.
— -fluorid 32.
— oxalsaures 32.
— salpetersaures 32.
Antimon, Best. desselben in Eisen u. Stahl 153.
Apparate 1.
— Allgemeine Laboratoriumsapparate 6.
Arsen, Best. von — als $As_2 S_3$ 153.
— — als $Mg_2 (H_4 N)_2 As_2 O_8$ + aq. 152—201.
— — als $Mg_2 As_2 O_7$ 152.
— — durch Destillation 152.
— — durch Fällung mit $H_2 S$ 151.
— — in Eisen und Stahl 151.
Arsen und Antimon, Trennung von Cu und Pb 199.
Arsen, Antimon, Kupfer, Blei, Best. ders. in Eisenerzen 199.

Babbit, Anwendung von rothem Blei bei Deshay's Methode zur Best. von Mn in Eisen und Stahl 94.
Barium, essigsaures 38.
— kohlensaures 38.
— Chlor- 38.
— hydroxyd 39.
Bariumsulfat, Best. von — in Eisenerzen 189.
Berthier, Best. von C in Eisen und Stahl 98.
Berzelius, Best. von C in Eisen und Stahl 98.
— — von S in Eisen und Stahl 49.
Binks, Best. von C in Eisen u. Stahl 99.
Blei, Best. als Pb SO_4 in Eisenerzen 200.
— chromsaures — als Reagens 44.
Blei, Kupfer, Arsen und Antimon, Best. von — in Erzen 199.
Bohrmaschine 4.
Britton, bleibende Normallös. für die kolor. C-Best. 134.
Brom als Reagens 27.
Bromwasser zur Absorption von Aethylen 236.
Brunner, Best. von C in Eisen und Stahl 98.
Bunsen, Best. von Mn O_2 in Eisenerzen 184.
— Methode zum raschen Filtriren 11.
Bunsenbrenner 9.
— Kamine für — 9.
Bürette, Form ders. ohne Glasstopfen 167.
— Iones' — 165.

Calcium, kohlensaures als Reagens 39.
Camera zum Gebrauch bei der kolor. C-Best. 133.
Carnot, Best. von Al in Eisen und Stahl 149.

Chlor als Reagens 27.
Chlorwasserstoffsäure 24.
Citronensäure als Reagens 26.
Chrom, Best. von — in Eisen und Stahl 145.
— — in Eisenerzen 208.
— Trennung von Al 146.
— Vol. Meth. zur Best. von Cr in Eisen und Stahl 150.
Chrom-Aluminium, Best. von — in Eisen und Stahl 145.
— Trennung von Phosphorsäure 147.
Chromeisenerz, Untersuchung von — 209.
Craig, Best. von S in Eisen u. Stahl 51.

Deshay, Best. von Mangan in Eisen und Stahl 93.
Deville, Best. von C in Eisen und Stahl 98.
Destillirtes Wasser 23.
Dexter, Methoden zur Trennung von Cr und Al 147.
Dreiecke und Dreifüsse von Platin 18.
Dreifüsse 9.
Drown, Best. von Si in Eisen und Stahl 58.
— — von S in Eisen u. Stahl 51.
— — von Ti in - - - 139.

Eggertz, Best. von C in Eisen und Stahl 98 u. 128.
Eisen, Best. von metallischem — 160.
— Gesammt-, Best. in Eisenerzen 162.
— durch Desoxydation mit H_4NHSO_3 169.
— — mit $SnCl_2$ 170.
— — mit Zn 163.
— Best. durch eine Normallösung von $K_2Cr_2O_7$ 168.
— — Titration mit Chamäleonlösung 164.
Eisenammoniumsulfat 43.
Eisenchlorid, Lös. von — zum Einstellen von Chamäleon und $K_2Cr_2O_7$ 172.
Eisendraht als Reagens 42.
Eisenerze, Probenehmen von — 161.
Eisenoxydul, Best. von — in Eisenerzen 175.
— schwefelsaures als Reagens 42.
Elliot, Best. von S in Eisenerzen 179.
Eschka, Best. von S in Eisenerzen 228.
Essigsäure 26.
Exsikkatoren 18.

Feuerfester Sand, Methode zur Untersuchung von — 224.
Filter, Apparat zum Waschen der — 14.
— aschenfreie — 15.
Filtrirapparate zur Kohlenstoffbest. 112 und 117.
Filtriren, Bunsen's Methode zum — 11.
Filtrirpapier 14.
Filtrirpumpen 10.
Fluorwasserstoffsäure 25.
Ford, Best. von Mangan in Eisen und Stahl 87.
— Methode zur schnellen Si-Best. in Eisen und Stahl 62.
Fresenius, Best. von Phosphor in Eisen und Stahl 72.
— Best. von Schwefel in Eisen und Stahl 50.

Galbraith, volum. Meth. zur Best. von Cr in Eisen und Stahl 150.
Gas, Generator- —; Beispiel für die Analyse 242.
Gase, Untersuchung der — mit dem Hempel'schen Apparat 235.
— Sammelproben der — für die Untersuchung 230.
— Methoden zur Untersuchung der — 230.
— Reagentien für die — 232.
Gebundenes Wasser, Best. in Eisenerzen 205.
Genth, Methode zur Zersetzung der Chromerze 209.
— Methode zur Trennung von Al und Cr 147.
Gestell für die Normallösungen bei der kol. C-Best. 135.
Gewichtsfaktoren 22.
Gewogene Filter 13.
Glasfiltrirröhren für die C-Best. 117.
Glühen der Niederschläge 8.
Gmelin; C-Best. in Eisen u. Stahl 98.
Gooch's Filtrirmethode 12.
— durchbohrter Tiegel u. Konus 12.
Graphit, Best. von — in Eisen und Stahl 127.
Gummistopfen 17.

Hempel, Apparat zur Gasanalyse 235.
Hogarth, Piknometer 210.
Hygroskopisches Wasser, Best. von — in Eisenerzen 161.

Injektor, Richard's 10.

Jod als Reagens 27.
Jones, Reduktor 165.

Kalium und Natrium, Trennung von — 202.
Kaliumbichromat als Reagens 35.
— chlorsaures 36.
— -eisencyanid 37.
— -eisencyanür 37.
— Jod- 37.
— -permanganat 37.
Kalium, salpetersaures 35.
— salpetrigsaures 34.
— saures schwefelsaures 36.
— Schwefel- 35.
Kalkstein, Methoden zur Untersuchung von — 212.
Karsten, Best. von Graphit in Eisen und Stahl 127.
— Best. von Schwefel in Eisen und Stahl 47.
Kieselsäure, Best. von — in Eisenerzen 194.
Kieselsäure, Thonerde, Kalk, Magnesia etc. Best. derselben in Eisenerzen 187.
Kobalt, Best. als $Co SO_4$ 144.
— Best. durch Elektrolyse 144.
Kobalt und Nickel, Best. in Eisen u. Stahl 143.
Kohle, Untersuchung der Asche der — 226.
— Best. von Schwefel in der — 227.
Kohle u. Koks, Methoden zur Untersuchung von — 225.
Kohlensäuregas, Absorptionsmittel für — 34 u. 39.
— Apparat zur Erzeugung von — 29.
— Best. von — in Gasen 236.
— Best. von — in Eisenerzen 203.
Kohlenstoff, Best. von — in Eisen u. Stahl 97.
— gebundener, Best. in Eisen und Stahl 128.
— Best. in weissem u. grauem Roheisen 110.
Best. von — direkte u. indirekte Methode 128.
Kohlenstoff, Gesammt-, Best. in Eisen und Stahl 99.
Koks, Best. von Schwefel im — 227.
Konus, durchbohrter 12.
Kudernatsch, Best. von C in Eisen u. Stahl 98.
Kupfer, Best. als Cu O 142.
Kupfer als $Cu_2 S$ 142.
— durch Elektrolyse 142.
— durch Fällung mit Natriumhyposulfid 142.
— metallisches als Reagens 40.
— -oxyd als Reagens 42.
— -sulfat als Reagens 40.
Kupferammoniumchlorid als Reagens 41.
Kupferkaliumchlorid 41.
Kupfer, Blei, Arsen und Antimon, Best. von — 199.
Kupferchlorid als Reagens 41.
Kupferchlorür, wasserfreies 233.
— zur Absorption des Kohlenoxyds 234.

Langley, Best. von C in Eisen und Stahl 98.
— Best. von N in Eisen u. Stahl 175.
Lösungen, Normal- für P-Best. 45 u. 46.
— für S-Best. 54.
Luftbad 6.
Lundin, Best. von As 152.

Magnesiamixtur als Reagens 45.
Mangan, Best. von — in Eisen und Stahl 82.
— in Eisenerzen 183.
Mangansuperoxyd in Eisenerzen 186.
— Best. von — nach Bunsen 184.
— — mit schwefels. Eisenoxydul 185.
Mc. Greath, Bestimmung von C in Eisen und Stahl 98.
Messcylinder für Reagentien 17.
Metalle und Metallsalze 40.
Methan, Best. von — in Gasen 239.
Methoden zum schnellen Filtriren 11 und 12.
Molybdänlösung als Reagens 46.
Morrell, Best. von Schwefel in Eisen und Stahl 49.
Mörser, Achat- — 1.

Natrium, essigsaures als Reagens 34.
— kohlensaures 33.
— salpetersaures 33.

Natrium, unterschwefligsaures 34.
Natriumammoniumphosphat als Reagens 33.
Natron und Kali, Trennung von — 202.
Nickel, Best. von — 144.
— Trennung von Kobalt 145.
Nickel u. Kobalt, Best. von — durch Elektrolyse 144.
— — in Eisen u. Stahl 143.
— — Trennung von Kupfer 143,
Nickel, Kobalt, Zink und Mangan, Best. von — 198.
Nickelstahl, Analyse von — 145.

Oxalsäure als Reagens 32.
Oxalsäure, Normallösung von — zur Best. von Methan 239.
Oxyde, Best. der — in Eisen und Stahl 63.

Parry, Best. von C in Eisen und Stahl 99.
Pearse, Best. von C in Eisen und Stahl 99.
Permanente Normallösungen für die kol. C-Best. 134.
Peters, kolor. Manganbest. im Stahl 95.
Phosphor, Best. von — in Eisen und Stahl 65.
Phosphorsäure, Best. von — in Kohle und Koks 229.
— — in Eisen und Stahl 65.
Phosphortitanverbindung, unlösliche — 69.
Pickard, kolor. Manganbest. im Stahl 95.
Pinzetten 21.
Pipette, Hempel's zusammengesetzte — 233.
— — einfache 233.
Platinapparate 18.
Platinchloridlösung als Reagens 202.
Platinschalen 20.
Platinschiffchen zur C-Best. in Eisen und Stahl 112.
Pyrogallussaures Kalium 233.

Quecksilbernitrat als Reagens 43.
Quecksilberoxyd als Reagens 43.

Reagentien 23.
— zur Best. des Phosphors 45.
— für die Gasanalyse 232.
Reduktor, Iones' für schwefels. Eisenoxyd 165.
Regnault, Best. von C in Eisen und Stahl 98.
Reinhardt, P-Best. in Eisen u. Stahl 79.
Richardt, Injektor 10.
Richter, Best. von C in Eisen und Stahl 98.
Riley, Titanbest. im Roheisen 138.
Rivot, Trennung von Al_2O_3 u. Fe_2O_3 197.
Rürup, Best. von C in Eisen und Stahl 98.

Salpetersäure als Reagens 24.
Sandbad 6.
Säuren und Salzbildner 24.
Sauerstoff, Best. von — in Gasen 237.
— Absorptionsmittel für — 233.
— als Reagens 30.
Schale aus Aluminium zum Wägen 22.
Schlacke, Methoden zur Untersuchung der — 220.
— und Oxyde, Best. von — in Eisen und Stahl 63.
Schleudermessprobe für P-Best. 79.
Schwefel, Formen von — in Kohle 228.
— als Sulfid in Eisenerzen 179.
— Best. von — in Eisen u. Stahl 47.
— — in Kohle und Koks 227.
— Gesammtschwefel, Best. von — in Erzen 178.
Schwefelwasserstoff, Apparat zur Erzeugung von — 29.
Schwefelsäure als Reagens 25.
Schweflige Säure als Reagens 27.
Schöffer, Best. von Wolfram in Eisen und Stahl 156.
Sicherheitsrohr bei CO_2-Best. 103.
Siemens' Generatorgas 242.
Silicium, Best. von — in Eisen und Stahl 57.
Sonnenschein, P-Best. in Eisen und Stahl 72.
Spaten von Platin 20.
Spec. Gewichtsbest. von Eisenerzen 210.
Spritzflaschen 15.
Stead, Best. des geb. C in niedrig gekohltem Stahl 136.
Stickstoff, Best. von — in Eisen und Stahl 157.
Svanberg & Struve, P-Best. in Eisen und Stahl 72.

Thon, Meth. zur Untersuchung von — 216.

Thonerde und Eisenoxyd, Trennung derselben 195.
Tiegel, durchbohrter 12.
— Platin- 18.
Tiegelzangen 20.
Titan, Best. von — in Eisen und Stahl 138.
Titanhaltige Eisenerze, Erkennung ders. 181.
Titansäure, Best. von — im Thon 219.
— — in Eisenerzen 182.
— Beziehung zu P_2O_5 69.
— Eisenerze — haltige 181.
— Untersuchung von 138.
— Trennung von P_2O_5 70 und 183.
Trocken- und Reinigungsapparat für CO_2 107.

Ullgren, Best. von C in Eisen und Stahl 98.
Unlösliche Kieselsäure haltige Substanz in Eisenerzen 187.
— Untersuchung der — 187.

Vanadin, Best. von — in Eisen und Stahl 156.
— Best. von — in Eisenerzen 209.
Vergleichungsröhren für die kol. C-Best. 129.
Viborgh, Schwefelbest. in Eisen und Stahl 57.
Volhard, Best. von Mn in Eisen und Stahl 89.

Waagen 21.
Waschflaschen, Form derselben 16.
Wasserbad, zur Best. des hygroskop. Wassers in Eisenerzen 161.
— zum Gebrauch bei der kol. C-Best. 130.
Wasserstoff, Verbrg. des — über Palladium 237.
Watts, Best. von Si in Eisen u. Stahl 60.
Weyl, Best. von C in Eisen und Stahl 99.
Whitfield, Apparat zur Beschleunigung des Abdampfens 7.
Williams, Manganbest. in Eisen und Stahl 90.
Wöhler, Best. von C in Eisen und Stahl 98.
Wolfram, Best. von — in Eisen und Stahl 155.
— Best. von — in Eisenerzen 209.
Wood, Methode zur schnellen P-Best. in Eisen und Stahl 76.
— Anwendung von H Fl in hoch Si haltigen Stahlen und Roheisen bei der Best. von Mn 88.

Zink, Best. von — in Eisenerzen 198.
— metallisches — als Reagens 45.
— oxyd in Wasser als Reagens 45.
— metal. zur Reduktion von Eisenerzen 163.
Zinn, Best. von — in Eisen und Stahl 154.
Zinnchlorür als Reagens 170.